唐冬冬 ◎ 编著

Final Cut Pro X
实战从入门到精通 568分钟 教学视频

人民邮电出版社

北 京

图书在版编目（ＣＩＰ）数据

Final Cut Pro X实战从入门到精通 / 唐冬冬编著
. -- 北京：人民邮电出版社，2020.10（2022.1重印）
ISBN 978-7-115-54011-9

Ⅰ．①F… Ⅱ．①唐… Ⅲ．①视频编辑软件 Ⅳ.
①TN94

中国版本图书馆CIP数据核字(2020)第091944号

内 容 提 要

本书精心安排了 22 章内容，共 123 个实战，以实战的形式介绍 Final Cut Pro X 的常用功能和操作方法。

本书介绍了 Final Cut Pro X 的操作界面、剪辑的基本流程、素材管理、字幕、发生器、关键帧、音频处理、音频效果、高级剪辑、时间线管理、重新定时、画幅、多机位剪辑、视频输出、使用 XML 文件跨平台协作、资源库管理、遮罩、抠像与合成、360°全景视频、视频调色、LUT 和视频剪辑综合实战等内容。

本书以让读者熟练掌握 Final Cut Pro X 的操作为目的，对重要知识点采用实验式的操作方式进行讲解。除此之外，在知识点的讲解过程中穿插了许多提示，这些提示是视频剪辑行业的经验总结和软件操作的技巧点拨，可以帮助读者快速、高效地学习。

本书适合视频剪辑初学者阅读，也适合作为影视多媒体行业的培训用书。

◆ 编　　著　　唐冬冬
　　责任编辑　　刘晓飞
　　责任印制　　马振武

◆ 人民邮电出版社出版发行　　北京市丰台区成寿寺路 11 号
　　邮编　100164　　电子邮件　315@ptpress.com.cn
　　网址　https://www.ptpress.com.cn
　　北京虎彩文化传播有限公司印刷

◆ 开本：787×1092　1/16　　　　彩插：2
　　印张：18.25　　　　　　　　2020 年 10 月第 1 版
　　字数：550 千字　　　　　　 2022 年 1 月北京第 6 次印刷

定价：99.00 元

读者服务热线：**(010)81055410**　印装质量热线：**(010)81055316**
反盗版热线：**(010)81055315**
广告经营许可证：京东市监广登字 **20170147** 号

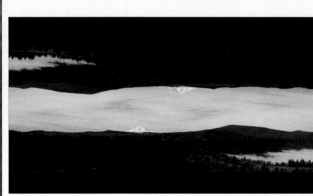

实战123　制作Vlog短视频

- 视频文件：实战123 制作Vlog短视频.mp4 　　• 学习目标：掌握Vlog短视频的制作方法

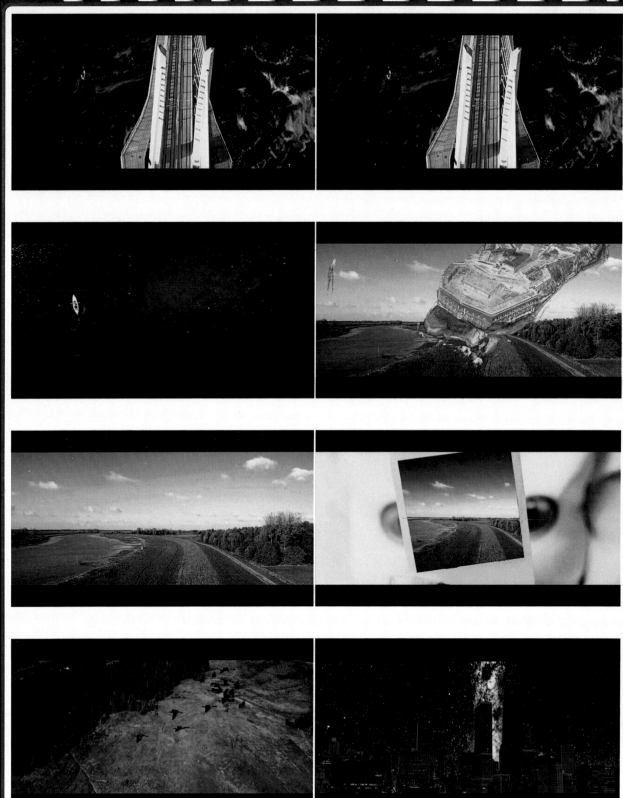

实战123 制作Vlog短视频

• 视频文件：实战123 制作Vlog短视频.mp4 • 学习目标：掌握Vlog短视频的制作方法

前言

　　Final Cut Pro X是一款基于macOS系统的非线性视频编辑软件。本书通过由简入繁的实战案例，循序渐进地讲解Final Cut Pro X视频剪辑技术。即使对Final Cut Pro X一窍不通，通过渐进式的学习，也能熟练掌握视频剪辑技术。为了能够完整地学习本书内容，建议安装Final Cut Pro X10.4.4或以上版本；为了能顺利地使用本书学习Final Cut Pro X，请至少配备以下配置的Mac计算机。

- macOS 10.13.6或更高版本。
- 4GB RAM（4K视频剪辑、360°视频剪辑和三维字幕建议使用8GB RAM）。
- Intel HD Graphics 3000 图形处理器或更高版本。
- 256MB VRAM（4K视频剪辑、360°视频剪辑和三维字幕建议配备1GB VRAM；若配备SteamVR头显，建议配备AMD Radeon RX 580显卡）。

　　随着软件版本的不断更新，最低系统要求也会随之变化，读者可以访问苹果公司官网获取最新的说明。

内容简介

　　全书分为22章，共123个实战。读者可以将这些内容分为以下4部分来学习。

　　剪辑技术部分（第1~16章）：主要包括软件基础操作和涉及剪辑制作的各个模块，例如素材、字幕、音频、时间线、画幅和多机位剪辑等内容。

　　后期合成部分（第17~19章）：主要包括遮罩的运用、抠像与合成，以及360°全景视频的制作等内容。

　　视频调色部分（第20~21章）：分别从调色基础、快速查找颜色和综合演示等方面，帮助读者深入学习视频调色方法。

　　综合实战部分（第22章）：提供了4个视频剪辑综合实战，读者可以观看教学视频学习具体的制作流程，全方位掌握视频剪辑技术的要点。

本书特色

　　简单易学：本书采用实战形式编写，并以轻松简单的素材为主，使读者不仅能跟随步骤做出相同的效果，还能通过操作熟悉软件。

　　全程图解：本书操作步骤力求详细清晰，让读者能够通过图文步骤还原操作过程和作品效果。另外，读者可以观看教学视频进行学习。

　　提示到位：为了方便初学者快速掌握Final Cut Pro X的使用方法，全书针对相应知识点提供了丰富的提示，它们可以帮助读者扩大知识面，掌握相关技巧。

　　尽管作者在编写过程中力求准确、完善，但书中难免存在疏漏之处，恳请广大读者批评指正。

唐冬冬

2019年6月

资源与支持

本书由"数艺设"出品，"数艺设"社区平台（www.shuyishe.com）为您提供后续服务。

配套资源

素材文件（实战案例所用素材）
实例文件（实战案例的源文件）
在线教学视频（实战案例的具体操作过程）
Final Cut Pro X 常见操作问题解决办法（PDF电子版）
Final Cut Pro X 快捷键索引（PDF电子版）

资源获取请扫码

"数艺设"社区平台，为艺术设计从业者提供专业的教育产品。

与我们联系

我们的联系邮箱是szys@ptpress.com.cn。如果您对本书有任何疑问或建议，请您发邮件给我们，并请在邮件标题中注明本书书名及ISBN，以便我们更高效地做出反馈。

如果您有兴趣出版图书、录制教学课程，或者参与技术审校等工作，可以发邮件给我们；有意出版图书的作者也可以到"数艺设"社区平台在线投稿（直接访问 www.shuyishe.com 即可）。如果学校、培训机构或企业想批量购买本书或"数艺设"出版的其他图书，也可以发邮件联系我们。

如果您在网上发现针对"数艺设"出品图书的各种形式的盗版行为，包括对图书全部或部分内容的非授权传播，请您将怀疑有侵权行为的链接通过邮件发给我们。您的这一举动是对作者权益的保护，也是我们持续为您提供有价值的内容的动力之源。

关于"数艺设"

人民邮电出版社有限公司旗下品牌"数艺设"，专注于专业艺术设计类图书出版，为艺术设计从业者提供专业的图书、U书、课程等教育产品。出版领域涉及平面、三维、影视、摄影与后期等数字艺术门类，字体设计、品牌设计、色彩设计等设计理论与应用门类，UI设计、电商设计、新媒体设计、游戏设计、交互设计、原型设计等互联网设计门类，环艺设计手绘、插画设计手绘、工业设计手绘等设计手绘门类。更多服务请访问"数艺设"社区平台www.shuyishe.com。我们将提供及时、准确、专业的学习服务。

目录

认识 Final Cut Pro X

认识操作界面

- 素材位置：无
- 视频文件：实战001 认识操作界面.mp4
- 实例位置：无
- 学习目标：认识Final Cut Pro X的操作界面

启动Final Cut Pro X，操作界面主要分为4个区域，如图1-1所示。

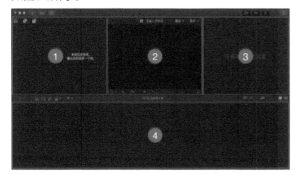

图1-1

区域❶为"浏览器"面板，用于管理素材、资源库、事件、项目、字幕和发生器。

区域❷为"检视器"面板，用于查看素材，监看剪辑等。

区域❸为"检查器"面板，用于查看添加元数据、调整参数、编辑字幕和调色等操作。

区域❹为"时间线"面板，用于剪辑。

另外，Final Cut Pro X 操作界面最上方的一栏被称为"任务栏"，如图1-2所示。

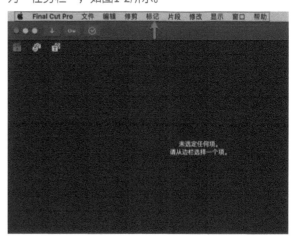

图1-2

认识Final Cut Pro X的基本功能

- 素材位置：无
- 视频文件：实战002 认识Final Cut Pro X的基本功能.mp4
- 实例位置：无
- 学习目标：掌握Final CUt Pro X工作区的主要功能

打开Final Cut Pro X，在4个主要工作区域中还有一些功能按钮，如图1-3所示。

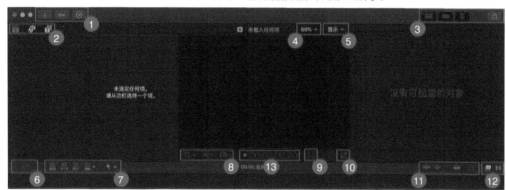

图1-3

● ↓ 用于打开"媒体导入"面板（Command+I），如图1-4所示。⊙ 用于打开"关键词编辑器"面板（Command+K），如图1-5所示。⊙ 用于打开"后台任务"面板（Command+9），渲染、转码、分析和导出等进度都可以在这里查看，如图1-6所示。

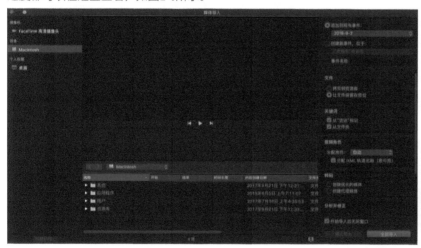

图1-4

图1-5

图1-6

❷ "资源库" ▦ 用于查看和管理"资源库"、"项目"和导入的素材。"照片和音频" ▨ 用于打开"照片和音频"面板。其中，"照片"用于浏览和使用图片及视频，"iTunes"用于浏览和使用iTunes应用里的音乐，"声音效果"用于浏览和使用Final Cut Pro X中的声音效果。"照片和音频"面板如图1-7所示。"字幕和发生器" ⊤ 用于打开"字幕和发生器"面板，第三方字幕和发生器插件也安装于此。"字幕和发生器"面板如图1-8所示。

图1-7

图1-8

提示 Logic Pro X中的音频也将显示于"照片和音频"面板中。

❸ "显示或隐藏浏览器" ▇▇（Control+Command+1）用于显示或隐藏"浏览器"面板，如图1-9所示。"显示或隐藏时间线" ▇▇（Control+Command+2）用于显示或隐藏"时间线"面板，如图1-10所示。"显示或隐藏检查器" ▇▇（Command+4）用于显示或隐藏"检查器"面板，如图1-11所示。"共享项目、事件片段或时间线范围" ▇▇用于打开共享面板，并进行输出视频、音频和图片等操作。

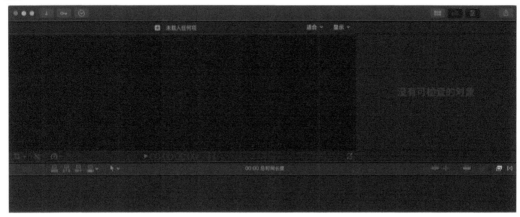

图1-9

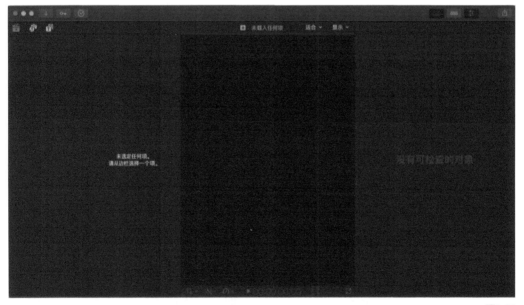

图1-10

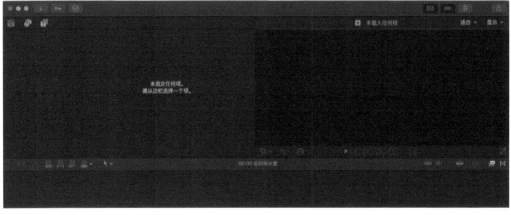

图1-11

④用于调整"检视器"面板素材的显示大小。该操作只会改变视图大小，不会改变素材本身。例如，在进行一些精准操作时需要将视图放大，以方便操作。

⑤可用于展开详细功能，如图1-12所示。相关功能将在后续学习中涉及。

⑥为"索引"，用于搜索和管理时间线上的素材。

⑦为剪辑工具。

⑧"裁剪" （Shift+C）用于素材裁剪；"选取颜色校正和音频增强选项"用于颜色的匹配和平衡，以及音频的匹配和增强；"选取片段重新定时选项"（Command+R）通常在对视频进行"重新定时"（调节速度）时使用。

⑨为"音频指示器"，可以在"时间线"面板右侧展开。

⑩"以全屏模式播放"用于全屏播放素材。

⑪用于调整"时间线"面板的显示效果和工作方式。

⑫"效果浏览器" （Command+5）用于打开"效果浏览器"面板，如图1-13所示；"转场浏览

器"（Shift+Command+5）用于打开"转场浏览器"面板，如图1-14所示。安装的第三方效果或转场插件也显示于此。

图1-12

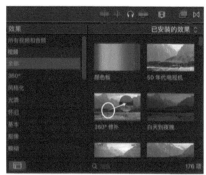

图1-13

图1-14

⑬用于显示时间码。

实战 **003**

调整工作区

- 素材位置：无
- 实例位置：无
- 视频文件：实战003 调整工作区.mp4
- 学习目标：掌握工作区的调整方法

01 合理地调整工作区可以提高工作效率。在管理素材时，关闭"时间线"面板可以显示更多的素材；在调色时，关闭"浏览器"面板可以留出空间给"视频观测仪"。拖动面板之间的分界线可以对面板大小进行微调，如图1-15所示。

02 Final Cut Pro X 预设了常用的工作区设置。在任务栏中执行"窗口>工作区"命令，如图1-16所示。

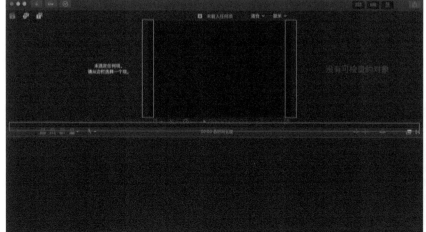

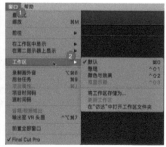

图1-15　　　　　　　　　　　　　　　图1-16

03 如果在操作过程中误单击了一些功能按钮,软件界面可能会出现其他面板,这时执行"窗口>工作区>默认"命令,Final Cut Pro X工作区将恢复成默认布局,如图1-17所示。

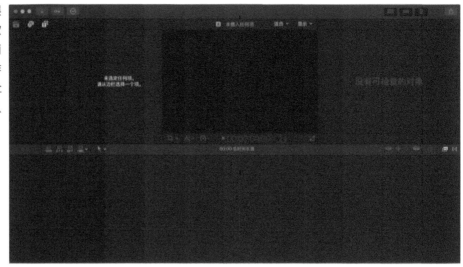

图1-17

04 执行"窗口>工作区>整理"命令(Control+Shift+1),系统会关闭"时间线"面板,如图1-18所示。该功能多用于管理素材。

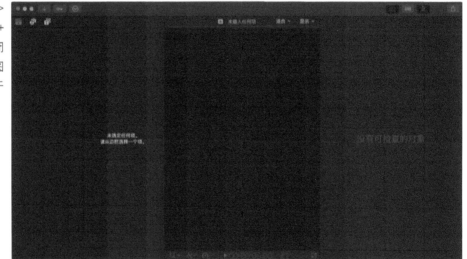

图1-18

05 执行"窗口>工作区>颜色与效果"命令(Control+Shift+2),系统会关闭"浏览器"面板,打开"视频观测仪"面板和"效果浏览器"面板,如图1-19所示。该命令主要用于对片段进行调色和应用效果。

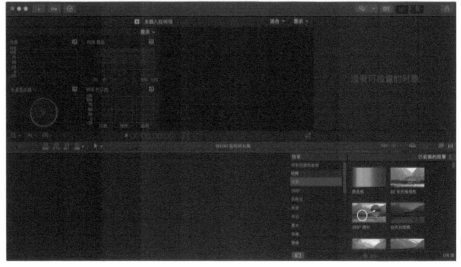

图1-19

06 如果有第2台显示器，那么可以执行"窗口>工作区>双显示器"命令（Control+Shift+3）。在默认情况下，Final Cut Pro X会关闭主显示器的"浏览器"面板，如图1-20所示；在第2个显示器上只显示"浏览器"面板，如图1-21所示。

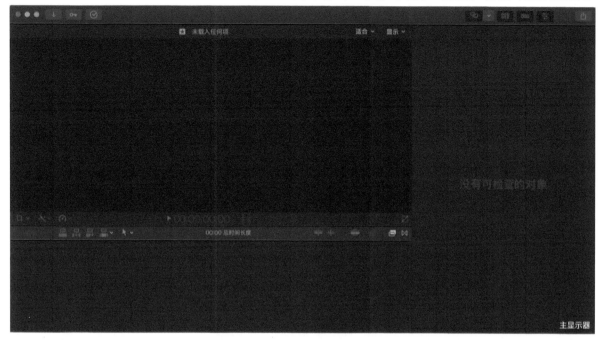

主显示器

图1-20

第二个显示器

图1-21

07 在主显示器的"检查器"面板上方单击 ，可以更改第2个显示器的显示内容，如图1-22所示。这里的"显示窗口"即"检视器"。

图1-22

　　执行"窗口>工作区>将工作区存储为"命令，可以保存当前的工作区设置，以便下次直接使用；如需删除自定义工作区设置，那么可以通过执行"窗口>工作区>在'访达'中打开工作区文件夹"命令，然后在"访达"面板将工作区文件删除。

设置与优化Final Cut Pro X

- 素材位置：无
- 实例位置：无
- 视频文件：实战004 设置与优化Final Cut Pro X.mp4
- 学习目标：掌握Final Cut Pro X的设置与优化方法

在正式使用Final Cut Pro X之前，还需要对软件进行设置，以保证更好地使用Final Cut Pro X开展工作。

01 在任务栏中执行"Final Cut Pro>偏好设置"命令（Command+","），如图1-23所示。打开"偏好设置"面板，如图1-24所示。

图1-23

图1-24

02 暂时保持"通用"和"编辑"面板的默认设置，在学习完本书内容后，读者便可以对这两处进行针对性的设置。切换到"播放"面板，如图1-25所示。

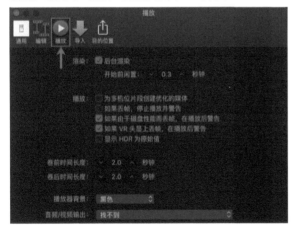

图1-25

03 当对视频进行变换、裁剪、添加效果或转场等操作时，需要对视频进行渲染，否则会在预览播放效果时出现卡顿。如果系统默认勾选"后台渲染"选项，那么系统会在闲置时根据设定的"开始前闲置"的时间进行自动渲染；当开始剪辑时，系统会自动停止渲染，以防占用过多资源，导致剪辑卡顿。如果取消勾选"后台渲染"选项，那么可以在任务栏中执行"修改>全部渲染"命令（Control+Shift+R）或"修改>渲染所选部分"命令（Control+R）进行手动渲染，如图1-26所示。

图1-26

04 继续观察如图1-25所示的"播放"面板。在进行多机位剪辑时，如果计算机配置过低、素材体积过大或分辨率过高，那么可以在"播放"选项中勾选"为多机位片段创建优化的媒体"选项，减轻视频剪辑时的硬件压力。"播放器背景"对应"检视器"面板，默认为"黑色"；"音频/视频输出"需要连接对应设备才能选择，建议保持默认设置。切换到"导入"面板，如图1-27所示。

图1-27

下面介绍"导入"面板中的重要参数。

文件： 在导入素材时，如果选中了"拷贝到资源库储存位置"选项，那么Final Cut Pro X会自动复制一份素材到资源库中。这样就可以避免素材丢失，当然也会多占用硬盘空间。

关键词： 导入素材时，选择文件夹目录即可导入该文件夹内的全部素材，不用打开文件夹一个地选择。另外，系统还会根据文件夹名称自动为文件夹内的素材创建"关键词"。

> **提示** 这需要前期对文件夹有合理的分类，如果一个文件夹中堆放了很多不同类型的素材，那么运用"关键词"导入素材将毫无意义。"关键词"是素材管理中非常重要的功能。

音频角色： 分为对白、音乐和效果3种。不同角色在时间线上将以不同的颜色显示，方便查找和管理。导入素材时，系统将自动分析音频类型并分配角色。注意，这种自动分配并非完全可靠。

转码： 当计算机配置过低、素材体积过大或分辨率过高时，可以勾选"创建优化的媒体"选项和"创建代理媒体"选项，系统会在导入素材时自动转码，用户可以在"后台任务"面板中查看进度。

> **提示** "代理"的使用方法参见"实战048 使用代理剪辑"。

分析并修正： 用于在导入素材时进行检测。勾选"查找人物"选项可以对视频进行分析，并根据视频中的人物个数自动分类和创建关键词；勾选"对视频进行颜色平衡分析"选项可以检测白平衡（偏色）和对比度等问题；勾选"分析并修正音频问题"选项可以检测并修正音频噪声等问题；勾选"将单声道隔开并对立体声音频进行分组"选项可以对音频通道进行分组；勾选"移除静音通道"选项可以分析并移除静音通道。

> **提示** 自动分析并非任何时候都可靠，需要根据实际情况使用。

单击"目的位置"按钮，如图1-28所示。

图1-28

"目的位置"面板用于设置视频输出的参数，左侧为Final Cut Pro X的预设，右侧为可添加的设置项。选中需要添加的设置项并拖曳到左边栏内即可完成添加设置。例如添加"导出文件"设置项，如图1-29所示。添加完成后即可在左边栏内查看，如图1-30所示。

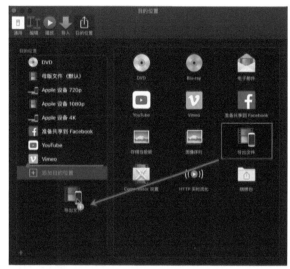

图1-29

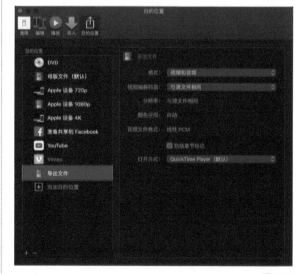

图1-30

> **提示** Final Cut Pro X界面可能会因为版本不同而变化，以上介绍的功能按钮位置可能发生变化，但功能与操作模式相同。

第2章

掌握剪辑的基本流程

▶ 实战检索

创建剪辑环境

实战 005

- 素材位置：无
- 视频文件：实战005 创建剪辑环境.mp4
- 实例位置：实例文件>CH02
- 学习目标：掌握剪辑环境的创建方法

　　剪辑环境是由"资源库""事件""项目"共同组成的。"资源库"用于管理"事件"和"项目"，代理媒体、优化的媒体和渲染文件也存储于资源库中。如果导入媒体前在"偏好设置"中选中了"拷贝到资源库储存位置"选项，那么资源库还将存储所有导入的媒体。"事件"用于管理项目和媒体。只有建立了"项目"才能开始剪辑，"项目"保存着对应时间线上所有的剪辑数据。

01 建立资源库。启动Final Cut Pro X，系统会打开如图2-1所示的对话框。单击"新建"按钮 `新建...`，打开的对话框如图2-2所示。

为"第2章"，单击"存储"按钮 `存储` 便成功建立了资源库。资源库建立完成之后会出现在"浏览器"面板中，如图2-4所示。

图2-1　　　　　　　　　　　图2-2

02 单击"存储为"右侧的下拉按钮 ⌄，展开完整的选项，如图2-3所示。在左边栏内选择要存储的位置，在"存储为"文本框中可以对资源库命名。将资源库命名

图2-3

图2-4

提示 用户可以在任务栏中执行"文件>新建>资源库"命令新建资源库，如图2-5所示。

图2-5

03 单击图2-1所示对话框中的"查找"按钮 查找... ，打开"打开资源库"对话框，选中"第2章"资源库，单击"打开"按钮 打开 ，如图2-6所示，即可打开之前建立的"第2章"资源库。

图2-6

04 创建事件。资源库建立完成后，系统会根据当前日期自动创建"事件"，且会根据当前日期为"事件"命名。选中"事件"，按回车键可以对"事件"进行重命名。将"事件"重命名为"实战005创建剪辑环境"，如图2-7所示。

图2-7

提示 在任务栏中执行"文件>新建>事件"命令（Option+N），同样可以创建新的"事件"，如图2-8所示。

图2-8

右击资源库名称也可以使用快捷菜单创建"事件"，如图2-9所示。

图2-9

单击"新建事件"命令之后会打开对话框，如图2-10所示，可以在"事件名称"文本框中输入文字，为事件命名。如果建立了多个资源库，那么可以在"资源库"选项中选择将事件建立在哪个资源库中，然后单击"好"按钮 好 即可创建新的事件。在同一个资源库中可以建立多个事件。

图2-10

05 创建项目。在任务栏中执行"文件>新建>项目"命令（Command+N），可以创建项目，如图2-11所示。

图2-11

提示 右击资源库或事件也可以在该资源库或事件中创建项目。

06 打开项目设置对话框，用户可以对项目"使用自动设置"，也可以自定义设置。这里介绍自定义设置，如图2-12所示。另外，项目设置没有固定的格式，需要根据拍摄的影片和剪辑需求进行设置。

图2-12

提示 项目设置对话框参数介绍。

项目名称： 用于对项目命名。

事件： 用于选择"项目"建立在哪个"事件"中。

起始时间码： 保持默认即可。

视频： 根据拍摄的素材而定。例如，拍摄了分辨率为3840×2160、速率为24帧/秒的视频，那么应该设置"格式"为4K、"分辨率"为3840×2160、"速率"为24p，如图2-13所示。如果拍摄了120帧的视频，那么可以设置"速率"为24p，并对视频进行5倍升格（慢动作）处理。更多内容将在第11章"重新定时"中讲解。

图2-13

19

　　渲染：根据需求选择"编解码器，最高为"Apple ProRes 4444 XQ"，默认的"Apple ProRes 422"足以满足绝大部分用户的剪辑需要；"颜色空间"一般保持默认设置"标准-Rec.709"，Final Cut Pro X 10.3及以上版本支持Rec.2020（Rec.2100）广色域HDR视频编辑。在"浏览器"面板中选择资源库，然后在"检查器"面板中查看资源库属性（Control+Command+J），单击"修改"按钮，如图2-14所示。在打开的对话框中选中"广色域 HDR"，单击"更改"按钮 更改 ，如图2-15所示。当原始视频为Rec.2020（Rec.2100）HDR视频时，才能使用这样的设置。

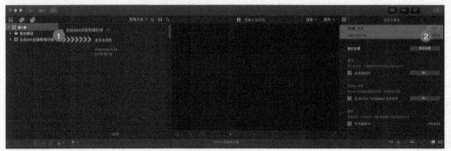

图2-14　　　　　　　　　　　　　　　　　　　　　　　图2-15

　　音频："通道"分为"环绕声"和"立体声"，"采样速率"根据前期音频录制的采样速率确定。

07 单击"好"按钮 好 建立项目，项目将出现在"浏览器"面板对应的事件中，如图2-16所示。

> **提示** 在不确定如何设置项目时，可以先导入媒体，根据媒体的数据信息进行项目设置，详见第3章"素材管理"。

图2-16

实战 006 导入媒体

- 素材位置：素材文件>CH02
- 视频文件：实战006 导入媒体.mp4
- 实例位置：实例文件>CH02
- 学习目标：掌握媒体的导入方法

01 建立资源库和事件后就可以导入媒体了。在"第2章"资源库中新建事件，将其命名为"实战006导入媒体"，如图2-17所示。

02 在任务栏中执行"文件>导入>媒体"命令（Command+I），如图2-18所示。打开"媒体导入"界面，界面可分为4个区域，如图2-19所示。

图2-17

图2-18

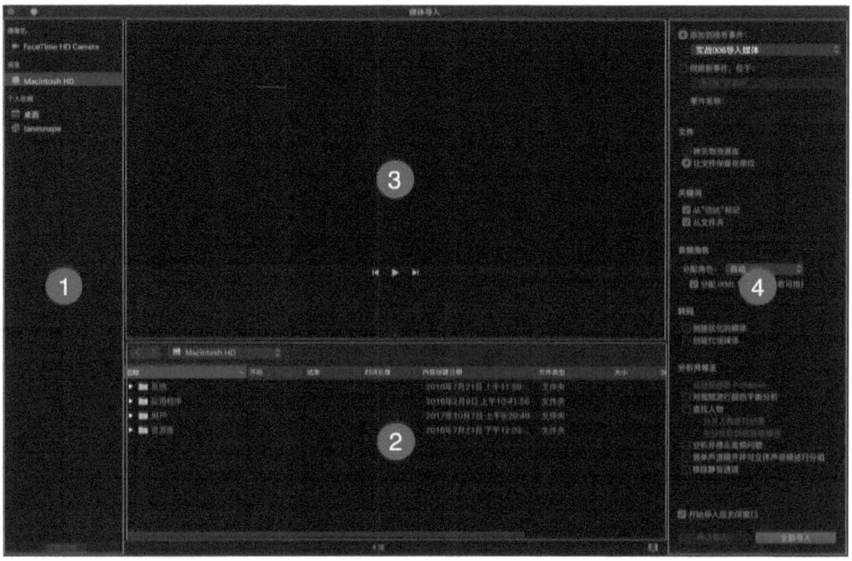

图2-19

> **提示** 区域❶用于选择存储设备，外置硬盘、SD卡、iPhone和摄像机等设备将在区域❶列出。
>
> 区域❷用于选择文件目录。
>
> 区域❸用于预览媒体。
>
> 区域❹用于设置参数，内容与"偏好设置"面板中"导入"子面板的内容一致。
>
> 由于大多数外置存储设备读写性能较低，建议用户先把媒体素材复制到计算机硬盘或外置高性能硬盘后再进行导入剪辑，千万不要直接在SD卡和U盘中剪辑。

03 将本书配套资源"素材文件>CH02>实战006"中的"video01"导入文件"实战006导入媒体"事件，如图2-20所示。

04 在"浏览器"面板"实战006导入媒体"事件中查看视频，如图2-21所示。

图2-20 图2-21

05 Final Cut Pro X 支持导入文件夹，在导入时只需选中文件夹即可将文件夹中的媒体全部导入。在将本书配套资源"素材文件>CH02>实战006"中的"火车"文件夹导入系统时，务必单击"导入所选项"按钮 ▢ 导入所选项 ，如图2-22所示。导入完成后的效果如图2-23所示。

图2-22 图2-23

提示 选中需要导入媒体的事件，然后将需要导入的媒体文件直接拖曳到"浏览器"面板中，可以导入媒体，如图2-24所示。同样，直接拖曳文件夹到"浏览器"面板中可以导入文件夹内的所有媒体。

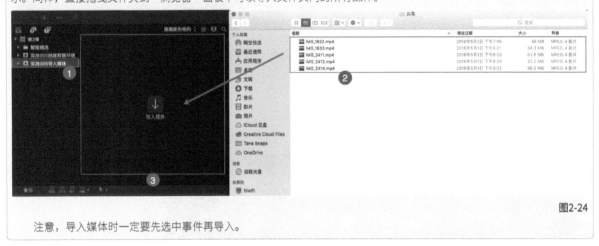

图2-24

注意，导入媒体时一定要先选中事件再导入。

06 将鼠标指针移动到"浏览器"面板中的视频上，视频中将出现一条红线，即"浏览条"。左右移动鼠标可以快速地在"检视器"面板中浏览视频，如图2-25所示。

图2-25

提示 如果将鼠标指针移动到视频上时没有出现"浏览条"，那么可以在任务栏执行"显示>浏览"命令或按S键启用"浏览"功能，如图2-26所示，"时间线"面板内也会出现一条红线，该红线同样称为"浏览条"。

图2-26

07 单击video02中的某处，选中该片段，video02四周出现黄色线框，表示video02被选中，如图2-27所示。

图2-27

提示 选中片段或将鼠标指针放在片段上（需打开"浏览"功能），按空格键可播放所选片段，片段将从鼠标指针（浏览条）所在位置向后播放；按"/"键可以从头播放所选片段，但只有选中片段后才可使用"/"键。

在浏览片段时可以进行倍速播放。按J键可向前以正常速度倒转播放，每多按一下J键可调整一次倒转播放速度；按L键可向后以正常速度播放，每多按一下L键可调整

一次播放速度（最快以32倍速度播放）；按K键可以停止播放；同时按住J键和K键，可向前以1/2速度播放；同时按住L键和K键可向后以1/2速度播放；在按住K键的同时按一下J键，可向前移动一帧；在按住K键的同时，按一下L键，可向后移动一帧；按"←"键或"→"键可向前或向后移动一帧；按"↑"键或"↓"键可以选择上一个片段或下一个片段。

08 在任务栏中执行"显示>播放"命令，可进行更多的播放设置，如图2-28所示。在任务栏中执行"显示>播放>循环播放"命令（Command+L）可以激活循环播放功能，然后按空格键或"/"键播放，将循环播放所选视频。

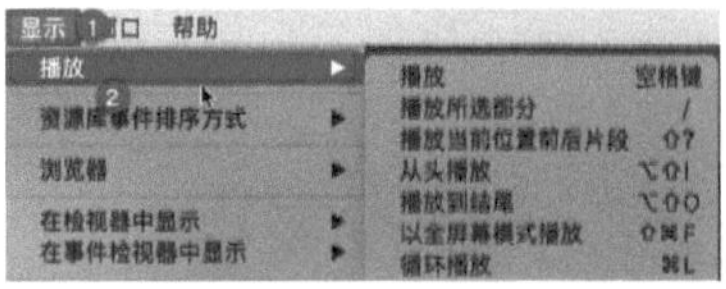

图2-28

提示 在"时间线"面板上播放剪辑片段时相关操作与此种方法相同。

实战 007 剪辑工具

● 素材位置：素材文件>CH02　　　　● 实例位置：实例文件>CH02
● 视频文件：实战007 剪辑工具.mp4　● 学习目标：掌握常用的剪辑工具

▷ **导入片段到时间线**

01 在"第2章"资源库中新建事件，并将其命名为"实战007剪辑工具"，打开本书配套资源"素材文件>CH02>实战007"文件夹，导入video01、video02和video03，如图2-29所示。

02 新建项目。设置"项目名称"为"学习剪辑工具"，"事件"为"实战007剪辑工具"，"视频"的"格式"为"1080p HD"、"分辨率"为1920×1080、"速率"为30p，"渲染"的"编解码器"为"Apple ProRes 422"，"音频"的"通道"为"立体声"、"采样速率"为48kHz，如图2-30所示。

图2-29

图2-30

03 单击"好"按钮 好 后，在"浏览器"面板中查看新建的项目，如图2-31所示。同时，在"时间线"面板中会自动打开新建的项目（此时为空白项目），如图2-32所示。

图2-31

图2-32

提示 若在"时间线"面板中没有自动打开新建的项目，则在"检视器"面板中双击该项目即可。"时间线"面板左上方显示了常用的剪辑工具，如图2-33所示。

图2-33

■：将所选片段连接到主要故事情节（Q）。
■：将所选片段插入到主要故事情节或所选故事情节（W）。
■：将所选片段追加到主要故事情节或所选故事情节（E）。
■：将所选片段覆盖主要故事情节或所选故事情节（D）。

04 在"浏览器"面板中同时选中video01和video02（按住Command键可进行多选操作），单击"将所选片段追加到主要故事情节或所选故事情节"工具■或按E键，将video01和video02导入"时间线"（也可以直接将相关视频拖曳到"时间线"面板中），如图2-34所示。插入video01和video02后，"时间线"面板如图2-35所示。

图2-34

图2-35

05 在任务栏中执行"显示>缩放至窗口大小"命令（Shift+Z），如图2-36所示。"时间线"面板中的片段将被缩放至窗口大小，如图2-37所示。

图2-36　　　　　　　　　　　　　　　　　　　　　　　　　图2-37

提示 如果按Shift+Z键并没有将片段缩放至窗口大小，那么在时间线上任意位置单击以激活"时间线"面板，再次按Shift+Z键即可。

06 拖曳时间线上的播放头到video01和video02之间。在默认情况下，播放头为白色，选中后变为黄色，如图2-38所示。

图2-38

提示 如果开启了"浏览"功能或按S键，在时间线上除了播放头之外还会出现浏览条，此处浏览条的功能与"浏览器"面板中浏览条的功能一致。

07 在"浏览器"面板中选中video03，单击"将所选片段连接到主要故事情节"工具■或按Q键，如图2-39所示。video03会被从播放头或浏览条处向后插入到现有片段上方；当视频中含有音频时，"时间线"面板会默认显示音频波形。video02和video03包含音频，video01没有音频，如图2-40所示。

 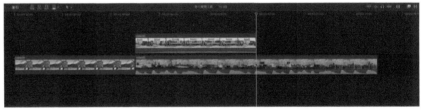

图2-39　　　　　　　　　　　　　　　　　　　　　　　　　图2-40

提示 先在"时间线"面板中单击片段以选中（被选中的片段四周会出现黄色线框），再按Delete键，即可在时间线上删除所选片段，"浏览器"面板中的原始片段不受影响。

08 在"浏览器"面板中选中video03，按Shift+Q键，video03会被从播放头或浏览条处向前插入到现有片段上方（反向时序），如图2-41所示。将播放头或浏览条移动至video02最后，如图2-42所示。

图2-41　　　　　　　　　　　　　　　　　　　　　　　　　图2-42

09 在"浏览器"面板中选中video03，单击"将所选片段连接到主要故事情节"工具■或按Q键，video03下方将会出现同等长度的灰色条，称为"空隙"，如图2-43所示。将播放头或浏览条移动至video02上，如图2-44所示。

图2-43　　　　　　　　　　　　　　　　　　　　　　　　　图2-44

10 在"浏览器"面板中选中video03，单击"将所选片段插入到主要故事情节或所选故事情节"工具█或按W键，如图2-45所示。video03会被插入到播放头或浏览条处，并将video02分开，此时时间线的总长度已经发生变化，如图2-46所示。

图2-45

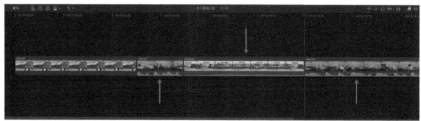

图2-46

> **提示** 按Command+Z键可撤销上一步操作，多次按Command+Z键可以多次撤销，按Shift+Command+Z键可以恢复上一步被撤销的操作。

11 在"浏览器"面板中选中video03，单击"将所选片段覆盖主要故事情节或所选故事情节"工具█或按D键，如图2-47所示。video03会被插入到播放头或浏览条后方，并覆盖处于播放头或浏览条之后的片段（插入的片段有多长，就会覆盖多长），如图2-48所示。

图2-47

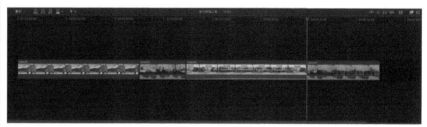

图2-48

> **提示** 素材video03的时间并没有video02的时间长，所以video02没有被完全覆盖，并且时间线总长度没有发生变化。

12 在"浏览器"面板中选中video03，按Shift+D键，video02会被插入到播放头或浏览条前方，并覆盖处于播放头或浏览条之前的片段（插入的片段有多长，就会覆盖多长），如图2-49所示。

图2-49

13 从"浏览器"面板中拖曳video01到"时间线"面板中，也可将video01添加到相应位置，如图2-50和图2-51所示。

图2-50

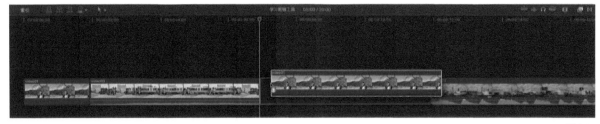

图2-51

14 单击 █ 右侧的下拉按钮将出现"全部""仅视频""仅音频"选项，如图2-52所示。

图2-52

> **提示** 全部（Shift+1）：将片段插入时间线时包含视频和音频。
>
> 仅视频（Shift+2）：即使插入的片段包含音频，插入时间线时也只有视频。
>
> 仅音频（Shift+3）：即使插入的片段是视频，插入时间线时也仅有音频。

▷ **设定范围**

01 有时并不需要把整个片段插入时间线，而只需要其中的一部分，这时可使用设定范围的相关命令。在任务栏中执行"标记"命令，如图2-53所示。

图2-53

02 在"浏览器"面板中将浏览条放在video02需要设定的范围开头处，如图2-54所示。按I键设定范围开头，如图2-55所示。

图2-54　　　　　　　　　图2-55

03 将浏览条放在video02需要设定的范围结尾处，如图2-56所示。按O键设定范围结尾，如图2-57所示。

图2-56　　　　　　　　　图2-57

> **提示** 如需修改范围，可以将鼠标指针移到范围的开头或结尾处，此时鼠标指针变为 ⊢，如图2-58所示。按住鼠标左键向左或向右拖曳，即可修改范围，如图2-59所示。将鼠标指针放在片段上，按I键或O键，可以重新设定范围开头或结尾。

图2-58　　　　　　　　　图2-59

04 在同一个片段中设定多个范围。将浏览条移动至另一个范围的开始位置，如图2-60所示。按Shift+Command+I键设定范围开头，如图2-61所示。

图2-60　　　　　　　　　图2-61

05 将浏览条放在另一个范围的结尾位置，如图2-62所示。按Shift+Command+O键设定范围结尾，这样就在同一个片段上设定了多个范围，如图2-63所示。

图2-62　　　　　　　　　图2-63

> **提示** 设定范围后插入到时间线上的片段将只有范围内的部分，如果同一片段设定了多个范围，则需要先在"浏览器"面板中选取范围，再导入时间线。

下面介绍常用的范围设置操作。

在任务栏中执行"标记>设定片段范围"命令或按X键，可将整个片段设定为所选范围；在任务栏中执行"标记>清除所选范围"命令或按Option+X键，可清除所选范围；按住Option键单击范围可清除单个范围。

单击片段可选中单个片段，按Command+A键可全选片段，按Shift+Command+A键可取消全选，在全选片段后按Option+X键可清除所有片段范围。

▷ **媒体余量**

设定范围后，插入到时间线上的媒体就有了"媒体余量"，媒体余量在剪辑中有着非常重要的作用。在图2-64中，video02只有在所选范围前方有媒体余量。在图2-65中，video02在所选范围前方和后方都有媒体余量。当片段间没有足够的媒体余量，添加转场时会显示警告，如图2-66所示。

图2-64

图2-65

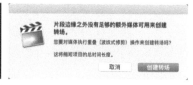
图2-66

▷ **故事情节**

故事情节分为"主要故事情节"和"次级故事情节"。如图2-67所示，区域❶为"主要故事情节"，区域❷为"次级故事情节"。

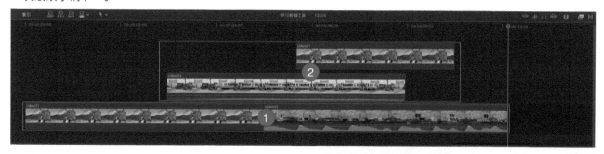
图2-67

▷ **剪辑工具**

01 在"时间线"面板中单击"剪辑工具"可展开所有剪辑工具，如图2-68所示。

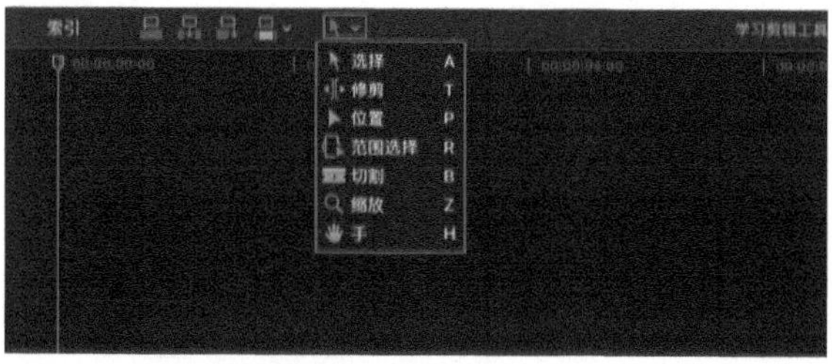

图2-68

02 "选择"工具主要用于选取时间线上的片段、拖曳片段移动位置，以及延长或缩短片段。将video01和video02插入时间线，鼠标指针移动到video02的开始点，这时鼠标指针变成，代表可以向右拖曳以缩短片段（在video02前方有媒体余量的情况下可向左拖曳以延长片段），如图2-69所示。

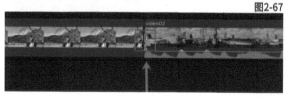
图2-69

> **提示** 当将鼠标指针移动到video01结束点时鼠标指针变成，代表可以向左拖曳以缩短片段（在video01后方有媒体余量的情况下可向右拖曳以延长片段）。

03 单击video02的开始点，片段边缘变为红色，代表video02前方没有媒体余量，如图2-70所示。

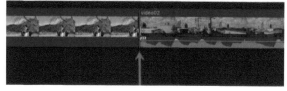
图2-70

04 按住鼠标左键不放，向右拖曳可以缩短video02长度，如图2-71所示。

> **提示** 当片段前后都没有媒体余量，单击片段的开始点或结束点边缘将变为红色；当片段前后都有媒体余量，单击时为黄色。

图2-71

05 在"浏览器"面板中对video02设定范围，如图2-72所示。这时，video02前后都含有媒体余量，将video02导入时间线，单击video02的开始点，此时开始点变为黄色，如图2-73所示。

图2-72

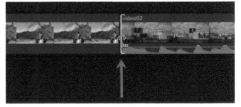

图2-73

> **提示** 设定范围后，导入到时间线上的片段将只有范围内的部分，单击并拖曳片段开始点或结束点可以延长片段的可显示媒体余量部分（即片段范围外的内容）。
>
> 　　拖曳片段时，当片段开始点或结束点出现红色，代表片段达到最大长度。

06 利用"选择"工具可以更改时间线上片段的位置。将video01、video02和video03按顺序导入时间线，如图2-74所示。

图2-74

07 单击video03将其选中，video03四周将出现黄色线框，如图2-75所示。

图2-75

08 单击video03并将其拖曳到video01和video02之间，如图2-76所示。

图2-76

> **提示** 在"时间线"面板中将video03移动至video02的前方后，video03和video02的起始时间都发生改变，video03提前播放，video02延后播放。

09 除此之外，也可以将video03移动至"次级故事情节"上，如图2-77所示。

图2-77

> **提示** 使用"选择"工具同样可以移动字幕、发生器、音频等片段。按住Option键并在时间线上拖曳片段，可以复制被拖曳的片段并将片段放到指定位置。

10 当时间线上两个相连片段间都有媒体余量时，使用"修剪"工具![icon]在片段连接处拖曳片段可进行"卷动式编辑"。在"浏览器"面板中利用I键和O键可以为video02和video03设定范围，如图2-78和图2-79所示。

图2-78　　　　　　　　　图2-79

11 按住Command键并分别单击video02和video03，将它们全部选中，然后按E键将它们导入时间线，如图2-80所示。"时间线"面板如图2-81所示。

图2-80

图2-81

12 单击"剪辑工具"![icon]，选择"修剪"工具或按T键，如图2-82所示。将鼠标指针移动到video02和video03的连接处，鼠标指针会变为![icon]，如图2-83所示。

图2-82

图2-83

13 单击片段连接处，两个片段都出现黄色的编辑点，如图2-84所示。

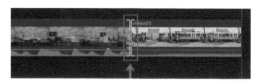

图2-84

14 单击片段编辑点并向左拖曳，可以缩短video02的范围，同时延长video03的范围；单击片段编辑点并向右拖曳，可延长video02的范围，同时缩短video03的范围；"时间线"的总长度不会发生改变。在拖曳时，当某一片段的编辑点呈红色时，代表片段达到最大长度。此种编辑方式被称为"卷动式编辑"，如图2-85所示。

图2-85

15 利用"修剪"工具![icon]还可以进行"滑移式编辑"。同样在"浏览器"面板中利用I键和O键为video02和video03设定范围。按住Command键并分别单击video02和video03，将其全部选中，按E键导入时间线。单击"修剪"工具![icon]，将鼠标指针移动到video03，鼠标指针变为![icon]，单击video03，此时video03开始点和结束点都出现黄色线框，如图2-86所示。

图2-86

16 移动鼠标指针到黄色线框范围内，左右拖曳片段，可以在不改变video03本身长度的情况下更改片段的开始点和结束点（可理解为重新设定了片段范围），且"时间线"的总长度不会发生改变。当video03的开始点或结束点出现红色时，不能再继续拖曳，如图2-87所示，这代表达到了video03媒体余量的最大值。此种编辑方法被称为"滑移式编辑"。

图2-87

> **提示** 有时会在剪辑完成后才发现需要修改某一片段的开始点和结束点，但又不能改变片段的总体长度，因为这有可能破坏整体节奏，这时"滑移式编辑"就能派上用场。

17 利用"修剪"工具 ⬚ 还可以进行"滑动式编辑"。在"浏览器"面板中为video01设定范围，如图2-88所示。

图2-88

18 按E键将video01导入时间线最后，效果如图2-89所示。

图2-89

19 选择"修剪"工具 ⬚ 或按T键，按住Option键并单击video01，将其向左拖曳，video03会被缩短，如图2-90所示。

图2-90

20 "滑动式编辑"还不止如此。将播放头或浏览条移动至"时间线"面板的video01上，如图2-91所示。在"浏览器"面板中选取video01范围，按D键，video01中所选片段会从播放头或浏览条处向后插入并覆盖播放头或浏览条之后的片段，如图2-92所示。"时间线"面板如图2-93所示。

图2-91

图2-92

图2-93

21 选择"修剪"工具 ⬚ 或按T键，按住Option键单击video01并将其向右拖曳，video01覆盖的开始点和结束点将发生改变。这种编辑方法称为"滑动式编辑"，如图2-94所示。

图2-94

> **提示** "卷动式编辑""滑移式编辑""滑动式编辑"都需要媒体余量的支持。

22 利用"位置"工具 ▶ 在"主要故事情节"上移动片段覆盖其他片段。使用"位置"工具 ▶ 将video03移动至video01与video02之间，如图2-95所示。video03覆盖了部分video02，如图2-96所示。

图2-95

图2-96

> **提示** 若video03的长度大于video02的长度，那么video02将被完全覆盖。

23 经过上述操作后，时间线的总长度不会发生改变，video03的原位置被"空隙"代替。灰色片段即"空隙"，如图2-97所示。

图2-97

24 另外，在"次级故事情节"上使用"位置"工具 ▶ 只能移动所选片段的位置，不会改变其他片段的位置，也不会覆盖任何片段。将video01、video02和video03在时间线上按照如图2-98所示的顺序排列。

图2-98

25 使用"位置"工具拖曳video03至"次级故事情节"中video01的开始点，video01的长度和开始点都没有改变，video01也没有被覆盖，只是移动到了video03上方，如图2-99所示。

图2-99

26 "范围选择"工具█主要用于在时间线上选取片段范围，并对视频进行快速修剪。将video02导入时间线，如图2-100所示。

图2-100

27 选择"范围选择"工具█或按R键，在video02上选取一个范围，如图2-101所示。

图2-101

28 按Delete键，所选范围内的片段将被删除，时间线总长度会发生改变，如图2-102所示。

图2-102

29 按Shift+Delete键，所选范围内的片段将被删除，同时时间线的总长度不会发生改变，删除的内容由"空隙"代替，如图2-103所示。

图2-103

30 在video02上选取一个范围，在任务栏中执行"修剪>修剪所选部分"命令或按Option+"\"键，如图2-104所示。video02将只保留所选范围内的片段，如图2-105所示。

图2-104

图2-105

提示 使用Option+"\"键需要切换至英文输入法。

31 在"浏览器"面板中选中video03，按Q键将video03连接到主要故事情节。插入到次级故事情节的video03将与时间线上video02设定的范围长度保持一致，如图2-106所示。

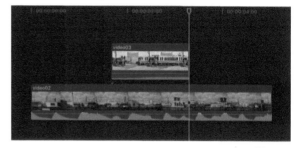

图2-106

32 同理，为video03选取一个范围后，在"浏览器"面板中选中video03，按D键，video03将覆盖所选故事情节。插入到主要故事情节的video03将与时间线上video02设定的范围长度保持一致，如图2-107所示。

图2-107

33 "切割"工具█主要用于切割时间线上的片段。选中"切割"工具█或按B键，在video02上单击即可将video02切割，如图2-108所示。在切割的位置将出现虚线，如图2-109所示。

图2-108

图2-109

34 切割的位置前后为连贯状态，这就是"直通编辑"。使用"选择"或"修剪"工具单击"直通编辑"（虚线）的任意一侧，虚线立即变为黄色，如图2-110所示。

图2-110

35 在任务栏中执行"编辑>接合片段"命令或按Delete键，可取消"直通编辑"，如图2-111所示。

36 将播放头或浏览条放在需要切割的位置，按Command+B键可切割单个片段。如果需要切割多个叠加片段，如图2-112所示，可使用同样操作，如图2-113所示。

37 在任务栏中执行"修剪>全部切割"命令或按Shift+Command+B键，即可全部切割，如图2-114所示。如果需要切割叠加片段中的单个片段，可以使用"切割"工具单击需要切割的片段，也可以按A键选中需要切割的片段，并按Command+B键切割片段。

图2-111

图2-112　　　　　　　　图2-113　　　　　　　　图2-114

> **提示** 次级故事情节上的片段被切割后不能再接合。

38 "缩放"工具主要用于放大或缩小时间线。选择"缩放"工具，将鼠标指针移动到时间线上，鼠标指针会变成，单击即可放大时间线（每单击一次就会放大一次），如图2-115和图2-116所示。

图2-115

图2-116

39 "手"工具主要用于当时间线放大后，在时间线上拖曳并进行精确编辑。选择"手"工具或按H键，将鼠标指针移动到时间线上，鼠标指针会变成，单击后鼠标指针会变成，这时按住鼠标左键不放并左右拖曳便可滚动时间线（或按住Shift键滚动鼠标滚轮），如图2-117所示。

图2-117

40 另外，还可以利用更多剪辑技巧快速完成工作。将播放头或浏览条移动至"时间线"面板中video02的后方，如图2-118所示。

41 单击video02的结束点，结束点变为黄色，如图2-119所示。在任务栏中执行"修剪>延长编辑"命令或按Shift+X键，如图2-120所示。video02将被延长至播放头或浏览条所在的位置，如图2-121所示。

图2-118　　　　　　　图2-119　　　　图2-120　　　　　　　图2-121

> **提示** 只有当片段含有媒体余量时，才可以使用"延长编辑"功能，延长编辑不会超过媒体余量的长度。

42 将播放头或浏览条移动至video02上，如图2-122所示。在任务栏中执行"修剪>修剪开头"命令或按Option+"["键，如图2-123所示。video02中播放头或浏览条之前的部分将被剪去，如图2-124所示。

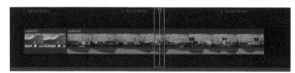 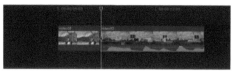

图2-122　　　图2-123　　　　　　　　　　　　　　　　　　　　　图2-124

> **提示** 当时间线上存在"浏览条"时，此项操作以"浏览条"所在位置为准；当时间线上不存在"浏览条"时，此项操作以"播放头"所在位置为准。

43 在任务栏中执行"修剪>修剪结尾"命令或按Option+"]"键，如图2-125所示。video02中播放头或浏览条之后的部分将被剪去，如图2-126所示。

44 将播放头放在video02的前半部分，如图2-127所示，在任务栏中执行"修剪>修剪到播放头"命令或按Option+"\"键，如图2-128所示，video02中播放头之前的部分将被剪去；反之，将播放头放在video02后半部分，在任务栏中执行"修剪>修剪到播放头"命令或按Option+"\"键，video02中播放头之后的部分将被剪去。

 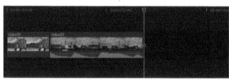 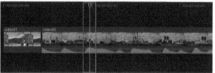

图2-125　　　　　　　　　　　图2-126　　　　　　　　　　　　　　　图2-127　　　　图2-128

> **提示** 在剪辑视频时，通常会使用快捷键和鼠标操作。
>
> 在片段开始点或结束点按"，"键可以向左修剪1帧；按Shift+"，"键可以向左修剪10帧；同理，按"。"键，是向右修剪1帧。按A键选中整个片段，然后按"，"键可以让整个片段向左移动1帧，按Shift+"，"键可以让整个片段向左移动10帧；同理，按"。"键，则整个片段向右移动1帧。上述方法对片段的微调有很大帮助。另外，在主要故事情节上使用"，"键和"。"键移动片段时会影响相邻片段长度，在次级故事情节上则不会。
>
> 按"↑"键或"↓"键可将播放头快速移动至上一个或下一个编辑点。将播放头或浏览条放在片段编辑点，按"["键或"]"键可快速选择左边或右边片段的开始点，按"\"键可同时选择相连接片段的开始点和结束点。
>
> 注意，这里的快捷键符号均为英文输入法下的标点符号。

<img: 实战 008>

调整时间线

- 素材位置：素材文件>CH02
- 视频文件：实战008 调整时间线.mp4
- 实例位置：实例文件>CH02
- 学习目标：掌握时间线的调整方法

01 展开"时间线"面板。时间线的右上方是常用的时间线设置按钮，如图2-129所示。

图2-129

> **提示** 打开或关闭视频和音频浏览(S)■：打开后，鼠标指针在时间线上移动时将出现红色浏览条，Final Cut Pro X 会跟随鼠标指针移动的位置实时在"检视器"面板中显示画面并且播放声音。
>
> 打开或关闭音频浏览(Shift+S)■：单独打开或关闭音频跟随。
>
> 吸附(N)■：在剪辑时，需要非常精准地对齐或找到特定位置，每一个片段编辑点都需要像吸铁石一样精准吸附在时间线上。

02 单击"外观"工具 ，面板如图2-130所示。

图2-130

03 当播放头被移动至片段上或选中某一片段时，会出现"独奏"工具 （快捷键为Option+S），如图2-131所示。

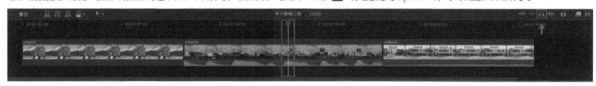

图2-131

04 在时间线上选中需要独奏的片段，单击"独奏"按钮 （激活后按钮变为蓝色 ），时间线上的其他片段会变成灰色，如图2-132所示。

图2-132

提示 下面介绍"外观"面板的功能。

区域❶用于放大（向右拖曳或按Command+"="键）和缩小（向左拖曳或按Command+"-"键）时间线上的片段，如图2-133和2-134所示。

图2-133

图2-134

区域❷用于选择片段显示模式，如图2-135所示。

图2-135

区域❸用于调整时间线上的片段高度，往左拖曳为调低（或按Shift+Command+"-"键），往右拖曳为调高（或按Shift+Command+"="键），如图2-136所示。

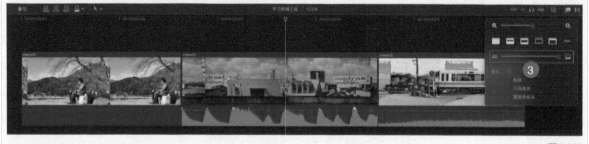

图2-136

变换和变形

实战 009

- 素材位置：素材文件>CH02
- 视频文件：实战009 变换和变形.mp4
- 实例位置：实例文件>CH02
- 学习目标：掌握变换和变形的用法

▷ 变换

利用"变换"功能可以调整视频画面的"位置""旋转""缩放""锚点"。例如，对原本倾斜的视频画面进行矫正，如图2-137（矫正前）和图2-138（矫正后）所示。

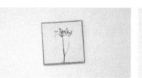

图2-137　　　　　　图2-138

01 在"第2章"资源库中新建事件，将事件命名为"实战009变换和变形"，"浏览器"面板如图2-139所示。

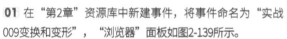

图2-139

02 打开本书配套资源"素材文件>CH02>实战009"文件夹，将video01导入名为"实战009变换和变形"的事件中，成功导入后如图2-140所示。

图2-140

03 在任务栏中执行"文件>新建>项目"命令或按Command+N键，如图2-141所示。

图2-141

04 在打开的对话框中单击"使用自定设置"，如图2-142所示。

图2-142

05 设置"项目名称"为"变换"，"事件"为"实战009变换和变形"，"视频"的"格式"为1080p HD、"分辨率"为1920×1080、"速率"为23.98p，"渲染"的"编解码器"为"Apple ProRes 422"，"音频"的"通道"为"立体声"、"采样速率"为48kHz，如图2-143所示。

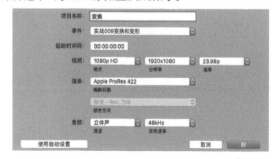

图2-143

35

06 单击"好"按钮 ▢好▢ 完成项目设置。"项目"建立完成后将会在"浏览器"面板的对应"事件"中显示出来，如图2-144所示。

07 在"浏览器"面板中选中video01，按E键将video01导入时间线（也可以直接将video01拖入"时间线"面板），如图2-145所示。

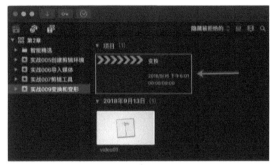

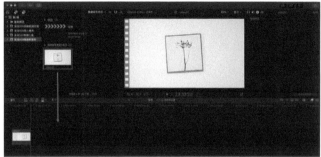

图2-144　　　　　　　　　　　　　　　　　　　　　　　　　　　　图2-145

08 选中"时间线"面板中的video01，单击"检查器"面板中的"视频检查器"▤，单击后按钮变成蓝色▤，如图2-146所示。

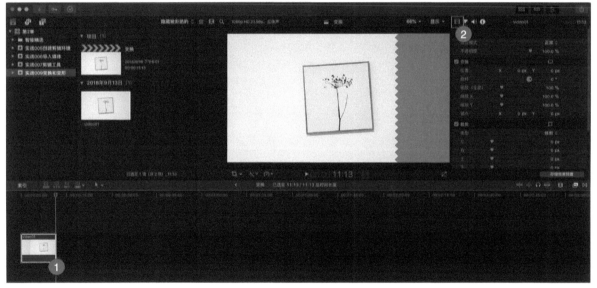

图2-146

09 如果单击"视频检查器"▤后，"变换"属性没有被展开，那么可以在"视频检查器"的"变换"右侧单击"显示"，展开调整参数（"显示"默认为隐藏状态，只有鼠标指针移动到指定位置时，才会显示出来），如图2-147所示。

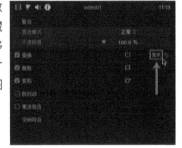

图2-147

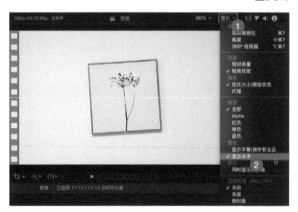

图2-148

10 在"检视器"面板中执行"显示>显示水平"命令，"检视器"面板会出现两条相互垂直的黄色参考线，如图2-148所示。

提示 在用肉眼难以进行精准观察时，参考线有助于更好地进行细微调整。

11 在"视频检查器"中将"变换"属性下的"旋转"调整为-3.5°，如图2-149所示。"检视器"面板如图2-150所示。

图2-149

图2-150

12 虽然video01画面中墙上的画已经被调整为水平状态，但video01的整体画面还处于倾斜状态。在"变换"中将"缩放（全部）"设置为111%，如图2-151所示。"检视器"面板中的效果如图2-152所示。

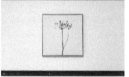

图2-151   图2-152

13 在"视频检查器"中单击"变换"右侧的■，如图2-153所示。单击之后，"检视器"面板中的视频画面将出现控制点，如图2-154所示。

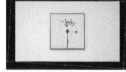

图2-153   图2-154

14 如果单击■后没有看到控制点，还可以通过百分比调节"检视器"的视图大小，使控制点显示在"检视器"面板中，如图2-155所示。

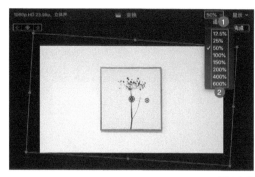

图2-155

15 拖曳画面四个角中的任意一个控制点可以对video01的画面进行等比缩放，如图2-156所示。

图2-156

16 拖曳左、右任意一个中心控制点将只缩放画面的x轴（横向），如图2-157所示。

图2-157

17 拖曳上、下任意一个中心控制点将只缩放画面的y轴（竖向），如图2-158所示。

图2-158

18 拖曳视频锚点（中心控制点）可以调整视频画面的位置，如图2-159所示。

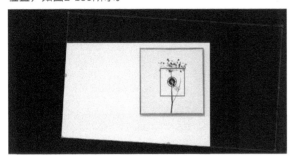

图2-159

19 除此之外，锚点还连接着一个控制手柄，拖曳控制手柄可以控制视频画面的旋转，如图2-160所示。

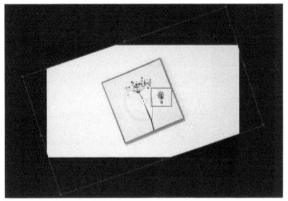

图2-160

20 变换操作都围绕着"锚点"进行。在"变换"属性中将video01"锚点"的"X"调整为-280.0px、"Y"调整为-100.0px，如图2-161所示。视频"锚点"的位置发生改变后，"检视器"面板中显示的效果如图2-162所示。

图2-161

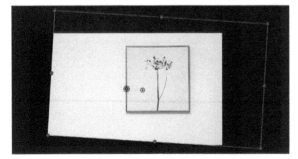

图2-162

21 将"变换"属性中的"旋转"调整为-36.0°，如图2-163所示。

图2-163

22 在"检视器"面板中可以观察到，video01的画面是以现有锚点的位置为中心进行顺时针旋转的（缩放等操作同理），如图2-164所示。

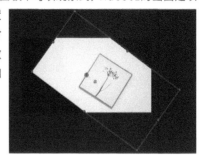

图2-164

▷ **变形**

利用"变形"功能可以在一定程度上矫正视频画面的透视，如图2-165（矫正前）和图2-166（矫正后）所示。

图2-165　　　　　　图2-166

01 在"实战009变换和变形"事件中新建项目，将其命名为"变形"，其具体参数设置如图2-167所示。

图2-167

02 将本书配套资源"素材文件>CH02>实战009"中的video02导入名为"实战009变换和变形"的事件中，并将video02导入到"变形"项目的"时间线"面板中，导入后的效果如图2-168所示。

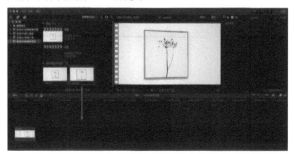

图2-168

03 选中"时间线"面板中的video02，单击"检查器"面板中的"视频检查器" ▤，在"视频检查器"中找到"变形"属性，如图2-169所示。

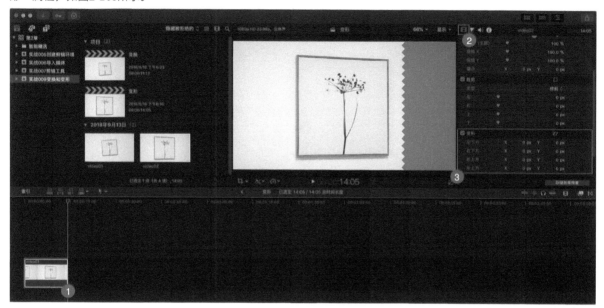

图2-169

04 观察video02，可以看出透视主要发生在右上方和右下方，在"变换"属性中设置"右下方"的"X"为368.3px、"Y"为−57.8px，"右上方"的"X"为379.5px、"Y"为113.0px，如图2-170所示。

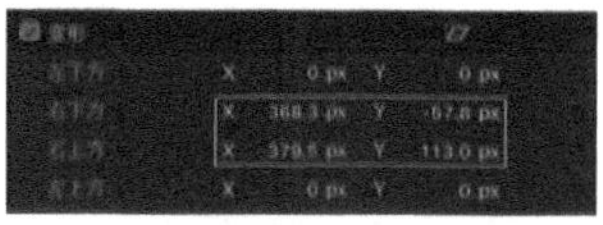

图2-170

05 在"检视器"面板中观察video02，如图2-171所示。虽然透视已经被矫正得差不多了，但video02的整体画面过于偏右，在"变换"属性中将"位置"的"X"设置为−89.2，将视频位置向左移动，如图2-172所示。

图2-171 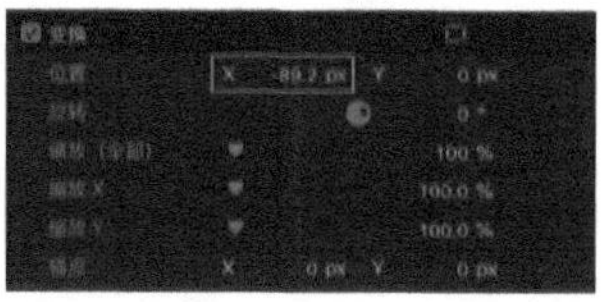　　　　　　　　图2-172

06 在"检视器"面板中观察video02，如图2-173所示。这里有一个小技巧，在"视频检查器"中单击"变形"属性右侧的 ▨ 或按Option+D键，如图2-174所示。"检视器"面板将显示"变形"控制点，如图2-175所示。

图2-173 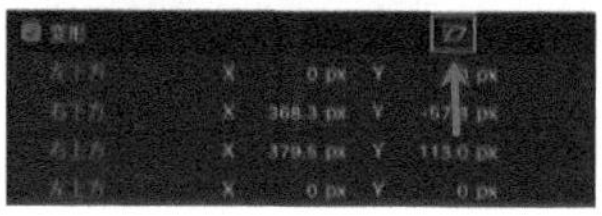　　　　　　　　图2-174

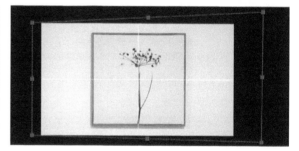

图2-175

07 将鼠标指针移动至对应属性选项组的右上方，单击"还原"按钮 ▣，即可还原属性的全部参数，如图2-176所示。

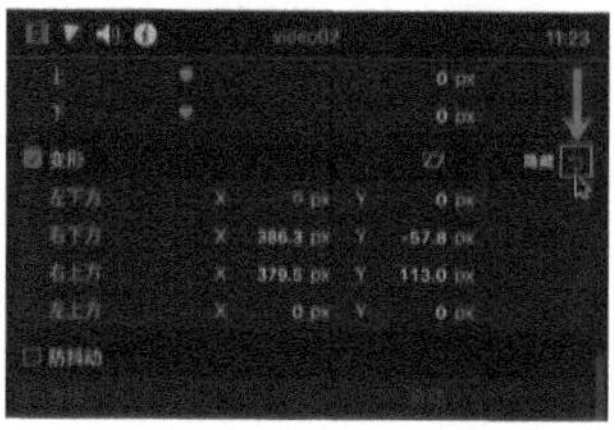

图2-176

08 属性中的每一项参数都可以被单独还原，同样需要将鼠标指针移动到参数的右侧才会显示"还原"按钮 ▣，如图2-177所示。

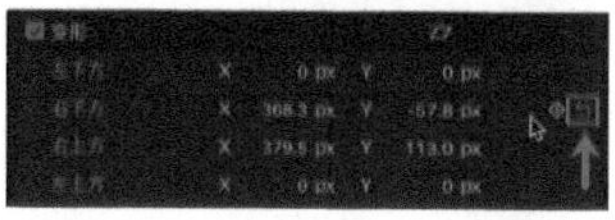

图2-177

> **提示**　"变形"控制点和"变换"控制点不同，"变形"的每一个控制点都是独立运行的且可以将其向任意方位拖曳。对视频画面进行变形时，直接拖曳控制点要比在检查器面板中调整"变形"属性下的参数更加直观。

09 "变换"和"变形"都是对视频属性进行调整，如需移除片段的所有属性，那么需要在"时间线"面板中选中需要移除属性的片段，在任务栏执行"编辑>移除属性"命令或按Shift+Command+X键，如图2-178所示。

10 可以将一个片段的属性复制到其他片段上，例如video01需要应用video02的属性，应先在"时间线"面板中选中"video02"，在任务栏中执行"编辑>拷贝"命令或按Command+C键，如图2-179所示。

11 选中时间线上的video01，在任务栏中执行"编辑>粘贴属性"命令或按Shift+Command+V键，如图2-180所示。

12 打开"粘贴属性"对话框，系统会默认勾选修改过的属性，单击"粘贴"按钮 **粘贴** 完成粘贴，如图2-181所示。

图2-178　　　　　　图2-179　　　　　　图2-180　　　　　　图2-181

实战 010　裁剪

- 素材位置：素材文件>CH02
- 实例位置：实例文件>CH02
- 视频文件：实战010 裁剪.mp4
- 学习目标：掌握裁剪视频的方法

在进行视频剪辑时，剪辑师可能只需要用到视频内容的一部分或只需要呈现特定画面，这个时候就可以使用裁剪功能来对原视频进行裁剪处理。

01 在"第2章"资源库中新建事件，将其命名为"实战010裁剪"，将本书配套资源"素材文件>CH02>实战010"中的video01导入到名为"实战010裁剪"的事件中，"浏览器"面板如图2-182所示。

图2-182

02 右击名为"实战010裁剪"的事件，选择"新建项目"命令或按Command+N键，如图2-183所示。

图2-183

03 设置"项目名称"为"裁剪"，"事件"为"实战010裁剪"，"视频"的"格式"为1080p HD、"分辨率"

为1920×1080、"速率"为59.94p，"渲染"的"编解码器"为"Apple ProRes 422"，"音频"的"通道"为"立体声"、"采样速率"为48kHz，单击"好"按钮 好 完成创建，如图2-184所示。

图2-184

04 在"浏览器"面板中选择video01，按E键将video01导入时间线，按Shift+Z键将时间线上的素材缩放至窗口大小，如图2-185所示。

图2-185

05 在"时间线"面板中选中video01，单击"检查器"面板中的"视频检查器" ⧉，找到"裁剪"属性，如图2-186所示。

图2-186

06 在"裁剪"属性的"类型"右侧选择"裁剪"类型。裁剪类型有3种："修剪""裁剪""Ken Burns"，如图2-187所示。

图2-187

07 修剪 在"裁剪"类型中选中"修剪"，拖曳"左""右""上""下"滑块可以调整"修剪"参数，如图2-188所示。将"左"滑块向右拖曳至500或在右侧直接输入500，如图2-189所示。在"检视器"面板中查看效果，video01的画面被从左向右修剪，如图2-190所示。

图2-188　　　　　　图2-189

图2-190

08 将鼠标指针移动到参数对应的数字上，按住鼠标左键，左右拖曳或上下拖曳，可以调整参数，如图2-191所示。

09 在"裁剪"属性右侧单击 或按Shift+C键，如图2-192所示。在"检视器"面板中将出现控制点，如图2-193所示。

图2-191　　　　　　　　　　图2-192

图2-193

10 直接拖曳控制点也可以对video01的画面进行修剪。向下拖曳上方的中心控制点，效果如图2-194所示。

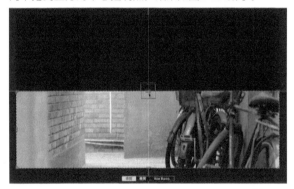

图2-194

11 单击被选取区域内的任意位置并拖曳，可以调整修剪区域。将被选取区域拖曳至video01画面上方，如图2-195所示。

图2-195

12 按住Shift键拖曳上方的中心控制点，修剪方式变为

全局等比修剪，如图2-196所示。

图2-196

13 按住Option键并拖曳上方的中心控制点，修剪方式变为上下等比修剪，如图2-197所示。

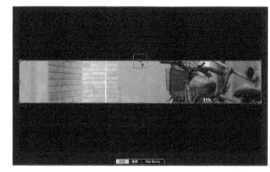

图2-197

14 按住Shift键和Option键拖曳上方中心控制点可以行四周向中心全局等比修剪，如图2-198所示。修剪完成后，在"检视器"面板单击"完成"或按回车键，如图2-199所示。

图2-198

图2-199

15 裁剪 在"裁剪"类型中选择"裁剪",单击▣或按Shift+C键激活"检视器"面板中的控制点(激活后按钮变为蓝色▣),"裁剪"控制点分布在视频画面的四角,如图2-200所示。

图2-200

16 拖曳左上角控制点选取一个区域,如图2-201所示。

图2-201

17 单击"检视器"面板右上角的"完成"或按回车键,如图2-202所示。被选取的区域内的画面将被放大并填充到整个画面,如图2-203所示。

图2-202

图2-203

18 按住Option键并拖曳左上角控制点,如图2-204所示。将从边缘向中心等比裁剪(还可再次拖曳区域选择范围)画面,单击"检视器"面板右上角的"完成"或按回车键即可完成裁剪,如图2-205所示。

图2-204

图2-205

提示 裁剪会在一定程度上降低画质。

19 Ken Burns 用于平移和缩放片段。在"检查器"面板"裁剪"类型中选择"Ken Burns",如图2-206所示。"检查器"面板中的"Ken Burns"下方没有任何可调节参数。单击▣或按Shift+C键激活控制点,在"检视器"面板中进行调节,"检视器"面板中将出现绿色(开始)线框和红色(结束)线框,如图2-207所示。

图2-206

图2-207

20 按住Option键并拖曳绿色（开始）线框右下角的控制点，使线框从四周向中心等比缩小，单击"检视器"面板右上角的"完成"或按回车键确认，如图2-208所示。

21 将播放头或浏览条移动到视频的开始位置，如图2-209所示。"检视器"面板将显示video01的第1帧画面，并且是图2-208中绿色（开始）线框内的画面，如图2-210所示。

图2-208

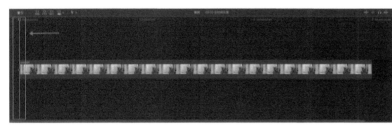

图2-209

图2-210

22 按空格键开始播放，视频画面会被缩放，最后一帧画面为图2-208中红色（结束）线框内的画面，这就是利用Ken Burns对片段画面进行缩放，如图2-211所示。

23 还原Ken Burns，按Shift+C并重新调出Ken Burns控制点，如图2-212所示。

图2-211

图2-212

24 拖曳绿色（开始）线框左下角的控制点，选取一个小范围，如图2-213所示。

25 将绿色（开始）线框拖曳到画面左上角，如图2-214所示。

图2-213

图2-214

26 拖曳红色（结束）线框右上角的控制点，选取另一个小范围，如图2-215所示。

27 将红色（结束）线框拖曳到画面右下角，按回车键确认，如图2-216所示。

图2-215   图2-216

28 将时间线上的播放头或浏览条移动到video01的开始点，如图2-217所示。此时"检视器"面板将显示video01的第一帧画面，同时也是图2-214中绿色（开始）线框内的画面，如图2-218所示。

29 按空格键开始播放，视频画面将从绿色（开始）线框内的画面平移至如图2-216所示红色（结束）线框内的画面，如图2-219所示。

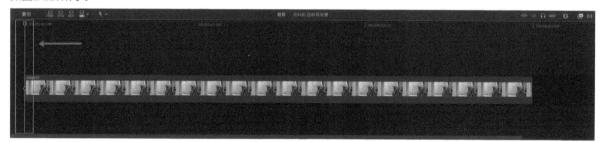

图2-217

图2-218   图2-219

添加视频效果

实战 011

- 素材位置：素材文件>CH02
- 视频文件：实战011 添加效果.mp4
- 实例位置：实例文件>CH02
- 学习目标：掌握视频效果的方法

本实战将介绍如何为视频添加常见的视频效果，比如马赛克、万花筒和模拟老电影等效果。

马赛克

万花筒   模拟老电影

▷ 马赛克

01 在"第2章"资源库中新建事件，将其命名为"实战011添加视频效果"，打开配套资源"素材文件>CH02>实战011"文件夹，将video01导入到"实战011添加视频效果"事件中，如图2-220所示。

图2-220

02 新建项目，具体参数设置如图2-221所示。

图2-221

03 在"浏览器"面板中选中video01，按E键将video01导入到"时间线"面板中，如图2-222所示。

图2-222

04 按Shift+Z键将时间线上的素材缩放至窗口大小（或Command+"="键放大时间线上的素材），如图2-223所示。

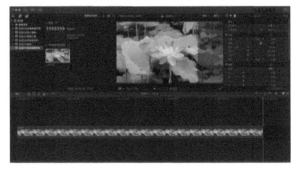

图2-223

05 单击"时间线"面板右上角的"效果浏览器" 🔲（Command+5），打开"效果浏览器"面板，如图2-224所示。

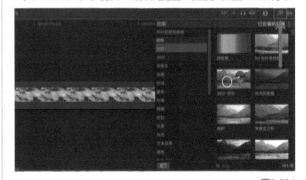

图2-224

06 在"效果浏览器"左边栏中选择"风格化"，将鼠标指针移动到右边栏中，找到"删减"效果，如图2-225所示。

> **提示** 把鼠标指针放在效果上即可在不应用效果的情况下预览效果。

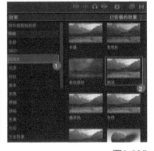

图2-225

07 将"删减"效果拖曳到video01上，如图2-226所示。添加"删减"效果后，"检查器"面板的"视频检查器"中将显示"删减"效果模块和调整的参数，"检视器"面板中将出现删减效果，也就是马赛克效果，如图2-227所示。

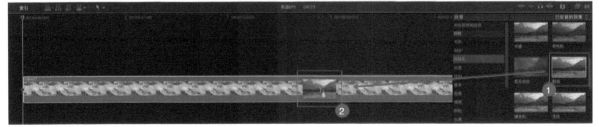

图2-226

> **提示** 先在"时间线"面板中选中片段，再双击"效果浏览器"里的效果同样可以应用效果。

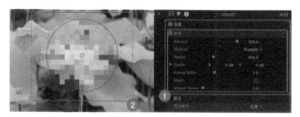

图2-227

08 在"检查器"面板的"删减"效果模块中调整"Amount"（数量）可以改变删减程度。将"Amount"参数的数值设置为20.0，如图2-228所示，与图2-227相比，删减程度明显变小。

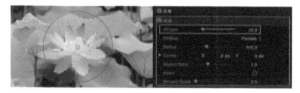

图2-228

09 展开"Method"（方法）右侧的下拉列表框会显示相关选项，如图2-229所示。其中包括Pixelate（像素化）、Blur（模糊）、Darken（变暗）和Rectangle（矩形），如图2-230所示。

图2-229　　　　　　　　　　图2-230

10 选择不同的Method（方法）将有不同的删减效果。选中"Blur"（模糊），如图2-231所示，与图2-227相比，删减效果从像素化变成了模糊化。

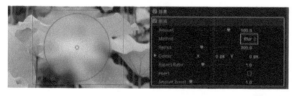

图2-231

11 在"检查器"面板中将"Method"（方法）设置为"Pixelate"（像素化），拖曳"Radius"（半径）的滑块或直接在"检视器"面板中拖曳圆框边缘，可以改变"删减"范围，如图2-232所示。

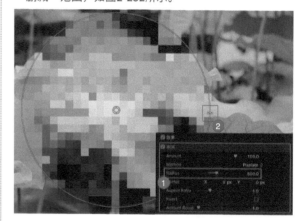

图2-232

12 将鼠标放在"Center"（中心）的"X"和"Y"右侧数字上下拖曳，可以改变删减位置，如图2-233所示。

图2-233

13 直接在"检视器"面板中拖曳"删减"中心点，同样可以改变位置，如图2-234所示。

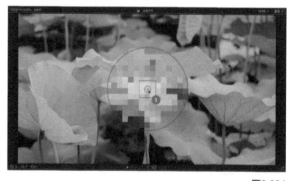

图2-234

14 在"检查器"面板拖曳"Aspect Ratio"（宽高比）的滑块，可以将"删减"效果的图形由默认圆形变为横向椭圆形或纵向椭圆形。将"Aspect Ratio"（宽高比）滑块向左拖曳，使数值变为0.5。"检视器"面板中的"删减"效果图形变为横向椭圆形，如图2-235所示。

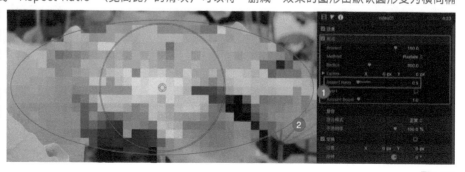

图2-235

15 在"检视器"面板中将"Amount Boost"（宽高比）滑块向右拖曳，使数值变为1.0，勾选"Invert"（反转）选项，可以将"删减"效果反转，如图2-236所示。

图2-236

16 在"检视器"面板中将"Amount Boost"（增加数量）的滑块向左拖曳，使数值变为3.0，"删减"效果的像素会变得更大，如图2-237所示。

图2-237

17 取消勾选"视频检查器"中的"删减"选项，即可关闭效果，但不会删除效果和调整过的参数。如果需要再次启用效果，那么只需重新勾选，如图2-238所示。

18 在"视频检查器"中重新勾选"删减"选项，这时"删减"效果模块会被黄线框选，按Delete键即可完全删除效果，如图2-239所示。如果出现误删，那么可以按Command+Z键撤销。

图2-238

图2-239

▷ **万花筒**

01 按Command+5键打开"效果浏览器"，选择"拼贴"中的"万花筒"效果，如图2-240所示。

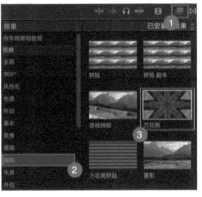

图2-240

02 拖曳"万花筒"效果到video01上，如图2-241所示。按空格键或按"/"键从头播放选择的片段，如图2-242所示。

图2-241

图2-242

03 在"检查器"面板的"万花筒"效果模块中设置"Center"（中心）的"X"为-0.3px、"Offset Angle"（角度偏移）为11.0°、"Segment Angle"（弧角）为8.0°，如图2-243所示。在"检视器"面板中查看调整后的效果，如图2-244所示。

图2-243

图2-244

▷ **模拟老电影**

01 打开本书配套资源"素材文件>CH02>实战011"文件夹，将video02导入到"实战011添加视频效果"事件中，如图2-245所示。将video02导入"时间线"面板，如图2-246所示。

02 打开"效果浏览器"，在颜色类型上选择"黑白"效果，并将其应用在video02上，如图2-247所示。

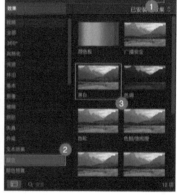

图2-245

图2-246

图2-247

03 在"时间线"面板中选中video02，单击"检查器"面板中的"视频检查器"，如图2-248所示。"视频检查器"将出现添加的"黑白"效果模块和可调整的参数，如图2-249所示。

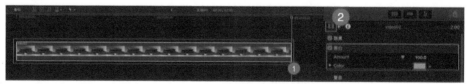

图2-248

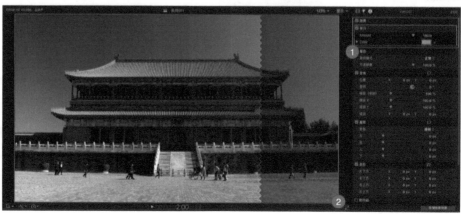

图2-249

04 打开"效果浏览器"，在"风格化"中选中"老电影"效果，如图2-250所示，将其添加到"时间线"面板中的video02上。"视频检查器"面板中将出现"老电影"效果模块和可调整的参数，如图2-251所示。

05 设置"老电影"效果模块中的"Amount"为100.0、"Style"为"Realistic Grain"、"Color Adjust"为-1.0、"Grain"为100.0、"Scratches"为5、"Dust"为100、"Hairs"为10、"Jitter Amount"为0.01、"Jitter Variance"为0.02、"Focus Variance"为0、"Brightness Variance"为0.1、"Random Seed"为1000，如图2-252所示。

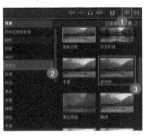  

图2-250　　　　　　　　图2-251　　　　　　　　图2-252

06 打开"效果浏览器"，选择"风格化"中的"添加噪点"效果，将其添加到"时间线"面板中的video02上，如图2-253所示。"视频检查器"面板中将出现"添加噪点"效果模块和可调整的参数，如图2-254所示。

07 在"添加噪点"效果模块中将"Type"更改为"高斯噪点（电影颗粒）"，如图2-255所示。

08 打开"效果浏览器"，在"模糊"中选中"高斯曲线"效果，将其添加到"时间线"面板中的video02上，如图2-256所示。在"视频检查器"面板中将出现"高斯曲线"效果模块和可调整的参数，如图2-257所示。

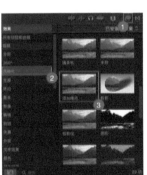 

图2-255

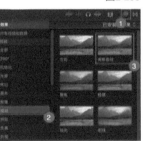

图2-253　　　　　　　　图2-254　　　　　　　　图2-256　　　　　　　　图2-257

09 在"高斯曲线"效果模块中将"Amount"设置为5.0，如图2-258所示。播放视频，并在"检视器"面板中查看效果，如图2-259所示。

图2-258　　　　　　　　图2-259

提示 同一个片段可以应用多个效果，效果将从上往下计算，效果的顺序不同，最终表现出来的结果也会不同。

10 在"视频检查器"面板"黑白"效果模块中单击"Color"左侧的▶展开参数，如图2-260所示。

图2-260

11 设置"Color"中的"红色"为0、"绿色"为0、"蓝色"为1.0，如图2-261所示。此时video02的画面将出现不同风格的黑白影调，如图2-262所示。

图2-261　　　　　　　　图2-262

12 另外，在"Color"右侧单击▼打开颜色板，选取不同颜色也可以获得不同风格的黑白影调，如图2-263所示。

图2-263

13 单击"Color"右侧的颜色块，如图2-264所示。

14 打开"颜色"面板，用户在面板中同样可以进行选取颜色的操作，如图2-265所示。

图2-264　　　　　图2-265

> 🔑 **提示** 第三方效果插件也将安装在"效果浏览器"中。

15 如果需要移除片段的所有效果，那么在"时间线"面板中选中需要移除效果的片段，在任务栏中执行"编辑>移除效果"命令或按Option+Command+X键即可，如图2-266所示。

16 如果需要复制片段所有效果，例如片段B需要应用片段A的效果，那么在"时间线"中选中"片段A"，在任务栏中执行"编辑>拷贝"命令或按Command+C键即可，如图2-267所示。

17 选中"时间线"面板中的片段B，在任务栏中执行"编辑>粘贴效果"命令或按Option+Command+V键，如图2-268所示。

图2-266　　　　图2-267　　　　图2-268

18 在"视频检查器"右下角单击"存储效果预置"按钮，将调整后的视频效果存储为预置，方便下次使用。打开"存储视频效果预置"面板，在"名称"中输入"黑白老电影"，如图2-269所示。

图2-269

19 在"类别"中可选择将预置存储于哪个类别。展开"类别"下拉列表框可查看所有类别，选择"新建类别"，如图2-270所示。

图2-270

20 在弹出的对话框的文本框中输入名称后，单击"创建"按钮 创建 即可新建类别，如图2-271所示。

21 在"属性"中勾选需要存储为预置的效果选项（默认为调整过的效果），关键帧将一同被存储；在"关键帧时序"中有"保持时序"和"拉伸以适合"两个选项。选择"保持时序"后将预置效果应用在其他片段上时，关键帧的开始和结束时间不会发生变化；选择"拉伸以适合"后，将预置效果应用在其他片段上时，Final Cut Pro X将根据片段长度更改关键帧的开始和结束时间；单击右下角的"存储"按钮 存储 即可保存视频效果预置，如图2-272所示。

图2-271　　　　　图2-272

22 存储完成后，视频预置效果将存储于"效果浏览器"中，如图2-273所示。

图2-273

> 🔑 **提示** 关键帧将在后续章节中讲解。

23 右击存储的效果，选择"在访达中显示"命令，如图2-274所示。

图2-274

24 单击后将在"访达"中找到效果存储目录，可以将效果复制到其他计算机，如图2-275所示。

图2-275

25 也可以按住Option键，在任务栏中执行"前往>资源库"命令，以打开资源库如图2-276所示。

图2-276

提示 只有按住Option键时才会显示"资源库"。

在资源库中依次打开"Application Support>ProApps>Effects Presets"文件夹即可找到视频效果预置。

在Effects Presets文件夹中删除预置效果后，重启Final Cut Pro X，自定义"类别"也将一同被删除。

实战 012 使用转场

- 素材位置：素材文件>CH02
- 视频文件：实战012 使用转场.mp4
- 实例位置：实例文件>CH02
- 学习目标：掌握转场的使用方法

影片中的场景是不断变化的，片段A与片段B所表达的意境也有可能不同。转场用于不同片段之间的过渡和衔接，使影片更具逻辑性和观赏性。

▷ 创建转场

01 在"第2章"资源库中新建事件，并将其命名为"实战012使用转场"，打开本书配套资源"素材文件>CH02>实战012"文件夹，将video01和video02导入到"实战012使用转场"事件中，如图2-277所示。

02 新建项目，其具体参数设置如图2-278所示。

图2-277

图2-278

03 选中video01和video02，按E键将它们导入时间线（或拖入"时间线"面板中），并按Command+"="键放大时间线上的素材，如图2-279所示。

图2-279

提示 如果按Command+"="键不能放大时间线，那么只需要在"时间线"面板的任意位置单击将其激活即可。

04 单击"时间线"面板右上角的"转场浏览器"█或按Shift+Command+5键打开"转场浏览器"面板,激活后按钮变为蓝色█,如图2-280所示。

05 创建转场需要片段边缘有足够的媒体余量,使用"修剪"工具█单击video01和video02连接处。因为导入时间线之前没有设定片段范围,所以video01的结束点和video02的开始点都出现了红色边框,代表两个视频之间没有媒体余量,如图2-281所示。

06 按Command+T键添加默认转场将出现提示,如图2-282所示。

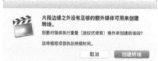

图2-280 　　　　　　　　　　　　　　　　图2-281 　　　　　　　　　　　　　图2-282

提示 此时仍可以继续单击"创建转场"按钮 █创建转场 ,但假如两个片段的画面衔接得非常紧凑,就会损失一部分画面。

07 双击video01和video02连接处会显示"精确度编辑器"(Command+E),如图2-283所示。

图2-283

08 将鼠标指针移动到video01的结束点,当鼠标指针变为 ┥ 时,向左拖曳以修剪15帧画面,如图2-284所示。

图2-284

09 将鼠标指针移动到video02的开始点,当鼠标指针变为 ┝ 时,向右拖曳以修剪15帧画面,如图2-285所示。

图2-285

10 此时时间线上较暗的区域为媒体余量,这种修剪方式在Final Cut Pro X中被称为"波纹式修剪"或"波纹式编辑",如图2-286所示。

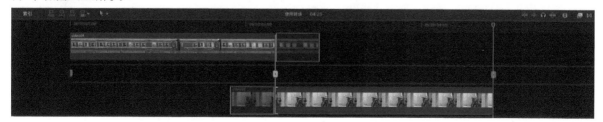

图2-286

11 双击video01和video02连接处的█，隐藏"精确度编辑器"（Control+E），如图2-287所示。

12 使用"修剪"工具█单击video01和video02的连接处，video01的结束点和video02的开始点变为黄色，这代表video01和video02之间有媒体余量，如图2-288所示。

图2-287　　　　　　　　　　　　　　　　　图2-288

13 选择"叠化"中的"交叉叠化"效果，如图2-289所示。将"交叉叠化"拖曳到片段连接处即可添加转场，如图2-290所示。

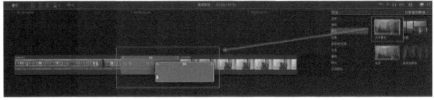

图2-289　　　　　　　　　　　　　　　　　　　　　　　　　　　　图2-290

> **提示** 按Option+Shift+I键可以从头播放时间线上的视频，如果视频中包含音频，那么"交叉叠化"效果会同时过渡音频。也可以直接将其添加到音频之间用于音频过渡。
>
> 　　先使用"选择"工具或"修剪"工具，如图2-291所示，在"时间线"面板中单击片段编辑点（片段连接处的结束点或开始点），单击后片段的编辑点将以高亮颜色（黄色）显示（选择任意一边即可），如图2-292所示。
>
> 　　如果选中了整个片段而非片段边缘，那么双击转场或按Command+T键，会在片段前后两端都添加默认转场。 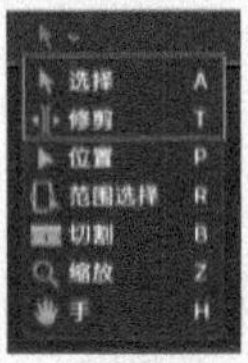
>
> 图2-291 　　　　　　　　　　　　　　　　图2-292

▷ 修改转场长度

01 使用"选择"工具单击并拖曳转场边缘可修改转场长度，如图2-293所示。也可以右击转场，选择"更改时间长度"命令或按Control+D键，如图2-294所示。"检视器"面板下方将显示现有转场时间长度，如图2-295所示。

图2-293

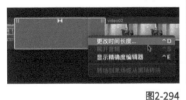

图2-294

图2-295

02 在"检视器"面板下方的转场时间长度中直接输入15后按回车键，将现有转场更改为15帧，如图2-296所示。

图2-296

> **提示** 转场长度与媒体余量有关，以"交叉叠化"为例，媒体余量有多长，转场就可以有多长。

03 在本节中，项目速率为每秒30帧，在转场时间长度中输入30后按回车键，可将现有转场的时间长度更改为1秒，如图2-297所示。

![图2-297]

图2-297

提示 如果在新建项目时，设置的项目速率为每秒30帧，那么输入60后，转场的时间长度为2秒；如果新建项目时，设置的项目速率为每秒25帧，那么输入25后，转场的时间长度为1秒，输入50后，时间为2秒。以此类推，在设置转场时间的时候，一定要注意项目速率。

▷ **默认转场**

01 在"转场浏览器"中将鼠标指针移动到转场上并左右移动鼠标指针可以预览效果，右击并选择"设为默认"命令，可以将选中的转场效果设置为默认转场，如图2-298所示。

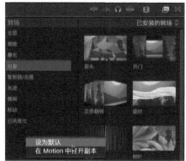

图2-298

02 按Command+T键添加默认转场或在任务栏中执行"编辑>添加幕布"命令，为视频添加默认转场，如图2-299所示。

图2-299

提示 Final Cut Pro X预设的默认转场是"交叉叠化"转场效果。

▷ **编辑转场**

01 选中"已风格化"中的"向下摇移"效果，将其添加到"时间线"面板中的video01和video02之间，如图2-300所示。

图2-300

提示 如果现有片段间存在转场，那么拖曳新转场到原有转场上会自动覆盖原有转场。

02 在"时间线"面板中选中"向下摇移"转场效果，"检查器"面板中会出现"转场检查器"，按Option+Shift+I键从头播放视频，如图2-301所示。

图2-301

03 不同的转场有不同的调整参数。在"时间线"面板中拖曳video01的开始点和video02的结束点这两个黄色标记点以更改"向下摇移"转场效果过渡时的两个静止画面，如图2-302所示。

图2-302

> 🎬 **提示** 并非所有转场都有图中的标记点。

04 选中"已风格化"中的"颜色面板"转场效果，将其添加到"时间线"面板中的video01和video02之间，如图2-303所示。

05 在"时间线"面板中选中"颜色面板"转场效果，"检查器"面板自动打开"转场检查器"，如图2-304所示。

图2-303　　　　　　　　　图2-304

06 将播放头或浏览条移动到转场效果中间，如图2-305所示。在"检视器"面板查看效果，如图2-306所示。

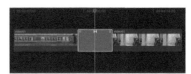

图2-305　　　　　　　　　图2-306

07 调整"转场检查器"中的参数和颜色，具体设置如图2-307所示。在"检视器"面板中查看调整后的效果，如图2-308所示。

图2-307　　　　　　　　　图2-308

▷ **复制到其他片段**

在"时间线"面板中选中转场，在任务栏中执行"编辑>拷贝"命令或按Command+C键复制转场，使用"选择"工具单击"时间线"面板上需要应用相同转场的片段编辑点（片段连接处的结尾或开头），然后在任务栏中执行"编辑>粘贴"命令或按Command+V键粘贴转场，如图2-309所示。

图2-309

> 🎬 **提示** 使用此种方法也可以覆盖其他片段上原有的转场。
> 在"时间线"面板中选中转场，按住Option键拖曳转场到其他片段编辑点同样可以复制转场。

实战
013

横版与竖版

- 素材位置：素材文件>CH02
- 视频文件：实战013 横版与竖版.mp4
- 实例位置：实例文件>CH02
- 学习目标：掌握横、竖版视频的处理方法

不管是网络视频，还是电视节目或院线电影，我们日常接触较多的是横版视频，常用的视频比例有16：9和21：9等。随着智能手机的发展，尤其是在小视频爆发的年代，竖版视频也越来越多。

创建竖版剪辑项目

01 在"第2章"资源库中新建事件，并将其命名为"实战013横版与竖版"，打开本书配套资源"素材文件>CH02>实战013"文件夹，将video01导入"实战013横版与竖版"事件，如图2-310所示。

图2-310

02 新建项目，具体参数设置如图2-311所示。

图2-311

> **提示** 分辨率为1920×1080的视频是横版视频，其比例为16∶9；分辨率为1080×1920的视频是竖版视频，其比例为9∶16。

03 在"浏览器"面板中选中video01，按E键将其导入时间线（或直接拖入"时间线"面板），"检视器"面板如图2-312所示。

图2-312

横版转竖版

01 利用手机等移动设备可以很方便地拍摄竖版构图的视频，但摄像机等专业设备需要翻转90度才能拍摄竖版构图的视频，而且最终输出的依然是横版视频，如图2-313所示。

图2-313

02 这时需要将视频画面翻转。新建项目，将项目名称命名为"横版转竖版"，具体参数设置如图2-314所示，最后单击"好"按钮 完成项目设置。

图2-314

03 将"实战013"文件夹中的video02导入"实战013横版与竖版"事件，双击打开名为"横版转竖版"的项目，再将video02导入"横版转竖版"项目的时间线，如图2-315所示。在"检视器"面板中观看video02，如图2-316所示。

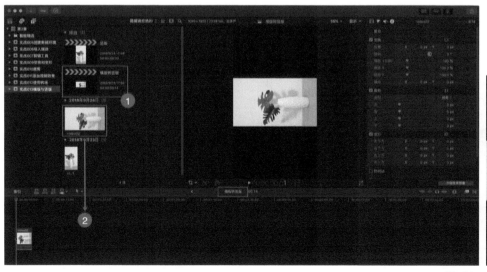

图2-315　　　　　　图2-316

04 在"时间线"面板中选中video02，打开"检查器"面板中的"视频检查器"，找到"变换"属性，如图2-317所示。

图2-317

05 在"变换"属性中将"旋转"调整为-90.0°，如图2-318所示。

图2-318

06 在"检视器"面板中观看video02，虽然video02的画面被正确旋转，但画面比例仍有问题，画面四周仍有黑边的存在，效果如图2-319所示。

图2-319

07 在"视频检查器"中将"空间符合"类型设置为"无"，如图2-320所示。此时video02的画面比例就是正确的，如图2-321所示。

图2-320　　　　图2-321

提示 在"变换"属性中调整"缩放（全部）"参数来放大视频画面也可以达到相同效果。

▷ **横版截取为竖版**

01 将"实战013"文件夹中的video03导入"实战013横版与竖版"事件，如图2-322所示。

图2-322

02 新建项目，设置"项目名称"为"横版截取为竖版"，具体参数设置如图2-323所示，单击"好"按钮 好 完成项目设置。

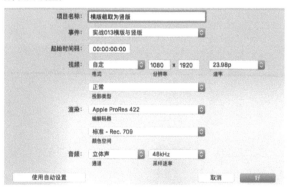

图2-323

03 将video03导入"横版截取为竖版"项目的时间线，如图2-324所示。此时，"检视器"面板如图2-325所示。

图2-324　　　　　　　　　　　　　　　　　　　　图2-325

04 在"时间线"面板中选中video03，打开"检查器"面板中的"视频检查器"，找到"空间符合"，如图2-326所示。

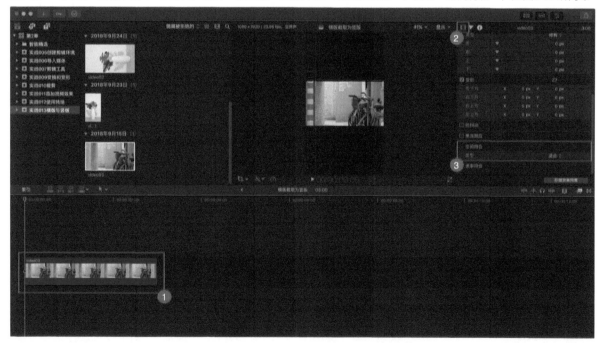

图2-326

05 将"空间符合"类型设置为"填充"，如图2-327所示。此时，"检视器"面板如图2-328所示。

06 在"视频检查器"的"变换"属性中调整"位置"的"X"，这样可以调整需要截取的画面范围（重新构图）。将"位置"的"X"调整为-600.0px，如图2-329所示。"检视器"面板如图2-330所示。

图2-327　　　　　　　　　　图2-328　　　　　　　　　　图2-329　　　　　　　　　　图2-330

添加音效与音乐

- 素材位置：素材文件>CH02
- 视频文件：实战014 添加音效与音乐.mp4
- 实例位置：实例文件>CH02
- 学习目标：掌握音频效果的添加方法

▷ **添加音乐与音效**

01 在"第2章"资源库中新建事件，事件命名为"实战014添加音效与音乐"，打开本书配套资源中的"素材文件>CH02>实战014"文件夹，将video01和"火车音效"导入"实战014添加音效与音乐"事件，如图2-331所示。

02 新建项目，其具体参数设置如图2-332所示。

图2-331

图2-332

03 将video01导入时间线，如图2-333所示。

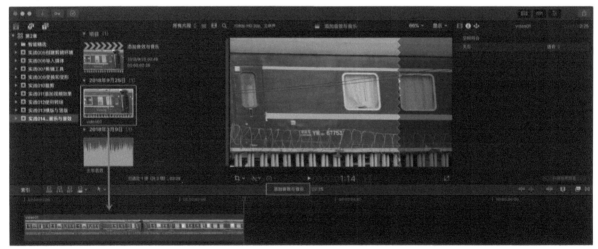

图2-333

04 将"浏览器"面板中的"火车音效"拖曳到"时间线"面板中video01的下方，如图2-334所示。

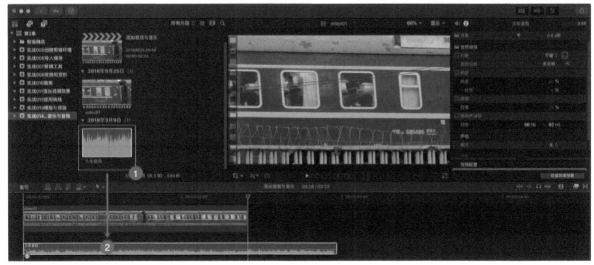

图2-334

05 因为"火车音效"的时长长于video01的时长，使用"选择"工具对"火车音效"修剪，使"火车音效"和video01的时长保持一致，如图2-335所示。

图2-335

06 将播放头或浏览条移动至时间线的开始点，按空格键播放，这样就为原本没有声音的火车视频添加上了音效。Final Cut Pro X中预置了音效，选中"照片和音频"工具 中的"声音效果"或按Shift+Command+1键，如图2-336所示。

图2-336

07 按空格键或单击播放按钮▷即可试听音效；用户可在"浏览器"面板右上方的搜索框内按名称搜索音效，例如输入"Water"，下方列表将显示所有名称中带有Water的音效，如图2-337所示。

图2-337

08 直接将所选音效拖曳到时间线上可以使用音效；将所选音效拖曳到左边栏中则会自动跳转至"资源库"面板，用户可以自主选择将音效添加至哪个事件中，如图2-338所示。

图2-338

> **提示** 因为预置的音效中存在以中文命名的音效和以英文命名的音效，所以需分开搜索。另外，此搜索仅在本地搜索，不会搜索网络上的音效。

09 音乐的添加方式与音效相同，如果iTunes应用里添加过音乐，在"浏览器"面板选择"照片和音频"工具 中的"iTunes"，音乐将显示其中，如图2-339所示。

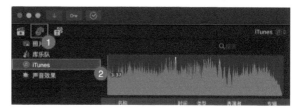

图2-339

> **提示** 如果音乐文件存储于"访达"，那么就可以像导入视频一样导入音频。
> 　　因为涉及版权问题，所以本书配套资源内没有提供音乐，如需练习读者可自行购买下载。

▷ **音频淡入**

01 将鼠标指针移动到音频的开始点，鼠标指针变为，如图2-340所示。

02 单击并向右拖曳音频淡入控制点，即可设置音频淡入，如图2-341所示。

图2-340　　　　　　　　图2-341

03 右击音频淡入控制点，展开的下拉列表框中会显示更多淡入类型，如图2-342所示。

图2-342

▷ **音频淡出**

01 将鼠标指针移动到音频的结束点，鼠标指针变为，如图2-343所示。

02 单击并向左拖曳音频淡出控制点，即可设置音频淡出，如图2-344所示。

图2-343　　　　　　　　图2-344

03 右击音频淡出控制点，在展开的下拉列表框中会显示更多淡出类型，如图2-345所示。

图2-345

试演

- 素材位置：素材文件>CH02
- 实例位置：实例文件>CH02
- 视频文件：试演.mp4
- 学习目标：掌握试演的操作方法

同一个镜头可能拍摄了多个版本，剪辑时可能需要在各个版本间进行对比挑选；有时会在同一个片段中创建多种效果并在各个效果间对比挑选，这时便可以利用"试演"将这些片段集中在一起。"试演"不会影响其他片段，在时间线上也只以单一片段显示。

▷ **在"浏览器"面板中创建试演**

01 在"第2章"资源库中新建事件，将其命名为"实战015试演"，打开本书配套资源"素材文件>CH02>实战015"文件夹，将video01和video02导入"实战015试演"事件，如图2-346所示。

02 在"浏览器"面板中全选两个视频（或按Command+A键全选），在任务栏中执行"片段>试演>创建"命令或按Command+Y键，如图2-347所示。

03 "浏览器"面板中将出现"试演"片段，视频左上角的■即代表该片段为"试演"片段，如图2-348所示。

图2-346　　　　　　　　　　　　图2-347　　　　　　　　　　　　图2-348

> **提示** 将"试演"片段导入时间线即可使用。

▷ **在时间线上创建试演**

01 新建项目，项目的具体参数设置如图2-349所示。

02 在"浏览器"面板中选中video01，按E键将video01导入时间线（或直接将其拖入"时间线"面板），如图2-350所示。

图2-349　　　　　　　　　　　　　　　　　　　　　　图2-350

03 如果需要为video01添加不同效果并进行对比，那么可以在时间线上选择video01，执行"片段>试演>复制为试演"命令或按Option+Y键，如图2-351所示。

04 现在成功创建了"试演"，单击"时间线"面板中video01左上角的"试演"按钮■，或者选中片段后按Y键，打开试演，如图2-352所示。打开试演后的效果如图2-353所示。

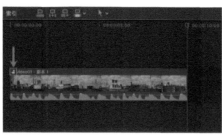
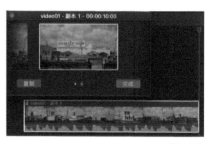

| 图2-351 | 图2-352 | 图2-353 |

提示 当前选中的试演片段被称为"挑选项"，其他没有被选中的试演片段称为"备选项"，直接单击片段可以选中"挑选项"，或按"←"键选择上一个"挑选项"，按"→"键选择下一个"挑选项"。注意，选择上一个"挑选项"的快捷键为Control+Option+"←"；选择下一个"挑选项"的快捷键为Control+Option+"→"。

05 在"外观"中将"50年代电视机"效果拖曳到试演"video01-副本1"上，如图2-354所示。

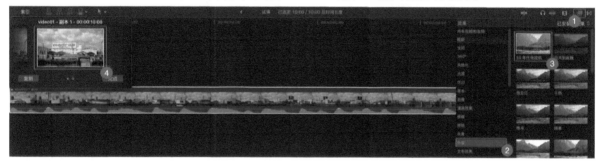

图2-354

06 在试演面板中单击"复制"可以复制当前"挑选项"，也可在任务栏中执行"片段>试演>复制为试演"命令或按Option+Y键复制当前"挑选项"，如图2-355所示。

07 执行"片段>试演>预览"命令或按Control+Command+Y键可预览试演片段。片段将被循环播放，按空格键可停止播放，如图2-356所示。

08 在任务栏中执行"片段>试演>从原件复制"命令或按Shift+Command+Y键，Final Cut Pro X将从原件中复制片段并将其添加到试演，用于重新添加效果，如图2-357所示。

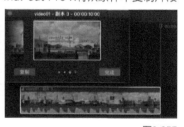

| 图2-355 | 图2-356 | 图2-357 |

▷ 添加片段到试演

01 将"浏览器"面板中的video02拖曳到"时间线"面板中的video01上，如图2-358所示。

02 完成拖曳操作后将显示新选项，如图2-359所示。

| 图2-358 | 图2-359 |

03 选择"替换并添加到试演"后，video02将被添加到试演并变为"挑选项"；选择"添加到试演"后，video02将被添加到试演并变为"备选项"。也可以先在"时间线"面板单击片段将其选中，然后在"浏览器"面板中选中需要添加到试演的片段，最后在任务栏中执行"片段>试演>替换并添加到试演/添加到试演"命令，如图2-360和图2-361所示。

图2-360　　　　　　　　　　　　　　　　　图2-361

04 在时间线上选中试演片段，在任务栏中执行"片段>将片段项分开"命令或按Shift+Command+G键，可以将试演片段分开，如图2-362和图2-363所示。

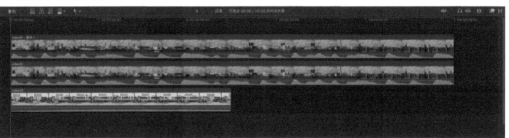

图2-362　　　　　　　　　　　　　　　　　　　　　　　　图2-363

实战 016　录制画外音

* 素材位置：素材文件>CH02
* 实例位置：实例文件>CH02
* 视频文件：实战016 录制画外音.mp4
* 学习目标：掌握录制画外音的方法

01 在"第2章"资源库中新建事件，命名为"实战016录制画外音"，打开本书配套资源"素材文件>CH02>实战016"文件夹，将video01导入"实战016录制画外音"事件，如图2-364所示。

02 新建项目，其具体参数设置如图2-365所示。

03 在"浏览器"面板中选中video01，按E键将其导入时间线或将其直接拖入"时间线"面板中，如图2-366所示。

04 在任务栏中执行"窗口>录制画外音"命令或按Option+Command+8键，如图2-367所示。

图2-364　　　　　　　　　　　图2-365　　　　　　　　　　　图2-366　　　　　　图2-367

05 打开"录制画外音"
功能窗口，参数面板如图
2-368所示。

06 单击"录制画外音"窗
口的按钮▶，展开"高级"
选项组，如图2-369所示。

图2-368　　　　　　　　图2-369

07 录制画外音时，需要选择输入设备。展开"高级"
中的"输入"下拉列表框，如图2-370所示。如果外接麦
克风连接正确，此处将出现
外接麦克风列表。

图2-370

> **提示** 麦克风的质量将决定画外音的音质，一般情况下
> 内置麦克风的质量不如外接麦克风的质量，麦克风的质量
> 和录制环境都将影响音频质量。

08 如果需要在录制时监听，那么需在"高级"选项中设
置"监听器"为"打开"，
如图2-371所示。"增益"
将被激活，调整"增益"以
改变监听电平（音量）。

图2-371

> **提示** 一些外接麦克风或外接声卡本身带有监听功能，
> 无须在此打开"监听器"，"监听器"增益只会改变监听
> 时的电平（音量），不会影响录制结果。

09 设置"事件"时可以选择将录制的画外音存储于哪
个事件中，所有录制的画外音都可以在"浏览器"面板
对应事件中进行管理。设置
"角色"可以为画外音分配
角色，如图2-372所示。

图2-372

> **提示** "角色"功能将在第3章"素材管理"中讲解。

10 拖曳"输入增益"滑块调整录制电平（音量），向
左拖曳滑块为降低电平，向右拖曳为提高电平，这会改
变录制结果，如图2-373所示。

11 在"名称"选项中输入名称，单击"录制"按钮█或
按Option+Shift+A键开始录制，再次按"录制"按钮█
或按Option+Shift+A键结束录制，如图2-374所示。

图2-373　　　　　　　　图2-374

12 如果在"高级"选项组中勾选了"倒计时以录制"
选项，如图2-375所示。"检视器"面板中将出现倒计时
提示并同时伴有提示音，如
图2-376所示。

图2-375　　　　　　　　图2-376

13 在勾选了"从镜头创建试
演"选项的情况下，在"时间
线"的同一时间点上多次录
制的画外音将自动创建"试
演"，如图2-377所示。

图2-377

14 在"时间线"面板中将播放头移动到video01
开始点，如图2-378所示。单击"录制"按钮█或按
Option+Shift+A键开始录制第一段画外音，录制结束后再
次单击"录制"按钮█结束录制。录制完成后播放头会自
动回到录制开始点并显示第1段录音，如图2-379所示。

图2-378

图2-379

15 再次单击"录制"按钮█或按Option+Shift+A键开始录
制第2段画外音，录制结束后再次单击"录制"按钮█结束
录制，录制完成后播放头会自动回到录制开始点并显示第2
段录音，同时为画外音创建"试演"，如图2-380所示。

图2-380

16 在时间线上选中画外音，在任务栏中执行"片段>试演>打开"命令或按Y键，如图2-381所示。

17 在试演中单击"挑选项"，如图2-382所示。按"←"键选择上一个，按"→"键选择下一个。

图2-381

图2-382

18 在试演中选中画外音，按空格键可以播放音频（或按"/"键从头播放），单击"完成"按钮即可切换画外音，如图2-383所示。

19 只有在同一位置进行多次画外音录制时才会创建"试演"。例如将播放头或浏览条移动至其他位置，如图2-384所示。

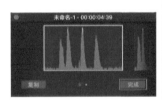

图2-383

图2-384

20 单击"录制"按钮◼或按Option+Shift+A键开始录制，录制结束后再次单击"录制"按钮◼结束录制。录制完成后播放头或浏览条会自动回到录制开始点，此时并没有创建"试演"，因为录制开始点与上次不同，如图2-385所示。

21 勾选"录制时使项目静音"选项后，在录制画外音时，时间线上的音频不会被播放，如图2-386所示。

22 "录制"按钮◼的右侧为音频指示器，出现红色表示音频即将失真，这时需重新调整"输入增益"，如图2-387所示。

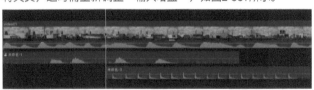

图2-385

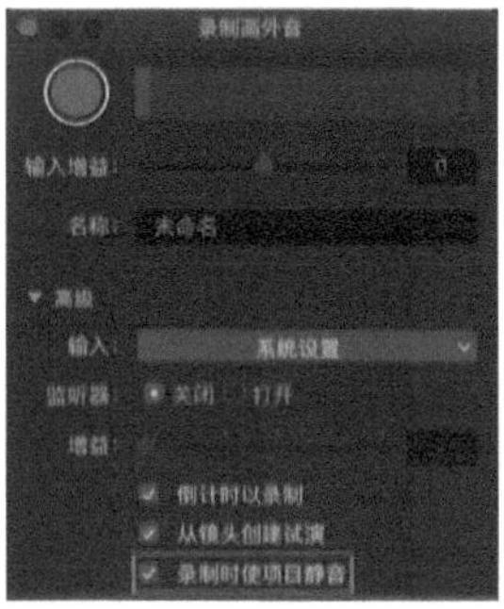

图2-386

图2-387

实战 017

稳定抖动

● 素材位置：素材文件>CH02 ● 实例位置：实例文件>CH02
● 视频文件：实战017 稳定抖动.mp4 ● 学习目标：掌握稳定抖动的制作方法

Final Cut Pro X 可以处理抖动和带有果冻效应的画面。手持拍摄得到的画面可能会抖动，而果冻效应的产生是由于摄像机的缺陷，例如在拍摄快速移动的物体时，原本垂直的物体发生倾斜。Final Cut Pro X提供了简单的方法改善这些问题。

01 在"第2章"资源库中新建事件，将其命名为"实战017稳定抖动"，打开本书配套资源"素材文件>CH02>实战017"文件夹，将video01导入"实战017稳定抖动"事件，如图2-388所示。

02 新建项目，其具体参数设置如图2-389所示。

03 在"浏览器"面板中选中video01，按E键将其导入时间线或直接将其拖曳到"时间线"面板中，如图2-390所示。

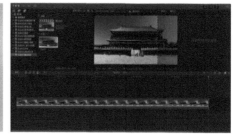

图2-388 图2-389 图2-390

04 在"时间线"面板中选中video01，在"检查器"面板中单击"视频检查器"，然后找到"防抖动"，如图2-391所示。

图2-391

05 如果"防抖动"没有被展开，那么将鼠标移动至"防抖动"右侧，单击"显示"按钮即可，如图2-392所示。

06 勾选"防抖动"选项，如图2-393所示。Final Cut Pro X 将自动分析画面的每一帧并做出抖动补偿。

图2-392 图2-393

> **提示** 分析时间与片段长度和计算机性能有关，为了节省剪辑时间，建议在设定好范围后再将片段导入时间线进行防抖动分析。

07 在"浏览器"面板左上方单击"后台任务"工具 或按Command+9键，如图2-394所示。在"后台任务"面板中查看分析进度，如图2-395所示。

图2-394

图2-395

> **提示** 展开"防抖动"效果中的"方法"下拉列表框，可查看所有选项，如图2-396和图2-397所示。

图2-396 图2-397

选择"自动"时，Final Cut Pro X将自动分析画面并做出合适的选择，调整"平滑"参数可调整稳定级别，当"平滑"为0时，代表不防抖。在使用三脚架协助拍摄时可勾选"三脚架模式"选项，如图2-398所示。

选择"惯性相机"时，仍是自动分析画面抖动并做出合适选择，参数设定与"自动"一致，也可使用"三脚架模式"。

选择"平滑相机"时将出现"平滑转换""平滑旋转""平滑缩放"，如图2-399所示。

图2-398 图2-399

平滑转换：单独调节画面上下移动和左右移动的平稳性。

平滑旋转：单独调节画面旋转的平稳性。

平滑缩放：单独调节画面缩放的平稳性。

选择"平滑相机"将不再提供"三脚架模式"，当所有"平滑"参数为0时代表不防抖。

Final Cut Pro X 可以消除大部分抖动，但并非任何程度的画面抖动都能被消除，"防抖动"会在一定程度上损失画面，想实现稳定的画面要尽量使用稳定器拍摄。

08 在检查器面板中勾选"果冻效应"选项，如图2-400所示。展开"数量"下拉列表框查看所有选项，如图2-401所示，用户可根据果冻效应程度选择合适的"数量"。

图2-400 图2-401

> **提示** Final Cut Pro X 可以消除部分果冻效应，但并非任何程度的果冻效应都能被消除。在前期拍摄时可调高快门速度或快门角度，以减少果冻效应的产生。但想要彻底解决果冻效应，也许还是得靠摄像机技术的不断进步。

第 3 章

素材管理

实战 018

整合资源库媒体

- 素材位置：素材文件>CH03
- 实例位置：实例文件>CH03
- 视频文件：实战018 整合资源库媒体.mp4
- 学习目标：掌握整合资源库媒体的方法

素材管理是剪辑前要做的第1步，之所以放在第3章讲解是因为只有对软件有了一定了解后才能更好地管理素材。Final Cut Pro X提供了诸多便利的素材管理功能。当素材逐渐增多时，单靠记忆很难记住每一处细节、每一个零碎片段。合理的素材管理会给剪辑工作带来很大的方便，提高工作效率。

在将素材导入Final Cut Pro X之前先对素材进行文件夹分类是一种高效的素材管理方法。例如在拍摄完一个采访视频后可将主文件夹按照"日期+地点+人物"的方式命名；在用到多个机位时，可将子文件夹按照"机位A""机位B""机位C"的方式命名并在其中存储相应的素材。有时还会遇到更复杂的情况，例如使用了不同品牌摄像机进行拍摄，各个品牌摄像机都会有自己的色彩管理方式，如果将不同摄像机拍摄内容混在一起，后期调色时可能会遇到一定的麻烦，所以命名时可将摄像机名称一并添加进去，如"机位+摄像机名""场景+摄像机名""日期+地点+摄像机名""物体+摄像机名""人物+摄像机名"等，这种命名方式的好处在于即使过去很长一段时间，用户也可以轻松找到这个文件夹。

提示 命名方式并非仅此一种，这里只是提供一种学习方法，读者可以按照自己的习惯对文件夹命名。如果是团队合作，那么需要设定一个团队通用的命名方式，以防名称混乱。

01 在任务栏中执行"文件>新建>资源库"命令，如图3-1所示。

图3-1

02 新建资源库"第3章",新建"事件"并将其命名为"素材管理",如图3-2所示。

03 单击资源库名称将其选中(这里选中"第3章"),在"检查器"面板中查看资源库属性。选中资源库后,在任务栏中执行"文件>资源库属性"命令(Control+Command+J)打开"资源库属性"面板,如图3-3所示。

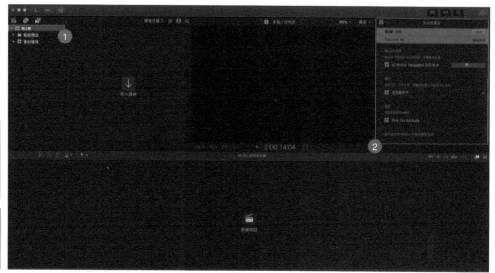

提示 选择"事件"后按回车键即可为事件重新命名。

图3-2

图3-3

04 在"资源库属性"的"储存位置"右侧单击"修改设置"按钮,如图3-4所示。

图3-4

05 在打开的对话框中,可自定义剪辑时各项文件的储存位置按钮,如图3-5所示。

图3-5

提示 下面介绍相关参数。

媒体:媒体包括导入的媒体、代理媒体及优化的媒体。如果在"偏好设置"面板的"导入"子面板中勾选了"拷贝到资源库储存位置"选项,那么将在导入媒体时复制一份媒体到资源库,资源库储存在什么位置,媒体就储存在什么位置;如果在"偏好设置"面板中的"导入"子面板里勾选了"让文件保留在原位"选项,那么不管资源库储存在什么位置,媒体都将保留在原位,资源库内仅保留一份媒体的快捷方式。建议保持默认设置,重新指定储存位置会带来素材难以管理或丢失的风险。

Motion内容: Motion是苹果公司开发的运动图形软件,可以帮助视频编辑人员设计字幕、转场和效果,默认存储在"用户>用户名>影片>Motion Templates.localized"或"User>Username>Movies> Motion Templates.localized"中,部分插件也存储于"Motion Templates.localized"文件夹中。建议保持默认设置,否则可能会带来部分插件无法使用的风险。另外文件夹的后缀.localized不会显示出来。如果没有找到"影片"文件夹,那么可以在执行"访达>偏好设置>边栏"操作后勾选"影片"选项,如图3-6和图3-7所示。再次打开"访达"即可看到"影片"目录,如图3-8所示。

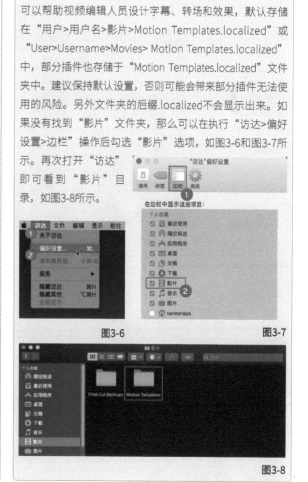

图3-6

图3-7

图3-8

缓存：缓存包括渲染文件、分析文件、缩略图图像及音频波形文件。这些文件会在剪辑过程中不断生成，且默认储存在资源库中。资源库储存在什么位置，缓存就储存在什么位置，建议保持默认设置。

备份：在剪辑时Final Cut Pro X会实时保存剪辑数据，即使计算机或软件意外关闭，所有剪辑数据和进度也都将保留下来，备份数据储存于"用户>用户名>影片>Final Cut Backups.localized"或"User>Username>Movies>Final Cut Backups.localized"中，建议保持默认设置。另外，文件的后缀.localized是不会显示出来的，"Final Cut Backups.localized"文件夹很重要，这是恢复剪辑数据的唯一途径。

06 在"资源库属性"面板中单击"在资源库中"右侧的"整合"按钮，如图3-9所示。

图3-9

07 打开"整合资源库媒体"对话框，如图3-10所示。如果在"偏好设置"面板的"导入"子面板中勾选了"让文件保留在原位"选项，那么使用此功能可以将媒体从原储存位置拷贝至资源库（前提是"媒体"的储存位置在资源库中，如图3-5所示），"优化的媒体"和"代理媒体"也可以一并拷贝。另外，在任务栏中执行"文件>整合资源库媒体"命令也可以进行同样的操作，如图3-11所示。

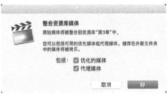

图3-10　　　　　　　图3-11

> **提示** 在"浏览器"面板中选择"资源库"时，单击任务栏会显示"整合资源库媒体"对话框；选择"事件"时会显示"整合事件媒体"对话框，用于单独整合"事件"中的所有媒体。

08 使用"整合"可以将Motion内容整合至Motion Templates文件夹中，如图3-12所示。

09 "缓存"参数仅用于查看缓存文件占用的存储空间，缓存大小将在右下角显示；"备份"参数仅用于查看"备份"文件储存于哪个文件夹，如图3-13所示。

图3-12

图3-13

> **提示** 在任务栏中执行"文件>整合Motion内容"命令也可以将Motion内容整合至Motion Templates文件夹中。

实战 019　关键词精选

- 素材位置：素材文件>CH03
- 视频文件：实战019 关键词精选.mp4
- 实例位置：实例文件>CH03
- 学习目标：掌握添加关键词精选的方法

　　"关键词精选"是素材管理中最常使用的功能之一。在"导入媒体"中介绍过，直接拖曳媒体到事件中可以导入媒体；直接拖曳存有媒体的文件夹到事件中，可以在导入媒体的同时，根据文件夹名称自动为文件夹内的所有媒体创建"关键词精选"。

▷ 自动创建关键词精选

01 打开 Final Cut Pro X，在任务栏中执行"Final Cut Pro>偏好设置"命令或按Command+","键，如图3-14所示。

02 在"偏好设置"面板中单击"导入"，勾选"关键词"中的"从访达标记"和"从文件夹"选项，如图3-15所示。

图3-14　　　　　　　　　　　　　　图3-15

03 在"浏览器"面板中选择"素材管理"事件，打开本书配套资源"素材文件>CH03>实战019"文件夹，按Command+A键全选所有文件，并将其拖曳到"素材管理"事件中，如图3-16所示。"素材管理"事件中将导入"实战019"文件夹中的所有媒体，如图3-17所示。

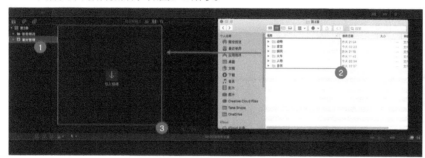

图3-16　　　　　　　　　　　　　　　　　　　　　　　图3-17

04 单击"素材管理"事件左侧的▶展开关键词精选，如图3-18所示。🔍代表"关键词精选"，这里的关键词精选是根据导入时文件夹的名称命名的，带有关键词精选的片段上会出现一条蓝色颜色条，如图3-19所示。

05 如果在"浏览器"面板中没有显示"资源库"边栏，如图3-20所示，那么单击"资源库"按钮▤即可显示该边栏（再次单击则隐藏该边栏），如图3-21所示。

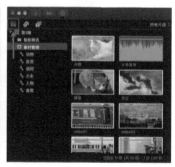

图3-18　　　　图3-19　　　　　　　图3-20　　　　　　　　　　图3-21

06 在"资源库"边栏的"素材管理"事件中单击"动物"关键词精选，这时"浏览器"面板仅显示带有"动物"关键词精选的片段，如图3-22所示。

07 手动添加关键词。在本书配套资源中，"天空"文件没有被存储在任何文件夹中，导入时不会自动创建关键词，在"素材管理"事件中找到"天空"片段，单击将其选中，如图3-23所示。

> **提示** .jpg扩展名不会显示，但并不影响使用。

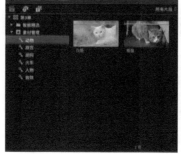

图3-22　　　　　　　　　　　　　　　图3-23

08 在"浏览器"面板左上方单击"关键词编辑器" 或按Command+K键,如图3-24所示。

图3-24

09 打开"关键词编辑器"面板,在文本框中输入"天空"后按回车键,如图3-25所示。在"浏览器"面板中查看"天空"片段,该片段上方出现了蓝色颜色条,同时"资源库"边栏中出现名为"天空"的关键词精选,如图3-26所示。

图3-25

图3-26

10 打开"关键词编辑器"面板,单击"关键词快捷键"可展开快捷键编辑面板,如图3-27所示。

11 在"^2"文本框中输入"Cat"后按回车键,如图3-28所示。

图3-27   图3-28

12 在"浏览器"面板中选中"橘猫"片段,按Control+2键,即可为"橘猫"片段添加名为"Cat"的关键词精选,如图3-29所示。

图3-29

13 在"资源库"边栏中选中Cat关键词精选,将显示"橘猫"片段,如图3-30所示。

图3-30

提示 可以为同一个片段分配多个关键词。选中片段,按Control+0键可移除关键词。

14 选择需要创建"关键词精选"的事件,例如选择"素材管理"事件,如图3-31所示。

图3-31

提示 一定要先选择需要创建关键词精选的事件。

15 在任务栏中执行"文件>新建>关键词精选"命令或选择"素材管理"事件后按Shift+Command+K键,如图3-32所示。

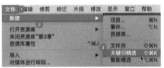

图3-32

16 "素材管理"事件中将出现新的关键词精选,将其命名为"自行车",按回车键确认,如图3-33所示。

图3-33

17 名为"自行车"的关键词精选内无对应片段。单击"素材管理"事件，选中video04并为其设定范围，如图3-34所示。

图3-34

18 拖曳video04范围内的片段到名为"自行车"的关键词精选中，如图3-35所示。

图3-35

19 单击名为"自行车"的关键词精选，可以观察到video04范围内的片段显示于其中，如图3-36所示。

图3-36

20 在名为"自行车"的关键词精选中选择video04，按Control+0键清除关键词，返回"素材管理"事件中找到video04，范围内"自行车"关键词被移除，如图3-37所示。

图3-37

21 在"资源库"边栏中右击"素材管理"中名为"动物"的关键词精选，选择"删除关键词精选"命令，即可删除该关键词精选，如图3-38所示。

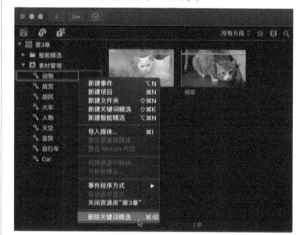

图3-38

22 "关键词精选"统一在一个文件夹内。选择需要创建的文件夹的"事件"，例如选择"素材管理"事件，如图3-39所示。

图3-39

> **提示** 一定要先选择需要创建文件夹的事件。

23 执行"文件>新建>文件夹"命令或选择"素材管理"事件后按Shift+Command+N键，如图3-40所示。

图3-40

24 在事件中创建文件夹，并将其命名为"Vlog01"，按回车键确认，如图3-41所示。

图3-41

25 选择"素材管理"事件中的所有关键词精选，将其拖入名为"Vlog01"的"文件夹"中，如图3-42所示。

图3-42

26 所有关键词精选拖入"Vlog01"文件夹后，可在"Vlog01"文件夹中查看和管理这些关键词精选，如图3-43所示。

图3-43

提示 当拍摄了多个人物或进行多部影片的混剪时，为每一个人物或每一个影片片段添加关键词并放入文件夹内会使剪辑工作更加高效。

▷ **调整浏览器**

01 在"浏览器"面板中单击▤，可在"连续画面"和"列表模式"之间进行切换，如图3-44所示。单击片段名称可预览片段内容，如图3-45所示。

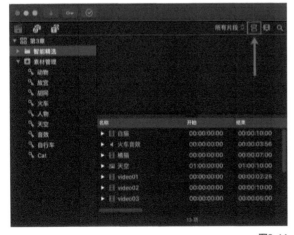

图3-44

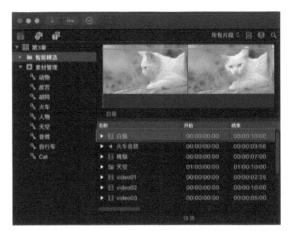

图3-45

02 单击"白猫"片段左侧的▶，可以查看该片段的关键词，如图3-46所示。在"浏览器"面板上单击▤，可以调整片段的排列方式和视图大小，如图3-47所示。

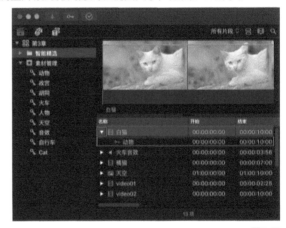

图3-46

图3-47

03 拖动上方两个滑块可调整片段的显示高度和长度，如图3-48所示。

图3-48

提示 只有在"连续画面"模式下才可以调整片段画面的显示高度和长度，在"列表模式"下无法调整。在"分组方式"和"排序方式"中可选以择片段排列和分组的方式，如图3-49和图3-50所示。

勾选"波形"选项后，包含音频的片段将在片段下方显示音频波形图，如图3-51所示。勾选"连续播放"选项后，"浏览器"面板中的片段播放完毕后会自动播放下一个片段。

图3-49　　　　　　　　　　图3-50　　　　　　　　　　图3-51

实战 020

智能精选

● 素材位置：素材文件>CH03　　　　● 实例位置：实例文件>CH03
● 视频文件：实战020 智能精选.mp4　　● 学习目标：掌握智能精选的操作方法

01 创建资源库时系统会自动创建"智能精选"文件夹，单击"智能精选"左侧的▶，可以展开其下所有选项，"智能精选"图标为■，如图3-52所示。

图3-52

02 "个人收藏"是对片段的评级，用户可以将优秀的片段加入"个人收藏"以方便使用。选中"白猫"片段，在任务栏中执行"标记>个人收藏"命令或按F键，如图3-53所示。"白猫"片段上将出现一条绿色颜色条，如图3-54所示。

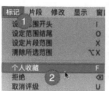

图3-53　　　　　　　　図3-54

03 单击"资源库"边栏中"智能精选"下的"个人收藏"，"白猫"片段已被加入"个人收藏"，如图3-55所示。

图3-55

04 单击"资源库"边栏中"智能精选"下的"仅音频"，会显示"第3章"资源库内所有纯音频文件（音乐或音效），如图3-56所示。

图3-56

05 单击"资源库"边栏中"智能精选"下的"静止图像"，会显示"第3章"资源库内所有静止图像（图片和照片），如图3-57所示。

图3-57

06 单击边栏中"智能精选"下的"所有视频"，会显示"第3章"资源库内所有视频（包含带音频的视频和不带音频的视频），如图3-58所示。单击边栏中"智能精选"下的"项目"，会显示"第3章"资源库内的所有剪辑项目。

图3-58

提示 "智能精选"包含资源库所有事件中的媒体和项目。

07 与"个人收藏"评级相对应的是"拒绝"评级。用户可以对暂时不会被使用或拍摄质量相对较差的视频使用"拒绝"评级。在"浏览器"面板中选中"橘猫"片段，在任务栏中执行"标记>拒绝"命令或按Delete键，如图3-59所示。"橘猫"片段上方将出现一条红色颜色条，如图3-60所示。

图3-59　　　　　　　　图3-60

08 在"浏览器"面板右上方将片段过滤类型设置为"被拒绝的"或按Control+Delete键，如图3-61和图3-62所示。"浏览器"面板将只显示带有"拒绝"评级的片段，如图3-63所示。

图3-61

图3-62　　　　　　　　图3-63

提示 所有片段（Control+C）："浏览器"面板将显示所有片段。

隐藏被拒绝的（Control+H）："浏览器"面板将显示除了"拒绝"评级片段以外的所有片段。

无评价或关键词（Control+X）："浏览器"面板将显示没有添加过关键词、没有被加入"个人收藏"也没有"拒绝"的片段，可用来查看未分类的片段。

个人收藏（Control+F）："浏览器"面板将只显示被加入"个人收藏"的片段。

未使用（Control+U）："浏览器"面板将显示没有被导入"时间线"面板的片段。

09 先选中带有"个人收藏"或"拒绝"的片段，在任务栏中执行"标记>取消评级"命令或按U键可以取消该片段的"个人收藏"或"拒绝"评级，如图3-64所示。

图3-64

实战 021

分析并修正

● 素材位置：素材文件>CH03　　　　● 实例位置：实例文件>CH03
● 视频文件：实战021 分析并修正.mp4　● 学习目标：掌握分析并修正的操作方法

01 启动Final Cut Pro X，在任务栏中执行"Final Cut Pro>偏好设置"命令或按Command+","键，如图3-65所示。

02 在"偏好设置"面板中单击"导入"，可看到"分析并修正"，如图3-66所示。

03 若导入媒体前勾选了"分析并修正"的相关选项，那么Final Cut Pro X会在导入时自动分析媒体，导入完成后同样可以手动对其进行分析。单击"第3章"资源库"素材管理"事件中名为"人物"的关键词精选，如图3-67所示。

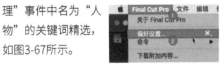  

图3-65　　　　　　　图3-66　　　　　　　图3-67

04 右击video09,选择"分析并修正"命令,如图3-68所示。

图3-68

05 在"分析并修正"对话框中勾选"查找人物",以及"合并人物查找结果""在分析后创建智能精选"选项,如图3-69所示。

图3-69

06 分析完成后,Final Cut Pro X将自动创建"人物"智能精选文件夹,video09上将出现一条紫色颜色条,如图3-70所示。Final Cut Pro X自动分析并添加的关键词对应的颜色为紫色。

图3-70

07 单击"人物"文件夹左侧的▶将其展开,如图3-71所示。

图3-71

08 Final Cut Pro X分析出video09中的人物数量为"单人",景别为"中景"。在"video01"文件夹中单击名为"故宫"的关键词精选,如图3-72所示。

图3-72

09 右击video08,选择"分析并修正"命令,如图3-73所示。

图3-73

10 在"分析并修正"对话框中勾选"查找人物""合并人物查找结果""在分析后创建智能精选"选项,如图3-74所示。

图3-74

11 单击"好"按钮 好 后,Final Cut Pro X将开始分析video08中的人物。因为video08中的人物数量很多,所以Final Cut Pro X在分析完成后将在名为"人物"的智能精选文件夹内创建名为"群组"的智能精选,如图3-75所示。

图3-75

12 在"video01"文件夹中单击名为"人物"的关键词精选，右击video09，选择"分析并修正"命令，如图3-76所示。

图3-76

13 在"分析并修正"对话框中勾选"分析并修正音频问题"，如图3-77所示。

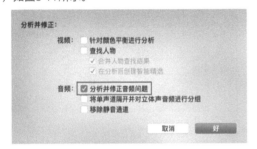

图3-77

14 单击"好"按钮 好 后，Final Cut Pro X将开始分析video09中的音频问题，分析完成后在"检查器"面板中单击"音频检查器" 🔊，如图3-78所示。Final Cut Pro X自动分析了video09中存在的音频问题并进行了自动修复。Final Cut Pro X自动将video09的"响度"下的"数量"调整为100%，"一致性"调整为12%。

图3-78

> 💡 **提示** "分析并修正音频问题"只能在一定程度上让音频问题好转。用户还可以先在"浏览器"或"时间线"面板中选中片段，单击"检视器"面板中的"选取颜色校正和音频增强选项" 🎨，选择"自动增强音频"命令或按Option+Command+A键，如图3-79和图3-80所示。

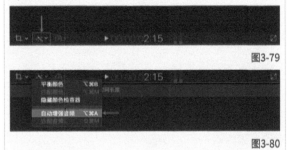

图3-79

图3-80

实战 022

为媒体分配角色

- 素材位置：素材文件>CH03
- 视频文件：实战022 为媒体分配角色.mp4
- 实例位置：实例文件>CH03
- 学习目标：掌握为媒体分配角色的方法

　　不同的媒体有着不同的角色，如音效、音乐、图片、视频和字幕都承担着各自的角色。在导入媒体时，Final Cut Pro X会为所有媒体分配角色。在"浏览器"和"时间线"面板中，不同的角色将以不同的颜色显示，这样方便剪辑时快速分辨各个类型的素材以提高工作效率。

01 在"浏览器"面板的"资源库"边栏中单击"音效"关键词精选，如图3-81所示。Final Cut Pro X会自动给导入的音频文件分配音频角色，如果自动分配的角色不是用户想要的，那么可以更改音频角色，例如右击"火车音效"片段，选择"分配音频角色>效果-1"命令，"火车音效"片段的音频角色将被更改为"效果"，如图3-82所示。

图3-81

图3-82

02 更改角色后，"火车音效"片段颜色将发生改变，如图3-83所示。用户还可以在"浏览器"面板中选中"火车音效"片段，在任务栏中执行"修改>分配音频角色>效果-1"命令或按Control+Option+ E键，如图3-84所示。

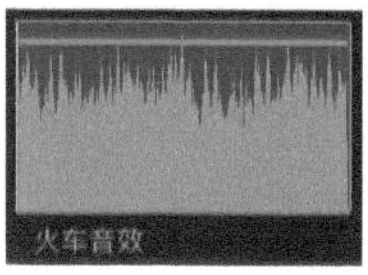

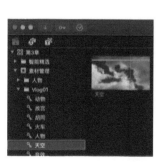

图3-83

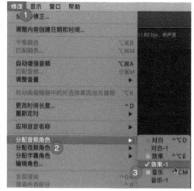

图3-84

03 在"浏览器"面板的"资源库"边栏中单击名为"天空"的关键词精选，如图3-85所示。

04 "天空"片段是一张静态图片，但Final Cut Pro X中并没有图片角色，于是默认给图片分配了视频角色。用户还可以手动添加图片角色，在任务栏中执行"修改>编辑角色"命令，如图3-86所示。

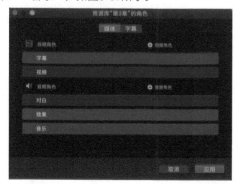

图3-85

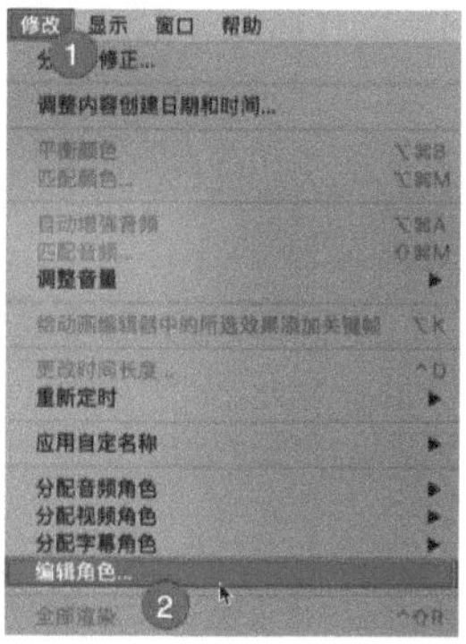

图3-86

05 打开"编辑角色"面板，"媒体"选项卡中有"视频角色"和"音频角色"两类选项。"视频角色"又分为"字幕"和"视频"，"音频角色"又分为"对白""效果""音乐"，如图3-87所示。

图3-87

提示 "编辑角色"面板分为"媒体"和"字幕"两个

选项卡，这里的"字幕"指的是隐藏式字幕，如图3-88所示。而"媒体"选项卡中"视频角色"下的"字幕"指的是标题类字幕，和隐藏式字幕不同。

图3-88

06 单击"视频角色"右侧的"+视频角色"，如图3-89所示。

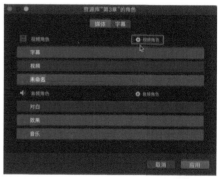

图3-89

07 将新角色命名为"图片"，按回车键以添加新的视频角色，如图3-90所示。

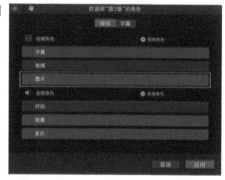

图3-90

08 将鼠标指针移动到"图片"角色上，单击◉可以更改角色对应的颜色，如图3-91所示。

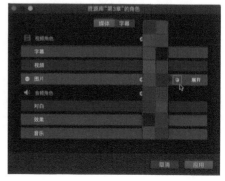

图3-91

09 将鼠标指针移动到在"视频角色"中"图片"角色右侧，单击"展开"，如图3-92所示。

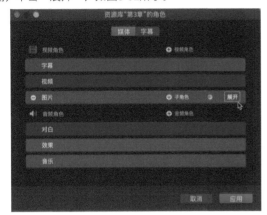

图3-92

10 展开所有"子角色"，如图3-93所示。

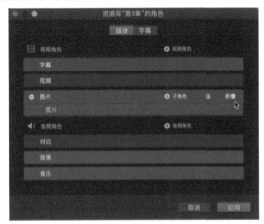

图3-93

11 单击"+子角色"，可以在"图片"角色中添加子角色，如图3-94所示。

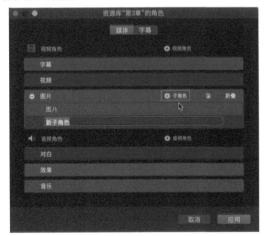

图3-94

12 如果需要删除角色，那么将鼠标指针移动到角色左侧，单击◎即可，如图3-95所示。

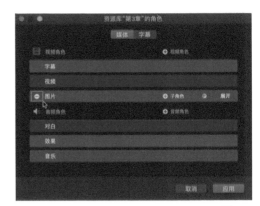

图3-95

13 单击"应用"按钮 应用 ，即可保存自定义的角色，如图3-96所示。

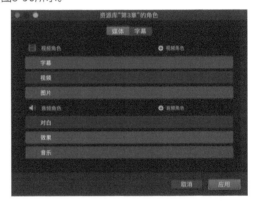

图3-96

14 在"浏览器"面板中右击"天空"片段，选择"分配视频角色>图片"命令，如图3-97所示。

图3-97

15 在"时间线"面板中，不同的"角色"也将显示不同的颜色，如图3-98所示。

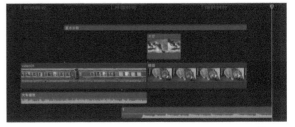

图3-98

实战 023 添加标记

- 素材位置：素材文件>CH03
- 视频文件：实战023 添加标记.mp4
- 实例位置：实例文件>CH03
- 学习目标：掌握添加标记的方法

为片段添加标记有提醒和备忘的作用，同时标记也是同步片段和多机位同步的重要工具。

01 在"浏览器"面板的"资源库"边栏中选择名为"火车"的关键词精选，如图3-99所示。

图3-99

02 将鼠标指针移动到video02上，video02上将出现红色浏览条，如图3-100所示。

03 将浏览条放置在video02上需要添加标记的位置，按M键即可添加标记，如图3-101所示。

图3-100　　　　　　图3-101

> **提示** 若没有出现浏览条，则需要在任务栏中执行"显示>浏览"命令或按S键。

04 在任务栏中执行"标记>标记>修改标记"命令或按Shift+M键，如图3-102所示，可以打开标记编辑面板，默认标记类型为"标准"，如图3-103所示。

图3-102

图3-103

> **提示** 在文本框内可以输入标记内容，假如这个片段需要"防抖动"，则可以在输入文本框内输入"防抖动"后

> 单击"完成"按钮 **完成** 。片段被导入"时间线"后，标记将一同被导入，当素材较多时可以被用作提醒。

05 "标准"标记可以被修改为"待办事项"。在标记编辑面板中单击 ，如图3-104所示。"待办事项"标记的颜色为橙色，如图3-105所示。

图3-104　　　　　　图3-105

06 当"待办事项"处理完成后，可以在标记编辑面板勾选"已完成"选项，如图3-106所示。已完成的"待办事项"标记的颜色为绿色，如图3-107所示。

图3-106　　　　　　图3-107

07 标记同样可被用在时间线上。在剪辑过程中会遇到一些要处理却来不及立刻处理的事情，例如在修剪片段时发现某处镜头需要添加一个音效，或是某个片段连接处需要添加一个特定的转场，又或是某个片段需要添加文字。立即去处理这些事情会花费大量时间，耽误整个剪辑进度，这时则可以在需要处理的位置添加标记以作为提醒，待其他事项完成后再统一对其进行处理。将播放头或浏览条移动至需要添加标记的位置，如图3-108所示。

图3-108

08 按M键添加"标准"标记，如图3-109所示。

图3-109

09 右击该"标准"标记，选择"修改"命令或按Shift+M键，如图3-110所示。

10 在文本框中输入文字作为提醒，单击"完成"按钮 完成 即可，如图3-111所示。

> **提示** 也可以单击标记将其选中，在任务栏中执行"标记>标记>修改标记"命令或按Shift+M键。

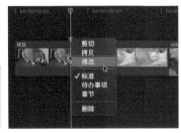

图3-110

图3-111

11 选中标记后，在任务栏中执行"标记>标记>删除标记"命令或按Control+M键，即可删除该标记，如图3-112所示。

> **提示** 向左挪动标记的快捷键为Control+"，"，向右挪动标记的快捷键为Control+"。"。逗号和句号均为英文输入法下的标点符号。

图3-112

实战 024

查看和编辑元数据

- 素材位置：素材文件>CH03
- 视频文件：实战024 查看和编辑元数据.mp4
- 实例位置：实例文件>CH03
- 学习目标：掌握查看和编辑元数据的方法

"元数据"是片段本身具有的数据，如帧尺寸、帧速率、颜色空间、音频采样速率和编解码器等，这些数据不能被直接更改。部分摄像机支持写入摄像机数据，如摄像机名称、摄像机角度、场景、卷、拍摄和注释等，也可以利用元数据信息对素材进行分类和管理。

01 "信息检查器"用于查看和编辑元数据。在"浏览器"面板中选中"橘猫"片段，单击"检查器"面板中的"信息检查器" ⓘ，如图3-113所示。

图3-113

02 在任务栏中执行"窗口>工作区>整理"命令或按Control+Shift+1键，将工作区设置为"整理"，如图3-114所示。"整理"工作区将显示更多片段和元数据信息，如图3-115所示。

图3-114

图3-115

03 在"信息检查器"左下角将"元数据视图"从"基本"更改为"通用"，如图3-116所示。"通用"元数据视图将显示更多元数据信息，"橘猫"片段的"帧尺寸"为1920×1080，"视频帧速率"为23.98，如图3-117所示。

图3-116　　　　图3-117

提示 视频帧速率的单位通常为fps。23.98fps代表每秒23.98帧，有时Final Cut Pro X会隐藏fps字样。项目中"帧速率"设置需根据元数据信息而定，详情请参考第11章"重新定时"。

04 在"信息检查器"左下角展开"通用"下拉列表框，选择"添加自定义元数据栏"，如图3-118所示。

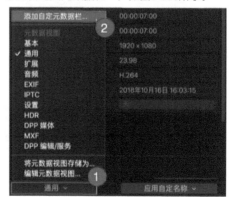

图3-118

05 在"名称"文本框中输入"掌机",在"描述"文本框中输入"拍摄人",单击"好"按钮 ▉好▉ ,则可以为"通用"元数据视图添加"掌机"属性,如图3-119所示。"掌机"属性将出现在"通用"元数据视图中,如图3-120所示。

图3-119

图3-120

06 在"掌机"文本框中输入"冬谷二十四",如图3-121所示。

图3-121

07 编辑其他元数据。在"卷"文本框中输入1,在"场景"文本框中输入"室内",在"拍摄"文本框中输入"猫",在"摄像机角度"文本框中输入"平摄",如图3-122所示。

图3-122

提示 还可以根据元数据信息重新为片段命名,展开"信息检查器"右下角的"应用自定名称"下拉列表框,选择"场景/镜头/拍摄/角度",如图3-123所示。

图3-123

08 Final Cut Pro X将根据元数据信息重新为片段命名,如图3-124所示。同时"浏览器"面板中对应素材的名称也将随之改变,如图3-125所示。

图3-124   图3-125

09 在"信息检查器"中的"名称"文本框内输入文字可重新为片段命名,例如输入"橘猫"后按回车键,即可完成重命名,如图3-126所示。

10 在"浏览器"面板中单击片段名称,也可以重新为片段命名。在文本框中输入文字后按回车键,如图3-127所示。

图3-126   图3-127

11 用户可以根据需要使用"应用自定名称"编辑名称。在"应用自定名称"的下拉列表框中选择"编辑",如图3-128所示。选择"编辑"后会打开"给预置命名"对话框,如图3-129所示。

图3-128

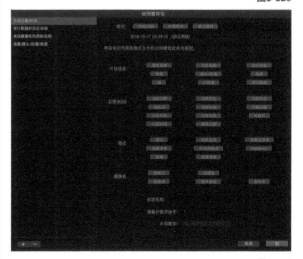

图3-129

12 单击"给预置命名"对话框左下角的 ■■，对话框的左边栏将出现新的预置，如图3-130所示。

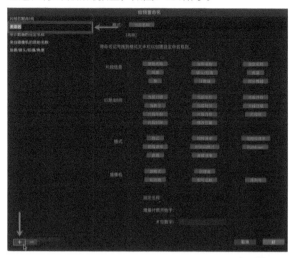

图3-130

13 在新的预置名称的文本框中输入"当前名称/卷/场景/拍摄/角度"，按回车键添加并应用预置名称，如图3-131所示。

图3-131

14 在"格式"中的"当前名称"后方输入"-"符号，如图3-132所示。

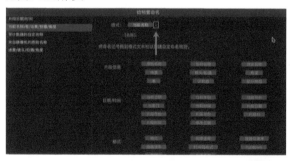

图3-132

15 依次将"卷""场景""镜头/拍摄""角度"拖曳到"格式"中并加入"-"符号将其隔开，完成后如图3-133所示。

图3-133

16 单击"好"按钮 好 完成预置编辑，在"信息检查器"中展开"应用自定名称"下拉列表框，选择"当前名称/卷/场景/拍摄/角度"，如图3-134所示。片段将根据预置和元数据信息重新命名，如图3-135所示。

图3-134

图3-135

17 如果不再需要自定义的名称预置，那么只需要在左边栏中选中自定义的预置，单击面板左下角的 ■■ 按钮，然后单击"好"按钮 好 即可，如图3-136所示。

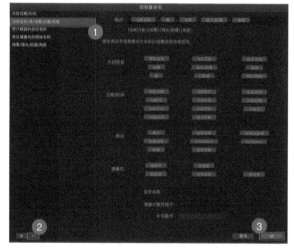

图3-136

18 Final Cut Pro X默认在"信息检查器"中显示"基本"元数据视图，"基本"元数据视图中显示的信息量较少，并且其中并不包含"视频帧速率"属性，这有时并不便利。为了方便将"视频帧速率"属性添加至"基本"元数据视图中，展开"信息检查器"面板左下角的下拉列表框，选择"编辑元数据视图"，如图3-137所示。

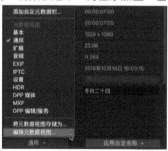

图3-137

19 单击"编辑元数据视图"后会打开"元数据视图"面板，在左边栏中选择"基本"，展开面板上方的下拉列表框中选择"所有属性"，如图3-138所示。

图3-138

20 "元数据视图"面板中有大量属性可供添加。在"元数据视图"面板右上角的搜索框内输入"视频帧速率"，并在搜索结果列表中勾选，如图3-139所示。

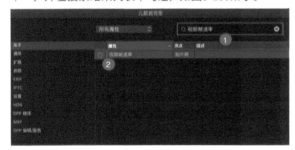

图3-139

21 单击"好"按钮后，"视频帧速率"属性会被添加至"基本"元数据视图中，如图3-140所示。

图3-140

22 在"元数据视图"面板中单击左下角的 按钮展开下拉列表框，可以新建元数据视图，如图3-141所示。

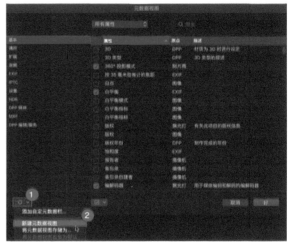

图3-141

实战 **025** 搜索与过滤片段

- 素材位置：素材文件>CH03
- 视频文件：实战025 搜索与过滤片段.mp4
- 实例位置：实例文件>CH03
- 学习目标：掌握搜索与过滤片段的操作方法

Final Cut Pro X提供了一些便利的搜索和过滤功能，这些功能可以帮助我们在众多素材中快速找到需要的片段。

▷ **搜索**

01 在"浏览器"面板左边栏"第3章"资源库中选择"素材管理"事件，在右上角的下拉列表框中选择"所有片段"，如图3-142所示。

> **提示** 如果资源库中存在多个事件，在选择需要的事件后，片段搜索只在所选择的事件内进行，所有搜索结果只显示所选择事件内的片段；选择资源库后，搜索结果将只显示该资源库内所有事件中的片段；选择关键词精选后，所有搜索结果将只显示选择关键词精选内的片段。

图3-142

02 在"浏览器"面板中单击█打开"搜索栏",如图3-143所示。

图3-143

03 在"搜索栏"中输入编辑后的元数据信息或片段名称可以快速找到所需片段,例如在"搜索栏"中输入"video",所有名称和元数据中带有"video"字样的片段都将被显示出来,如图3-144所示。

图3-144

04 在"搜索栏"中输入"video08",video08将被单独显示出来,如图3-145所示。

图3-145

05 用户还可以在"搜索栏"中输入编辑过的元数据信息,例如在"实战024"中为"橘猫"片段添加了"掌机"属性,如图3-146所示。在"搜索栏"中输入"冬谷二十四",元数据信息中带有"冬谷二十四"字样的片段将被显示出来,如图3-147所示。

图3-146

图3-147

提示 在"搜索栏"中输入任意编辑过的元数据信息都可以进行搜索。

▷ **过滤器**

01 在"浏览器"面板中单击"过滤器"█,如图3-148所示。

图3-148

02 打开"过滤器"面板,如图3-149所示。

图3-149

03 当"文本"过滤类型为"包括"时,在"文本"右侧的文本框中输入文字的搜索结果与在"搜索栏"中搜索的结果一致。将过滤类型"包括"改为"不包括",如图3-150所示。

图3-150

04 在"文本"右侧的文本框中输入"video",如图3-151所示。此时"浏览器"面板将显示所有不包括"video"字样的片段,如图3-152所示。

图3-151

图3-152

05 在"过滤器"面板中将"文本"过滤类型"不包括"改为"是",如图3-153所示。由于素材中包含多个带有"video"字样的片段,选择"是"后,"浏览器"面板将不显示任何片段,如图3-154所示。

图3-153

图3-154

06 在"过滤器"面板"文本"右侧文本框中输入"video07",如图3-155所示。Final Cut Pro X在素材中找到了video07片段并将其显示出来,如图3-156所示。

图3-155

图3-156

07 在"过滤器"面板中将"文本"过滤类型"是"改为"不是",如图3-157所示。搜索结果与"是"相反,"浏览器"面板将显示除video07以外的所有片段。

图3-157

> **提示** 在此处输入任意编辑过的元数据信息同样可以进行搜索。

08 在"过滤器"面板上可以进行叠加搜索。将"文本"过滤类型设置为"包括",在右侧文本框内输入"猫",如图3-158所示。"浏览器"面板将显示所有名称和元数据信息中带有"猫"的片段,如图3-159所示。

图3-158

图3-159

09 单击"过滤器"面板右上角的■,如图3-160所示。

图3-160

10 展开过滤选项下拉列表框,选择"评分","评分"的默认过滤类型为"个人收藏",如图3-161所示。

图3-161

11 现在叠加了"文本"和"评分"两个过滤器,"文本"过滤类型为"包括","评分"过滤类型为"个人收藏",意为搜索"个人收藏"中名称和元数据信息中带有"猫"字样的片段。"浏览器"面板将只显示已加入"个人收藏"且名称和元数据信息中带有"猫"字样的片段,如图3-162所示。

图3-162

12 更改"评分"过滤类型为"拒绝的片段",如图3-163所示。"浏览器"面板将显示带有"拒绝"评级且名称和元数据信息中带有"猫"字样的片段,如图3-164所示。

图3-163

图3-164

> **提示** 如果需要删除"评分"过滤器,在"过滤器"面板单击过滤器右侧的■,即可删除,如图3-165所示。

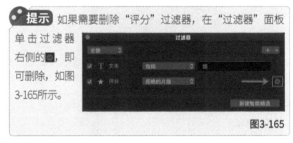

图3-165

13 将"媒体类型"添加至"过滤器"面板,如图3-166所示。"媒体类型"过滤器的过滤选项为"带音频的视频""仅视频""仅音频""静止图像",如图3-167所示。

图3-166

图3-167

> **提示** 可以将多个过滤器叠加在一起使用。

"类型"过滤器的过滤选项为"试演""已同步""复合""多机位""分层的图形""项目","分层的图形"指Photoshop的PSD文件，其他类型将在后面讲解，如图3-168所示。

图3-168

使用"已使用的媒体"可过滤已经被导入时间线的片段和未被导入时间线的片段，如图3-169所示。

图3-169

使用"关键词"可显示所有"关键词精选"，并在其中进行搜索，如图3-170所示。

图3-170

使用"人物"可过滤"分析并修正"中"查找人物"创建的智能精选，如图3-171所示。

图3-171

使用"格式"可过滤元数据中的信息，例如设置"视频帧速率"为23.98，即过滤得到的片段的帧速率为23.98fps，如图3-172所示。

图3-172

使用"日期"可按照"导入日期"或"内容创建日期"进行过滤，如图3-173所示。

图3-173

使用"角色"可按照"字幕""视频""图片"等进行过滤，如图3-174所示。

图3-174

14 设置完"过滤器"后单击"过滤器"面板右下角的"新建智能精选"，如图3-175所示。系统会根据"过滤器"设置在事件中建立新的"智能精选"，为"智能精选"重命名后按回车键，如图3-176所示。

图3-175

图3-176

第4章

字幕

▶ **实战检索**

实战 026 滚动式字幕

- 素材位置：素材文件>CH04
- 视频文件：实战026 滚动式字幕.mp4
- 实例位置：实例文件>CH04
- 学习目标：掌握滚动式字幕的制作方法

　　滚动式字幕是视频中与音频同步的可见文本。外语影片一般都会配备字幕以便观看者理解语言；国内的广播电视节目在播出时必须配备字幕，这也是为了帮助听力障碍人群更好地观看影片。

▷ **单语言字幕**

01 新建资源库并将其命名为"第4章"，新建事件并将其命名为"添加字幕"，如图4-1所示。

图4-1

02 打开本书配套资源，将"素材文件>CH04>实战026"文件夹中的video01导入"添加字幕"事件，如图4-2所示。

03 右击video01，选择"新建项目"命令，如图4-3所示。

图4-2

图4-3

04 新建项目，其具体参数设置如图4-4所示。video01将自动出现在"时间线"面板中，无须手动导入，如图4-5所示。

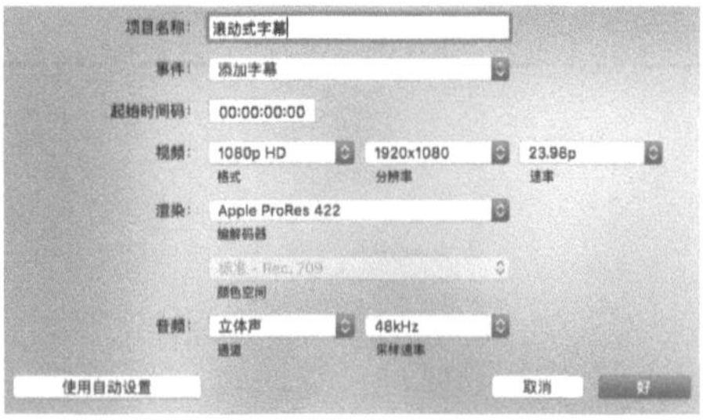

项目名称：	滚动式字幕		
事件：	添加字幕		
起始时间码：	00:00:00:00		
视频：	1080p HD	1920x1080	23.98p
	格式	分辨率	速率
渲染：	Apple ProRes 422		
	编解码器		
	标准 - Rec. 709		
	颜色空间		
音频：	立体声	48kHz	
	通道	采样速率	

使用自动设置　　　　　　　　　　取消　　好

图4-4

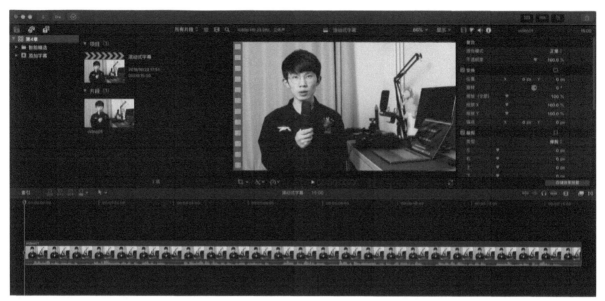

图4-5

05 在"检视器"面板右上角展开"显示"下拉列表框，选择"显示字幕/操作安全区"，如图4-6所示。"检视器"面板将出现内外两个黄色矩形线框，即"字幕/操作安全区"，如图4-7所示。内框为"字幕安全区"，外框为"操作安全区"，在制作高清广播电视节目时，字幕位置不能超出字幕安全区，主要画面不要超出操作安全区。

图4-6

图4-7

提示 电视机在接收广播信号和显示画面的过程中会存在"过扫描"的情况（在电视机显示画面时，扫描系统"场扫描"和"行扫描"幅度过大，画面边缘部分会被裁切而无法显示），将主要显示内容放置在安全区内可保证播出时画面能够正常显示。需要注意的是，网络视听节目一般不受安全区影响，如视频网站中的视频，但即使是单纯的网络视频，字幕最好还是不要超出操作安全区。

06 将播放头移动到video01中人物开始说话的位置（时间码00:00:00:05），如图4-8所示。可在"检视器"面板下方查看"时间码"，如图4-9所示。

图4-8

图4-9

提示 可以将音频波形作为参考，在人物说话时，音频波形幅度会扩大；不说话时，音频波形幅度减小。

07 在任务栏中执行"编辑>连接字幕>基本字幕"命令或按Control+T键，如图4-10所示。

图4-10

08 将"基本字幕"添加至"时间线"面板中的video01上方，如图4-11所示。

图4-11

09 调整"基本字幕"的长度，使"基本字幕"的长度和video01中人物第1句话的长度保持一致。在任务栏中执行"显示>吸附"命令或按N键，激活"吸附"功能，如图4-12所示。

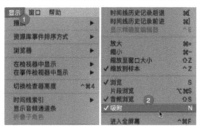

图4-12

10 将播放头移动到video01中人物第1句话结束的位置（时间码为00:00:01:11），如图4-13所示。

图4-13

11 按A键，单击"基本字幕"的结束点并向左拖曳至播放头所在位置，如图4-14所示。开启"吸附"后，当向左拖曳"基本字幕"结束点到临近播放头的位置时，"基本字幕"结束点将自动与播放头对齐。

图4-14

提示 除此之外，还有第2种方法。将播放头移动到人物第1句话结束的位置（时间码为00:00:01:11），如图4-13所示，单击"基本字幕"将其选中（选中后"基本字幕"四周出现黄色线框），如图4-15所示。

图4-15

执行"修剪>修剪结尾"命令或按Option+"]"键，如图4-16所示。"基本字幕"结束点与播放头位置对齐，如图4-17所示。

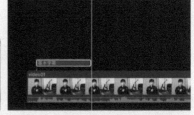

图4-16　　　　　　　　　图4-17

12 将播放头移动到"基本字幕"上，如图4-18所示。

图4-18

13 只有当播放头或浏览条被移动到字幕上时，才可以在"检视器"面板中查看字幕。在"时间线"面板中选中"基本字幕"，然后在"检查器"面板单击"文本检查器" ■，单击后按钮变为蓝色■，如图4-19所示。

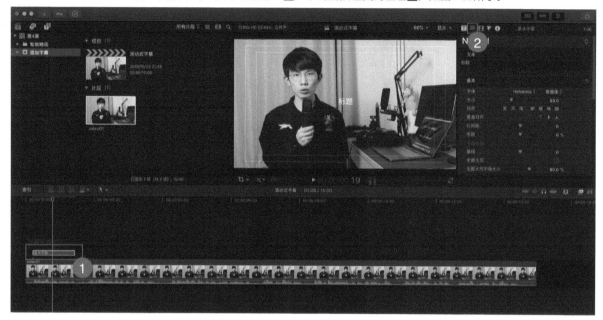

图4-19

14 在"文本检查器"中的"文本"文本框内输入"大家好我是冬谷二十四"，如图4-20所示。

15 展开"字体"名称下拉列表框可修改字体，如图4-21所示。

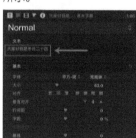
图4-20

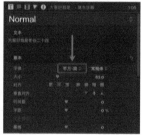
图4-21

16 展开"字体"样式下拉列表框可修改字体样式，如图4-22所示。

图4-22

17 设置字体"大小"为53，如图4-23所示。现在字幕位于视频的中间，如图4-24所示。

图4-23

图4-24

18 在"文本检查器"中找到"位置"参数，将"Y"设置为-421，如图4-25所示。

19 将字幕文本框移动到字幕安全区（内框）下边缘，如图4-26所示。

图4-25

图4-26

提示　并非所有类型的字幕都可以利用"文本检查器"移动位置，如果遇到无法利用"文本检查器"移动位置的字幕，可以在"视频检查器"内的"变换"属性中设置字幕的位置。

20 在"文本检查器"中找到"表面"属性，将鼠标指针移动到"表面"右侧，单击"显示"，如图4-27所示。展开"表面"属性，如图4-28所示。

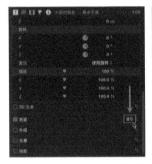

图4-27　　　　　　　　图4-28

21 单击"颜色"右侧的下拉箭头可更改颜色，如图4-29所示。单击"颜色"右侧的颜色块，如图4-30所示，打开"颜色"面板，如图4-31所示。

图4-29

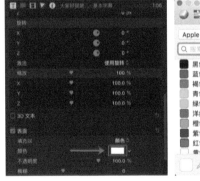

图4-30　　　　　　　　图4-31

22 确定了字幕的大小、字体、字体样式、文字位置和字体颜色以后，可以继续制作剩下的字幕。选中第一个制作好的字幕，在任务栏中执行"编辑>拷贝"命令或按Command+C键，如图4-32所示。

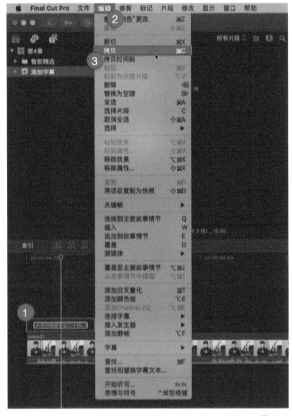

图4-32

23 将播放头移动到人物第2句话的开始位置（时间码00:00:01:18），如图4-33所示。

24 在播放头所在位置单击，播放头所在位置的片段上将出现黑色圆点，如图4-34所示。

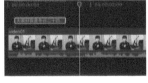

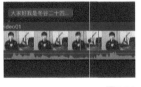

图4-33　　　　　　　　图4-34

25 在任务栏中执行"编辑>粘贴"命令或按Command+V键，如图4-35所示。第1个字幕被复制并被粘贴到了"时间线"面板中，如图4-36所示。

26 调整字幕的长度，使字幕与人物第2句话的结束位置对齐。将播放头移动到第2句话结束位置（时间码为00:00:03:20），如图4-37所示。

> **提示** 将播放头移动到时间码为00:00:01:18的位置，按Command+V键也可复制字幕。

图4-35　　　　　　　　图4-36　　　　　　　　图4-37

27 按A键，将第2个字幕结束点拖曳到播放头所在位置以延长字幕，如图4-38所示。

图4-38

> **提示** 这里也可以将播放头移动到人物第2句话的结束位置（时间码为00:00:03:20），如图4-37所示，单击第2个字幕的结束点，结束点变为黄色，如图4-39所示。

图4-39

28 在任务栏中执行"修剪>延长编辑"命令或按Shift+X键，如图4-40所示。将第2个字幕修剪至播放头所在位置，如图4-41所示。

图4-40　　　　　　　　　　图4-41

> **提示** 字幕没有"媒体余量"的概念，可随意延长。

29 将播放头移动到第2个字幕上，如图4-42所示。

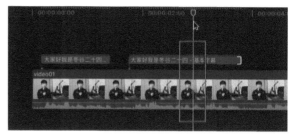

图4-42

30 单击第2个字幕，将其选中，选后的字幕外框变为黄色，如图4-43所示。

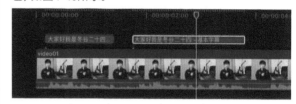

图4-43

31 在"检查器"面板单击"文本检查器" ▇，修改文本内容为"这个视频我们来学习滚动式字幕"，如图4-44所示。在"检查器"面板中查看效果，现在就完成了人物第2句话的字幕制作，如图4-45所示。

图4-44　　　　　　　　　　图4-45

32 利用同样的方法制作接下来的字幕，制作完成后如图4-46所示。

图4-46

> **提示** 按Control+T键可快速加载默认字幕，默认字幕为"基本字幕"。如果默认字幕不是"基本字幕"，那么可以在"浏览器"面板中单击"字幕和发生器" ▇，或在任务栏中执行"窗口>前往>字幕和发生器"命令（Option+Command+1），按钮会变为蓝色 ▇。展开"字幕"选项，选择"缓冲器/开场白"，即可找到"基本字幕"，如图4-47所示。
>
> 右击"基本字幕"，选择"设为默认字幕"命令，即可将"基本字幕"设置为默认字幕，如图4-48所示。
>
> 另外，按Control+T键也可快速使用"基本字幕"。

图4-47　　　　　　　　　　图4-48

▷ 多语言字幕

01 如果还要再制作其他语言的字幕，如英文，那么可以利用"角色"分别管理各个语言的字幕。在"时间线"面板左上角进行"索引>角色>编辑角色"操作或在任务栏中执行"修改>编辑角色"命令，如图4-49所示。

图4-49

02 打开"编辑角色"面板，如图4-50所示。

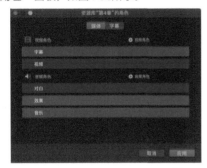

图4-50

03 将鼠标指针移动到"字幕"角色右侧，单击"+子角色"，如图4-51所示。

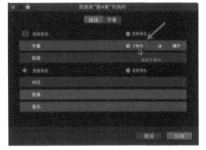

图4-51

04 将子角色命名为"中文"，如图4-52所示。

图4-52

05 再次单击"+子角色"，添加子角色并将其命名为"英文"，按回车键确认，如图4-53所示。

图4-53

06 单击"应用"按钮 应用 完成角色编辑，返回"时间线"面板，单击第1个字幕将其选中，如图4-54所示。

图4-54

07 将鼠标指针移动到最后一个字幕上，如图4-55所示。

图4-55

08 按住Shift键并单击最后一个字幕，将所有字幕全部选中，如图4-56所示。

图4-56

09 在选中的任意一个字幕上右击，选择"分配视频角色"下的"中文"命令，为现有中文字幕分配"中文"角色，如图4-57所示。

10 新建"基本字幕"。将"基本字幕"叠加在现有中文字幕上方，并修剪长度使之与中文字幕对齐，如图4-58所示。

11 右击上方的"基本字幕"，选择"分配视频角色"下的"英文"命令，为该字幕分配"英文"角色，如图4-59所示。

 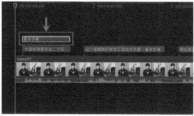 

图4-57 图4-58 图4-59

12 现在可以在中文字幕编辑英文文本，并设置字体、字体样式、字体大小、字体颜色和文字位置等。按Command+C键复制上方第1个字幕，再将播放头移动到下一字幕的位置，按Command+V键粘贴字幕，使用与之前相同的方法为video01添加英文字幕，如图4-60所示。

图4-60

13 在"时间线"面板的"索引"中选择"角色"，如图4-61所示。

14 将鼠标指针移动到"字幕"角色右侧，单击"展开"，如图4-62所示。展开后可看到"英文"和"中文"子角色，如图4-63所示。

 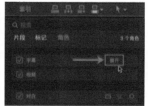 

图4-61 图4-62 图4-63

15 取消勾选"中文"子角色选项，如图4-64所示。"时间线"面板中"中文"角色字幕将变为灰色，代表该字幕已停止使用，如图4-65和图4-66所示。

图4-64 图4-65

图4-66

> **提示** 在导出视频时，不勾选"中文"子角色选项，"中文"角色字幕将不会被导出；不勾选"英文"子角色选项，"英文"角色字幕将不会被导出。利用"角色"可以很好地管理不同语言字幕。编辑字幕时，还可能会遇到一句话过长而导致文本超过字幕安全区的问题，可在同一时间长度下将同一句话分为两段或多段来制作字幕。例如将"Hi,I'm Tane Snape"改为两段，一段为"Hi"，一段为"I'm Tane Snape"，如图4-67所示。

如需输入第2行文本，只需在编辑文本时按回车键即可换行，如图4-68所示。

导出后字幕将被固定至视频中，无法在导出的视频中关闭或修改这些字幕。

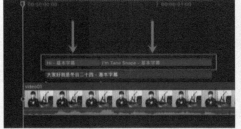
图4-67

图4-68

实战 027 隐藏式字幕

- 素材位置：素材文件>CH04
- 实例位置：实例文件>CH04
- 视频文件：实战027 隐藏式字幕.mp4
- 学习目标：掌握隐藏式字幕的制作方法

不同广播电视公司和网络视频网站对隐藏式字幕有着不同的要求，Final Cut Pro X支持ITT（iTT）、CEA-608（EIA-608）和SRT格式的隐藏式字幕。随着版本的升级，Final Cut Pro X可能会支持更多字幕格式。

▷ ITT

ITT（iTT）是iTunes Store和部分网络视频网站使用的隐藏式字幕格式。ITT格式的隐藏式字幕支持中文字符，也可被单独导出或导入，但不支持嵌入至视频中，仅支持固定至视频中。该格式的字幕被"嵌入"至视频后还可以单独关闭或显示；"固定"至视频后与视频形成一个整体，不能再被单独关闭。随着时间的推移，将会有更多视频网站支持ITT格式的隐藏式字幕。

01 右击video01，选择"新建项目"命令，如图4-69所示，项目的具体参数设置如图4-70所示。

图4-70

02 video01将出现在"时间线"面板中，将播放头移动到video01中人物第1句话的开始点（时间码为00:00:00:05），如图4-71所示。

图4-69

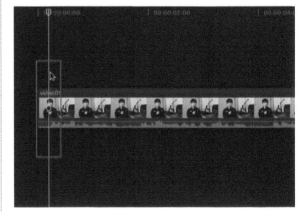
图4-71

03 在任务栏中执行"编辑>字幕>添加字幕"命令或按Option+C键，如图4-72所示。在"时间线"面板中video01的上方将插入隐藏式字幕并打开隐藏式字幕的编辑面板，如图4-73所示。

04 选中已插入的隐藏式字幕后，"检查器"面板将显示隐藏式字幕的"文本检查器"，如图4-74所示。

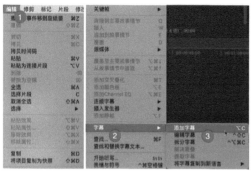

图4-72　　　　　　　　　　图4-73　　　　　　　　　　图4-74

05 在"文本检查器"的"字幕文本"中输入文本，即可添加字幕。在这里输入"大家好我是冬谷二十四"，如图4-75所示。时间线上方的隐藏式字幕编辑面板也将显示同样的文本，在隐藏式字幕编辑面板中直接输入文字同样可添加字幕，如图4-76所示。

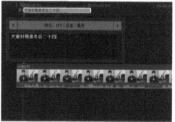

图4-75　　　　　　　　　　图4-76

> **提示** 若隐藏式字幕编辑面板消失，那么双击隐藏式字幕即可重新将其打开。

06 在"检视器"面板中查看字幕，如图4-77所示。在Final Cut Pro X上无法调整ITT格式隐藏式字幕的位置，但是发现字幕超出了字幕安全区（内框），不过因为ITT格式的隐藏式字幕主要在iTunes Store和视频网站上使用，并非在广播电视节目中使用，所以即使其超过了字幕安全区也能在手机电脑等设备上完整显示。另外，在Final Cut Pro X上也不能调整ITT格式隐藏式字幕的字体和大小，仅能调整加粗、斜体、下划线、颜色和布局等。

图4-78

08 展开"文本颜色"下拉列表框可修改文本颜色。在"布局"右侧单击，如图4-79所示。字幕位置被调整至视频画面上方，如图4-80所示。

图4-79

图4-77

07 在"文本检查器"的"格式"右侧单击，可调整"加粗/正常"；单击，可调整"斜体/正常"；单击，可调整"下划线/正常"，如图4-78所示。

图4-80

09 单击◢，如图4-81
所示。字幕位置将被
调整至视频画面下
方，如图4-82所示。

图4-81

图4-82

10 使用"选择"工具，将播放头移动到人物第1句话结
束的位置（时间码为00:00:01:11），如图4-83所示。

图4-83

11 使用"选择"工具，单击隐藏式字幕的结束点并向
左拖曳至播放头位置或将播放头移动到人物第1句话的结
束位置，选中"隐藏式字幕"并在任务栏中执行"修剪>
修剪结尾"命令，如图4-84所示。

图4-84

提示 建议开启"吸附"功能，快捷键为N。

12 选中隐藏式字幕，隐藏式字幕四周将出现黄色线
框，如图4-85所示。

13 在任务栏中执行"编辑>字幕>编辑字幕"命令或按
Control+Shift+C键，或者双击隐藏式字幕，如图4-86所示。

图4-85   图4-86

14 打开隐藏式字幕编辑面板，如图4-87所示。

图4-87

15 在编辑面板中可以看到字幕的"格式"为"ITT"、"语
言"为"英文"，这里"语言"指的是字幕角色，默认为英
语。为了方便管理，现在为隐藏式字幕添加并分配中文角
色。在隐藏式字幕编辑面板展开"语言"下拉列表框，然后
选择"编辑角
色"或在任务
栏中执行"修
改＞编辑角
色"命令，如
图4-88所示。

图4-88

16 打开"编辑角色"面板后，选择"字幕"选项卡，如
图4-89所示。

图4-89

17 将鼠标指针移动到"ITT"角色上单击"+语言"，如图4-90所示。在"语言"下拉列表框中选择"中文（简体）"，如图4-91所示。

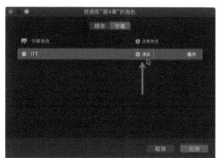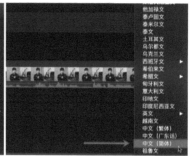

图4-90 图4-91

18 角色添加完成后，"编辑角色"面板中的"ITT"角色下将出现"中文（简体）"子角色，单击"应用"按钮 应用 完成子角色分配，如图4-92所示。

19 再次打开隐藏式字幕编辑面板，在"语言"下拉列表框中选择"中文（简体）"，重新为隐藏式字幕分配子角色，如图4-93所示。

图4-92 图4-93

20 选中第1个隐藏式字幕，在任务栏中执行"编辑>拷贝"命令或按Command+C键复制该字幕，将播放头移动到video01中人物第2句话的开始点，任务栏中执行"编辑>粘贴"命令或按Command+V键粘贴字幕，根据人物说话的时间长度修改隐藏式字幕的长度，为接下来的影片添加字幕，方法与实战026"滚动式字幕"中提到的方法相同，如图4-94所示。

图4-94

> **提示** 同一个角色下，隐藏式字幕不能重叠。当隐藏式字幕出现重叠时，字幕将变为红色，代表该隐藏式字幕的设置出现错误，如图4-95所示。
>
> 　　其他问题也可能导致错误，在"时间线"面板中选中出现错误的隐藏式字幕，即可在"检查器"面板的"文本检查器"中查看出现错误的原因，这里显示为"字幕不能在时间线中重叠。"，如图4-96所示。

图4-95 图4-96

21 在"时间线"面板中同时选中出现重叠的隐藏式字幕，选中后字幕四周会出现黄色线框，如图4-97所示。

图4-97

22 在任务栏中执行"编辑>字幕>解决重叠"命令，如图4-98所示。"时间线"面板中的隐藏式字幕如图4-99所示，重新修改字幕长度，使字幕与声音同步即可。

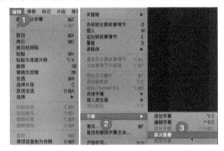

图4-98

图4-99

23 同时选中两个相邻但不相连的隐藏式字幕（选中后字幕四周将出现黄色线框），如图4-100所示。

图4-100

24 在任务栏中执行"修剪>接合字幕"命令或右击其中任意一个隐藏式字幕并选择"接合字幕"命令，如图4-101所示。字幕将接合在一起，如图4-102所示。

图4-101

图4-102

25 双击"时间线"面板中任意一个隐藏式字幕打开隐藏式字幕编辑面板，两段字幕接合后会变为上下显示，如图4-103所示。"检视器"面板如图4-104所示。

图4-103

图4-104

提示 此时，第2行字幕并没有超出操作安全区。

26 ITT格式的隐藏式字幕最多支持两行文本，超过两行后，字幕将显示为红色。在"检查器"面板的"文本检查器"中会提示错误信息，如图4-105所示。

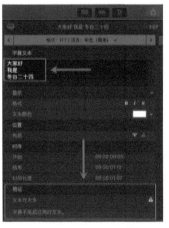

图4-105

27 如果需要其他语言的字幕，如英文，那么可以在时间线中单击第1个隐藏式字幕将其选中，如图4-106所示。

图4-106

28 按住Shift键，单击最后一个隐藏式字幕，将隐藏式字幕全部选中，如图4-107所示。

图4-107

29 在任务栏中执行"编辑>字幕>将字幕复制到新语言>英文>全部"命令，如图4-108所示。

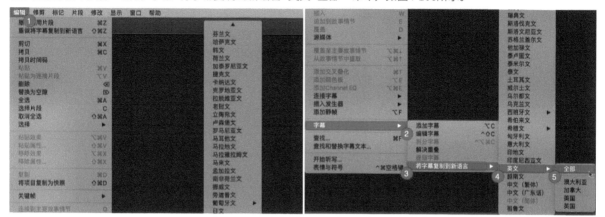

图4-108

> **提示** 用户也可在时间线上右击所选隐藏式字幕中的任意一个，执行"将字幕复制到新语言>英文>全部"命令。

30 在"时间线"面板查看效果，新语言的隐藏式字幕将显示在原有隐藏式字幕上方，因为ITT格式的隐藏式字幕不能重叠，所以原有隐藏式字幕将呈灰色，代表该字幕暂时关闭，如图4-109所示。

图4-109

31 单击"时间线"面板左上角的"索引"后，选择"角色"，"字幕"中将显示"中文（简体）"和"英文"两个子角色，如图4-110所示。

32 选中"中文（简体）"子角色选项，"英文"子角色自动关闭，如图4-111所示。时间线上对应角色字幕被点亮，如图4-112所示。

图4-110　　　　　　　　图4-111

图4-112

33 使用"将字幕复制到新语言"功能可以免去重新调整字幕位置与音频同步的时间，这在很大程度上提高了工作效率。重新选中"英文"子角色选项，双击video01上方的第1个字幕，打开隐藏式字幕编辑面板，如图4-113所示。

34 单击隐藏式字幕编辑面板右侧的▶，可以对下一个隐藏式字幕的文本进行编辑，如图4-114所示。

图4-113　　　　　　　　图4-114

> **提示** 单击隐藏式字幕编辑面板左侧的◀，可对上一个隐藏式字幕的文本进行编辑。

35 隐藏式字幕可以被单独导出。在任务栏中执行"文件>导出字幕"命令，如图4-115所示。

36 打开导出字幕对话框，在左边栏中选择字幕保存路径（这里选择了"桌面"），在下方"角色"栏选择需要导出的字幕，这里仅勾选"中文（简体）"选项，在右侧"开始时间"中选中"与时间线相对"选项，单击"导出"按钮 导出 即可导出隐藏式字幕，如图4-116所示。打开存储路径可以看到导出的字幕，如图4-117所示。

图4-115　　　　　　　　　　　　　　　图4-116　　　　　　　　　　　　　　　图4-117

37 隐藏式字幕也可以被单独导入。先将需要添加隐藏式字幕的视频导入时间线，如图4-118所示。

图4-118

38 在任务栏中执行"文件>导入>字幕"命令，如图4-119所示。

39 打开导入字幕对话框，先在左边栏选择字幕路径（这里选择了"桌面"），再在字幕路径中选择要导入的字幕，在"插入时间"中选中"与时间线相对"选项，单击"导入"按钮 导入 ，即可将隐藏式字幕导入时间线，如图4-120所示。

图4-119　　　　　　　　　　　　　　　　　　　　图4-120

提示 在导入隐藏式字幕后，可以继续在Final Cut Pro X中编辑导入的隐藏式字幕，如图4-121所示。

图4-121

　　导入隐藏式字幕后，如果该字幕与视频的帧速率不匹配，那么可能会出现轻微偏移，这时重新调整该字幕的位置，使其与音频同步即可。ITT格式的隐藏式字幕固定至视频中的方法将与SRT格式的隐藏式字幕固定至视频中的方法合并讲解。

▷ **CEA-608**

　　CEA-608（EIA-608）是广播电视和部分网络视频网站使用的隐藏式字幕格式，相较于 ITT 格式，CEA-608格式有着更多的自定义选项，CEA-608格式的字幕可以被嵌入或固定到视频中，但不支持中文字符。

01 在任务栏中执行"修改>编辑角色"命令，如图4-122所示。

图4-122

02 在"编辑角色"面板中选择"字幕",如图4-123所示。

03 在"字幕角色"右侧选择"+字幕角色",如图4-124所示。

04 在"字幕格式"下拉列表框中选择"CEA-608",如图4-125所示。

图4-123　　　　　　　　　　图4-124　　　　　　　　　　图4-125

05 创建"CEA-608"字幕角色,如图4-126所示。

06 将鼠标指针移动到"CEA-608"上,单击"+语言"可添加更多语言子角色,如图4-127和图4-128所示。

07 单击"应用"按钮 应用 ,即可完成"CEA-608"字幕角色的创建,如图4-129所示。新建项目,其具体参数设置如图4-130所示。

 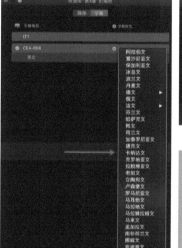 

图4-126

图4-127　　　　　　　　　　图4-128　　　　　　　　　　图4-129

图4-130

08 将video01导入时间线,如图4-131所示。

09 CEA-608格式的隐藏式字幕不能被直接添加,需要先添加ITT格式的隐藏式字幕,再将ITT格式的隐藏式字幕转换为CEA-608。将播放头移动到video01中人物第1句话的开始点(时间码为00:00:00:05)。在任务栏中执行"编辑>字幕>添加字幕"命令或按Option+C键,添加ITT格式的隐藏式字幕,如图4-132所示。

图4-131　　　　　　　　　　图4-132

10 在时间线上选中ITT格式隐藏式字幕,在任务栏中执行"修改>分配字幕角色>CEA-608-英文"命令,如图4-133所示。

在打开的对话框中单击"继续"按钮 继续 即可完成转换,如图4-134所示。

  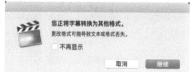

图4-133　　　　　　　　　　图4-134

11 双击隐藏式字幕，打开隐藏式字幕编辑面板，隐藏式字幕的格式已经转换为CEA-608，如图4-135所示。

12 在"时间线"面板中选中隐藏式字幕，"检查器"面板将显示"文本检查器"，如图4-136所示。

图4-135

图4-136

13 在"文本"文本框中输入"Hi,I'm Tane Snape."，如图4-137所示。"检视器"面板将会显示输入的文本，如图4-138所示。

图4-137

图4-138

> **提示** 字幕位置不能超出字幕安全区，因为CEA-608格式的隐藏式字幕是用于广播电视播出的，超过字幕安全区会造成播出时无法完整显示字幕的现象。默认字幕显示在画面的左边界，但离"字幕安全区"的边框还有一段位置，这是因为广播电视播出时既要适应高清电视（16：9），又要适应标清电视（4：3），单以高清电视的字幕安全区为参考的话，标清电视将无法完整显示字幕。

14 "文本检查器"的"对齐"中有3种对齐方式，分别为"文本向左对齐"▤、"文本居中"▤和"文本向右对齐"▤，更换对齐方式仅影响"文本检查器"中文本的对齐方式。如选择"文本居中"▤，如图4-139所示。更改后，并不影响"检视器"面板和最终输出时字幕的对齐方式，如图4-140所示。

图4-139

图4-140

> **提示** 修改"布局"，可以调整隐藏式字幕的位置，如图4-141所示。
> 　　分别单击 ◄ ▲ ▼ ► ，可将隐藏式字幕的位置左移、上移、下移或右移，如图4-142所示。
> 　　分别单击 ◄ ▲ ▼ ► ，可将隐藏式字幕移至画面左边界、顶部、底部或右边界，如图4-143所示。
> 　　单击 ▐▌ ，可让隐藏式字幕水平居中，如图4-144所示。

图4-141

图4-142

图4-143

图4-144

15 在"文本检查器"的"显示"中可调整显示样式、格式、文本颜色、文本背景颜色和文本背景不透明度。这里将"格式"修改为斜体，将"文本颜色"修改为黄色，如图4-145所示。

图4-145

提示 在"显示"右侧单击下拉箭头，如图4-146所示。在打开的下拉列表框中选择"还原默认样式"可将调整后的样式还原为默认样式，如图4-147所示。

图4-146

图4-147

单击"字幕文本"左侧的下拉箭头，如图4-148所示。在打开的下拉列表框中选择"特殊字符"，可添加特殊字符，如图4-149所示。

图4-148

图4-149

16 选择"添加文本栏"，可再添加一行文本，在文本框中输入"TS"，如图4-150所示。

图4-150

17 在"检视器"面板中查看结果，TS文本出现在现有文本上方，如图4-151所示。

图4-151

提示 添加文本栏后，可为每一个文本栏选择不同的颜色。

18 单击TS文本右上角的下拉箭头，选择"移除文本栏"，文本栏将被移除，如图4-152所示。

图4-152

19 同一个文本栏中会有多个单词，选中"Tane Snape"，如图4-153所示。

图4-153

20 将"文本颜色"设置为黄色，如图4-154所示。

图4-154

21 在"检视器"面板中查看修改后的效果，仅Tane Snape字体颜色变为黄色，如图4-155所示。

图4-155

提示 当"时间线"面板中的隐藏式字幕变为红色时，这代表发生了错误，如图4-156所示。

图4-156

在"检查器"面板的"文本检查器"中可以查看出现错误的原因，如图4-157所示。

图4-157

22 如果时间线上第1个隐藏式字幕是CEA-608格式的，那么文本字数会决定该字幕的开始点离项目的开始点有多少帧的距离，文本字数越多，距离就会越长。这里需要将字幕的开始点向后移动7帧。按A键，单击字幕开始点并向右拖曳7帧，增加字幕开始点与项目开始点的距离，拖曳后，该隐藏式字幕中的红色将消失，如图4-158所示。

图4-158

提示 这里也可以在"文本检查器"中将文本换行，如图4-159所示。

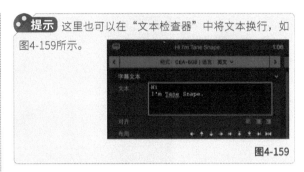

图4-159

23 在时间线上选中隐藏式字幕，执行"编辑>字幕>拆分字幕"命令或按Control+Option+Command+C键，如图4-160所示。Final Cut Pro X将按照文本换行的数量拆分字幕，这里文本换行为两行，字幕被拆分为两段，如图4-161所示。

图4-160

图4-161

提示 这里也可以右击隐藏式字幕，选择"拆分字幕"命令或按Control+Option+Command+C键，如图4-162所示。

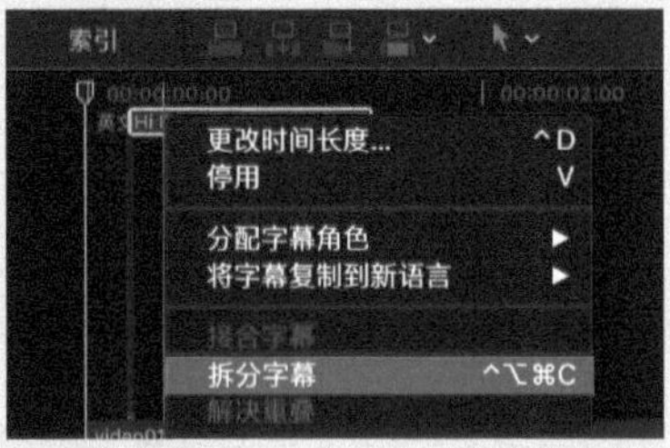

图4-162

24 按T键，在两个隐藏式字幕连接处拖曳以进行"卷动式编辑"，使字幕分别与声音同步，如图4-163所示。

图4-163

25 CEA-608格式的隐藏式字幕也可以被单独导入和导出，采用的方法与ITT格式的隐藏式字幕一致。CEA-608格式的隐藏式字幕可以内嵌至视频中。在任务栏中执行"文件>共享>Apple设备1080p"命令，如图4-164所示。共享面板如图4-165所示。

图4-164

图4-165

26 切换到"角色"选项卡，如图4-166所示。在"视频轨道"下方可以看到在"时间线"面板中创建的CEA-608格式的隐藏式字幕，如图4-167所示。

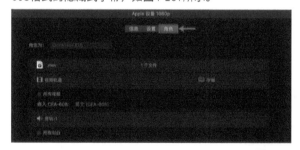

图4-166

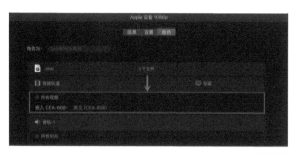

图4-167

27 单击"共享"按钮 共享 ，如图4-168所示。此时即可导出影片，影片将被添加至iTunes中。打开iTunes应用，在iTunes应用左上方选择"影片"，在"影片"左边栏中选择"家庭视频"，如图4-169所示。

图4-168

图4-169

28 双击影片或将鼠标指针移动到影片上再单击"播放"按钮，即可播放影片，如图4-170所示。

29 在播放界面中单击左下角的"字幕"按钮 ，如图4-171所示。

图4-170

图4-171

30 在菜单中选择"英文隐藏式字幕",如图4-172所示。播放影片,英文隐藏式字幕将被显示,如图4-173所示。

图4-172　　　　　　　　　　　图4-173

31 在iTunes中右击影片,选择"在访达中显示"命令,如图4-174所示。单击后便可以在访达中找到该影片,如图4-175所示。

图4-174

图4-175

> **提示** 新版macOS系统显示为"访达",旧版macOS系统显示为"Finder"。更多视频输出功能将在第14章"视频输出"中讲解,这里仅涉及小部分内容作为演示。

32 Final Cut Pro X默认自动嵌入CEA-608格式的隐藏式字幕。若不需要嵌入,导出时在"视频轨道"右侧单击"字幕",如图4-176所示。

图4-176

33 打开字幕设置对话框,如图4-177所示。

图4-177

34 在"嵌入CEA-608"下拉列表框中选择"无",单击"好"按钮 ,即可不嵌入CEA-608格式的隐藏式字幕,如图4-178所示。

图4-178

▷ **SRT**

SRT格式的隐藏式字幕的编辑方式与ITT格式的几乎相同,但部分功能略有差异。SRT格式的隐藏式字幕支持中文字符,支持被单独导出或导入,支持固定至视频中,但不支持嵌入至视频中。

01 在任务栏中执行"修改>编辑角色"命令,如图4-179所示。

02 在"编辑角色"面板中切换为"字幕"选项卡,再单击"+字幕角色",如图4-180所示。

图4-179　　　　　　　　　　　图4-180

03 在"字幕格式"下拉列表框中选择"SRT",如图4-181所示。单击后可创建SRT字幕角色,如图4-182所示。

图4-181

图4-182

04 将鼠标指针移动到SRT角色上,单击"+语言"可以添加更多语言子角色,如图4-183所示。

图4-183

05 添加"中文（简体）"子角色，单击"应用"按钮 应用，即可完成SRT字幕角色的创建，如图4-184所示。其具体参数设置如图4-185所示。

图4-184　　　　　　　　　　　　　　　　　　　　图4-185

06 将video01导入时间线，如图4-186所示。

图4-186

07 SRT格式的隐藏式字幕和CEA-608格式的一样，需要先添加ITT格式的隐藏式字幕，再将ITT格式转换为SRT格式。将播放头移动到video01中人物第1句话的开始点（时间码为00:00:00:05）。在任务栏中执行"编辑>字幕>添加字幕"命令或按Option+C键，添加ITT格式的隐藏式字幕，如图4-187所示。

08 展开"语言"下拉列表框，选择"中文（简体）"子角色，如图4-188所示。转换后如图4-189所示。

图4-187　　　　　　　　　　图4-188　　　　　　　　　　图4-189

09 根据上述方式为视频添加字幕，完成后如图4-190所示。

图4-190

10 SRT格式与ITT格式的隐藏式字幕都不能被嵌入视频中，但可以被固定在视频中。在任务栏中执行"文件>共享>Apple设备1080p"命令，如图4-191所示。共享对话框如图4-192所示。

图4-191　　　　　　　　　　　　　　　　　　　　图4-192

11 在共享对话框中切换为"角色"选项卡,如图4-193所示;然后单击"视频轨道"右侧的"字幕",如图4-194所示。弹出字幕设置对话框如图4-195所示。

图4-193

图4-194

图4-195

12 在"固定字幕"下拉列表框中选择字幕子角色,这里选择"中文(简体)(SRT)",如图4-196所示。

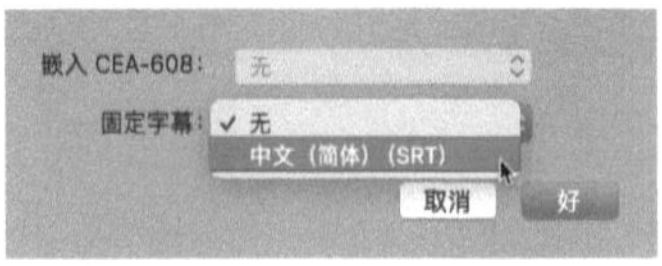

图4-196

13 单击"好"按钮 好 后,即可在"视频轨道"下方看到"固定字幕",最后单击"共享"按钮 共享 ,如图4-197所示。

图4-197

14 在共享面板下方勾选"将每个SRT语言导出为单独文件"后,可以在输出视频文件的同时单独输出字幕文件,如图4-198所示。共享成功后,在iTunes中按照如图4-199所示的步骤,找到影片。

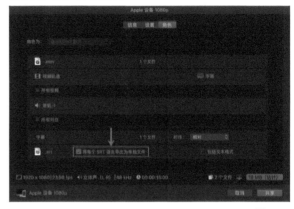

图4-198

图4-199

15 播放影片,如果没有更改过字体颜色,那么SRT格式的隐藏式字幕被固定在视频中时,会以"黑底白字"的形式出现,且不能被单独关闭,如图4-200所示。

图4-200

> **提示** SRT格式的隐藏式字幕支持多行文本,ITT格式的隐藏式字幕和CEA-608格式的隐藏式字幕同样可以固定在视频中,方法与此相同。ITT格式的隐藏式字幕和SRT格式的隐藏式字幕被固定在视频中后都会产生黑色背景,CEA-608格式的隐藏式字幕可以自定义背景颜色。

双击后会单独导出SRT文件,在打开的对话框中单击"选取应用程序",如图4-201所示。

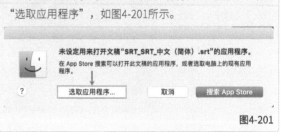

图4-201

在"应用程序"中选择"文本编辑"应用，单击"打开"按钮，如图4-202所示。打开后，可以在"文本编辑"中看到该隐藏式字幕的文本和时间码，如图4-203所示。

图4-202　　　　　　　　　　　　　　　　　　　　　　　　　图4-203

实战 028

标题式字幕

- 素材位置：素材文件>CH04
- 实例位置：实例文件>CH04
- 视频文件：实战028 标题式字幕.mp4
- 学习目标：掌握标题式字幕的制作方法

标题式字幕经常出现在视频的开始阶段，可以将其理解为视频名称的展示。标题式字幕的表现形式通常为字幕动画的形式。

▷ 飞跃无限

01 在本书配套资源中打开"素材文件>CH04>实战028"文件夹，将video02导入"添加字幕"事件中，如图4-204所示。

02 在任务栏中执行"文件>新建>项目"命令或按Command+N键，如图4-205所示。新建项目的具体参数设置如图4-206所示。

图4-204　　　　　　　　　　图4-205　　　　　　　　　　　　　图4-206

03 将video02添加到名为"标题式字幕"的项目中。添加后，"时间线"面板如图4-207所示。

图4-207

04 标题式字幕通常用于影片开头、场景介绍和人物简介等，没有固定的格式要求，Final Cut Pro X预置了一些字幕模板。在"浏览器"面板中单击"字幕和发生器"，单击后按钮变为蓝色。展开"字幕"即可看到所有预置字幕模板，如图4-208所示。

05 在左边栏中选择"构件出现/构件消失"，将鼠标指针移动到"飞跃无限"字幕上，左右移动鼠标指针可以预览字幕效果，如图4-209和图4-210所示。

图4-208

图4-209

提示 这里需要在任务栏中执行"显示>浏览"命令来开启"浏览"功能。

图4-210

06 将"飞跃无限"字幕拖曳到"时间线"面板中video02的上方，如图4-211所示。

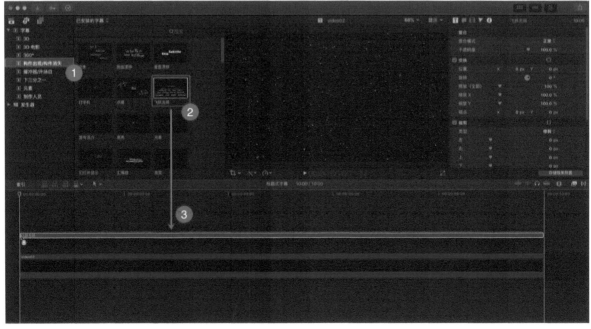

图4-211

07 在"时间线"面板中选中"飞跃无限"字幕，再在"检查器"面板单击"文本检查器" ■，如图4-212所示。

08 "Text"下的文本为预置文本，可以直接删除或替换。单击"文本检查器" ■中的"字幕检查器" Ⅰ，如图4-213所示。

09 在"Text"文本框中同样可以输入文本，例如将"LOREM IPSUM"更改为"Final Cut Pro X"，如图4-214所示。

图4-212　　　　　　　　图4-213　　　　　　　　图4-214

10 播放预览效果，或者将播放头向右（向后）移动，在"检视器"面板中查看效果，如图4-215所示。

图4-215

提示 在"Font"中可更改字体和字体样式；在"Size"中可更改字体大小；在"Color"中可更改文字颜色；在"Speed Control"下拉列表框中有两个速度控制选项，分别为"Fixed"和"Automatic"，调整它们可以更改不同的速度控制，如图4-216所示。

图4-216

11 更改"Scroll Speed"参数，可调整字幕滚动速度。例如将"Scroll Speed"调整为5.0，如图4-217所示。在"检视器"面板中播放查看效果，可以发现字幕滚动速度明显加快。

图4-217

提示 在"飞跃无限"字幕中，字幕长度与滚动速度无关，但如果字幕长度过短，会出现字幕没有滚动结束就消失的问题。

▷ **折叠**

这个案例是为了更好地认识Drop Zone（拖放区）。不管是 Final Cut Pro X中的预置字幕还是第三方字幕插件，Drop Zone（拖放区）的应用都很广泛。

01 将video01和video02导入时间线，如图4-218所示。

02 在"浏览器"面板中单击"字幕和发生器"，在"字幕"中选择"构件出现/构件消失"；在右边栏中找到"折叠"字幕，如图4-219所示。

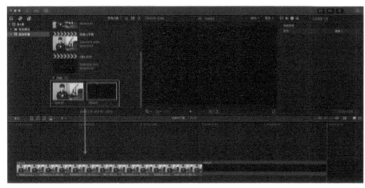

图4-218　　　　　　　　　　　　　　　　　　　　　图4-219

03 将"折叠"字幕拖曳到"时间线"面板中的video02上方，如图4-220所示。

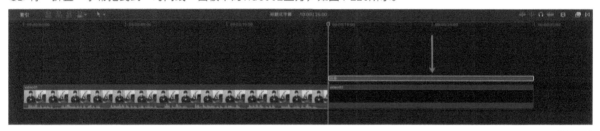

图4-220

04 向右（向后）拖曳"折叠"字幕上的播放头，在"检视器"面板中查看字幕，如图4-221所示。

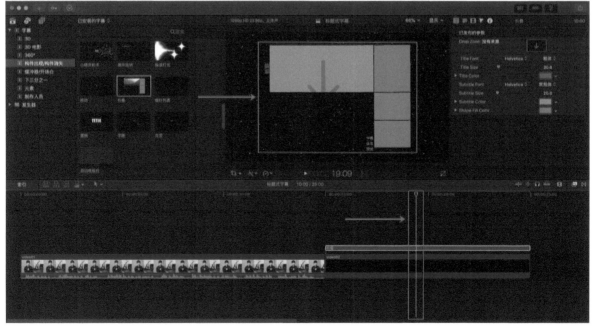

图4-221

05 在"时间线"面板中选中"折叠"字幕，在"检查器"面板中打开"字幕检查器"，"字幕检查器"中将出现
Drop Zone（拖放区），如图4-222所示。

06 将鼠标指针移动到Drop Zone（拖放区），如
图4-223所示。

07 单击Drop Zone（拖放区），"检视器"面板
如图4-224所示。

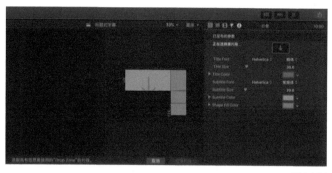

图4-224

图4-222

图4-223

08 此时将鼠标指针移动到"时间线"面板中的video01上，如图4-225所示。

09 "检视器"面板将显
示video01的画面，如图
4-226所示。

图4-225

图4-226

10 单击"时间线"面
板中的video01，选取
video01作为源片段，
Drop Zone（拖放区）和
"检视器"面板都将显示
被选取片段的画面，如图
4-227所示。

图4-227

11 在"检视器"面板中
单击"应用片段"按钮
应用片段，如图4-228所
示。源片段将被应用于
Drop Zone（拖放区），
在"检视器"面板中查看
效果，如图4-229所示。

图4-228

图4-229

12 在"折叠"字幕的"字幕检查器"中更改"Title Color""Subtitle Color""Shape Fill Color"的相关设置，检视器面板对应区域颜色将改变，如图4-230所示。

13 在"检视器"面板双击Drop Zone（拖放区），可再次拖曳调整显示区域，如图4-231所示。

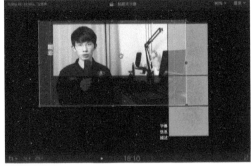

图4-230 图4-231

提示 部分字幕有多个Drop Zone（拖放区），其使用方法与此一致。

14 "折叠"字幕的文本不能直接在"字幕检查器"和"文本检查器"中更改。在"检查器"面板中分别选择"字幕检查器"和"文本检查器"，可看到并没有文本框，如图4-232和图4-233所示。

15 在"检视器"面板双击"标题"文字，Final Cut Pro X会自动跳转至"文本检查器"并出现文本框，如图4-234所示。

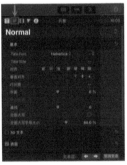
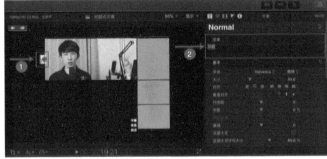

图4-232 图4-233 图4-234

16 当"文本检查器"右下角出现"文本层"时，可以单击左右箭头跳转至上一个或下一个文本层，如图4-235所示。

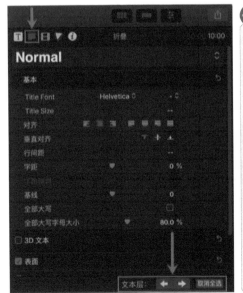

图4-235

提示 当遇到不能直接在"字幕检查器"和"文本检查器"中更改的字幕文本时，只需尝试在"检视器"面板双击文本。

当"折叠"字幕缩短时，效果如图4-236所示。查看播放效果，"折叠"字幕的运动速度将加快；反之，将"折叠"字幕延长，字幕的运动速度将变得相对缓慢。Final Cut Pro X中很多字幕的运动速度都和字幕长度有关。想要调整字幕的运动速度，只需延长或缩短字幕长度。但并非所有字幕的运动速度都跟字幕长度有关，如"飞跃无限"字幕。

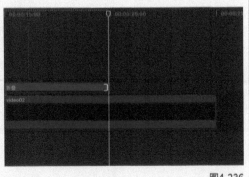

图4-236

▷ 墨水

01 新建项目，其具体参数设置如图4-237所示。

02 在"字幕"中单击"缓冲器/开场白"并找到"墨水"字幕，如图4-238所示。

图4-237

图4-238

03 将video01导入时间线，将"墨水"字幕拖曳到"时间线"面板中的video01上方，如图4-239所示。

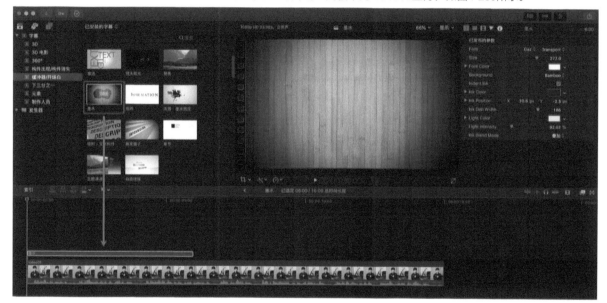

图4-239

04 查看播放效果，"墨水"字幕覆盖了video01。将时间线上的播放头移动到字幕后半段，以便于在"检视器"面板中查看调整后的效果，如图4-240所示。

05 在"时间线"面板中选中"墨水"字幕，在"检查器"面板中单击"字幕检查器"，如图4-241所示。

图4-240

图4-241

06 选择并展开"Background"下拉列表框,选择"None",如图4-242和图4-243所示。字幕下方的视频画面将显示出来,如图4-244所示。

图4-242   图4-243   图4-244

07 将"Background"设置为"Watercolor",如图4-245所示。

08 单击"Light Color"右侧的颜色块,如图4-246所示。

09 打开"颜色"面板,在上方导航栏中选择◉,如图4-247所示。

10 在"颜色"面板中向右上方拖曳控制点(或单击),更改颜色,并向右拖曳下方的滑块调整颜色的明度,如图4-248所示。

11 将"Light Intensity"设置为100.0%,如图4-249所示。

图4-245   图4-246   图4-247   图4-248   图4-249

12 单击"文本检查器",在"文本"文本框中输入"TANE SNAPE",调整"大小"为195.0,如图4-250所示。播放字幕,如图4-251~图4-253所示。

图4-250   图4-251   图4-252   图4-253

> **提示** 延长"墨水"字幕,其运动速度将被减慢;缩短"墨水"字幕,其运动速度将被加快。这里也可将"墨水"字幕拖曳到片段前方,让其在不覆盖其他片段的情况下独立工作,如图4-254所示。

图4-254

13 此时"墨水"字幕被添加至"主要故事情节",如需将字幕移动到"次级故事情节"中,那么只需右击字幕,选择"从故事情节中提取"命令或选中字幕后按Option+Command+"↑"键,如图4-255所示。字幕被移动到"次级故事情节","主要故事情节"被"空隙"代替,如图4-256所示。

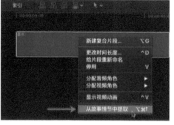 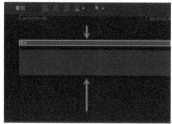

图4-255　　　　　　　　　图4-256

14 添加"空隙",再添加字幕。将时间线上的播放头移动到需要添加"空隙"的位置,这里将播放头移动到时间线的开始点,如图4-257所示。

图4-257

15 在任务栏中执行"编辑>插入发生器>空隙"命令或按Option+W键,如图4-258所示。

16 在时间线上插入"空隙",如图4-259所示。

17 将"墨水"字幕拖曳到"空隙"上方,对字幕进行编辑,如图4-260所示。

18 按A键,调整"空隙"长度和"墨水"字幕长度,如图4-261所示。

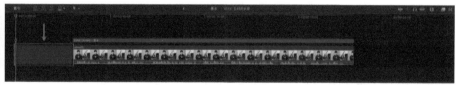

图4-259

图4-258　　　　　　图4-260　　　　　　图4-261

提示 "空隙"没有"媒体余量"的概念,可随意延长或缩短。

▷ 滚动

01 当影片完成后,需要在片尾列出演员及制作人员等,在"浏览器"面板的"字幕"中单击"制作人员",找到"滚动"字幕,如图4-262所示。

02 将"滚动"字幕拖曳到时间线上,如图4-263所示。

图4-262

图4-263

03 先在"时间线"面板
中选中"滚动"字幕，
在"检查器"面板中单
击"文本检查器"，可在
"文本检查器"中编辑文
本、更改字体等，如图
4-264所示。编辑结果将
显示在"检视器"面板
中，如图4-265所示。

图4-264   图4-265

> **提示** "滚动"字幕的滚动速度与字幕长度有关，字幕越长滚动速度越慢，字幕越短滚动速度越快。

实战 029

2D风格字幕

- 素材位置：素材文件>CH04
- 视频文件：实战029 2D风格字幕.mp4
- 实例位置：实例文件>CH04
- 学习目标：掌握2D风格字幕的制作方法

2D风格字幕比较简单，多见于简约风格的视频中。在通常情况下，2D风格字幕的效果以颜色渐变或表面高光为主。

01 将"素材文件>CH04>实战029"文件夹中的video02导入"添加字幕"事件，然后右击video02，选择"新建项目"命令，如图4-266所示，其具体参数设置如图4-267所示。完成后，video02被添加到时间线上，如图4-268所示。

图4-266   图4-267   图4-268

02 在"字幕"中单击"缓冲期/开场白"，找到"基本字幕"，如图4-269所示。

03 将"基本字幕"拖曳到"时间线"面板中的video02上方或按Control+T键，如图4-270所示。

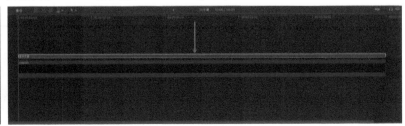

图4-269   图4-270

04 在"时间线"面板中选中"基本字幕",在"检查器"面板单击"文本检查器",在"文本"文本框中输入"TANE SNAPE",如图4-271所示。"检视器"面板将显示输入的文字,如图4-272所示。

图4-271

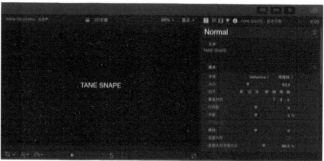

图4-272

05 在"文本检查器"中设置"字体"和"大小",如图4-273所示。"检视器"面板如图4-274所示。

图4-273

图4-274

06 在"文本检查器"中找到"表面"属性,将鼠标指针移动到"表面"右侧并单击"显示",如图4-275所示。

提示 只有将鼠标指针移动到"表面"上才会出现"显示"。

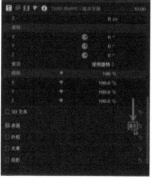

图4-275

07 单击"显示"后,"表面"属性将被展开,如图4-276所示。

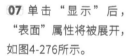

图4-276

08 在"填充以"右侧将"颜色"改为"渐变",再单击"填充以"下方的 ▶,如图4-277所示。"渐变"选项组将被展开,如图4-278所示。

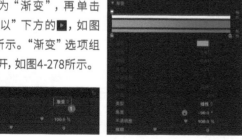

图4-277   图4-278

09 单击渐变颜色条左下角的"RGB1"滑块,如图4-279所示。

图4-279

10 此时,"颜色"被激活,设置"红色"为0.74、"绿色"为0.65、"蓝色"为0.26,如图4-280所示。

图4-280

提示 用户也可在"颜色"右侧单击颜色块打开"颜色"面板选取颜色。

11 单击渐变颜色条右下角的"RGB2"滑块,如图4-281所示。

图4-281

12 将"红色"设置为0.68，"绿色"设置为0.14，"蓝色"设置为0.75，如图4-282所示。"检视器"面板会显示设置完成后的字幕效果，如图4-283所示。

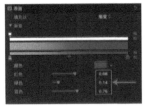

图4-282　　　　　　　　图4-283

13 在"文本检查器"中勾选"外框"选项，并单击"显示"，将"外框"属性展开，如图4-284所示。

14 在"填充以"下拉列表框中将"颜色"更改为"渐变"，并展开"渐变"选项组，如图4-285所示。

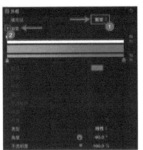

图4-284　　　　　　　　图4-285

15 单击渐变颜色条左下角的"RGB1"滑块，如图4-286所示。

图4-286

16 此时，下方"颜色"被激活，设置"红色"为0.5、"绿色"为0.34、"蓝色"为1.04，如图4-287所示。

图4-287

17 单击渐变颜色条右下角的"RGB2"滑块，如图4-288所示。

图4-288

18 设置"红色"为0.79、"绿色"为−0.09、"蓝色"为0.22，如图4-289所示。

图4-289

19 在"渐变"选项组中设置"模糊"为4、"宽度"为8，如图4-290所示。"检视器"面板会显示设置完成后的字幕效果，如图4-291所示。

图4-290　　　　　　　　图4-291

20 在"文本检查器"中勾选"光晕"选项，并单击"显示"，将"光晕"属性展开，如图4-292所示。

图4-292

21 单击"颜色"右侧的颜色块，如图4-293所示。

22 在"颜色"面板的导航栏中单击◉，选取颜色为青色，并拖曳"颜色"面板左下角的滑块，调整颜色的明度，如图4-294所示。

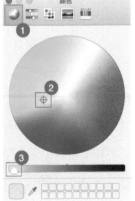

图4-293　　　　　　　　图4-294

23 设置"模糊"为4、"半径"为34.0，如图4-295所示。"检视器"面板将显示效果，如图4-296所示。

图4-295　　　　　　　图4-296

24 在"文本检查器"中勾选"投影"选项，并单击"显示"，将"投影"属性展开，如图4-297所示。

25 在"填充以"下拉列表框中将"颜色"改为"渐变"，并展开"渐变"选项组，如图4-298所示。

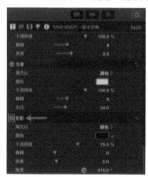
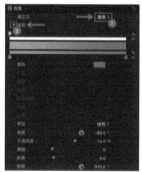

图4-297　　　　　　　图4-298

26 单击渐变颜色条左下角的"RGB1"滑块，如图4-299所示。设置"红色"为0.02、"绿色"为0.2、"蓝色"为1.0，如图4-300所示。

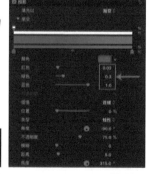

图4-299　　　　　　　图4-300

27 单击渐变颜色条右下角的"RGB2"滑块，如图4-301所示。设置"红色"为1.0、"绿色"为0.15、"蓝色"为0，如图4-302所示。

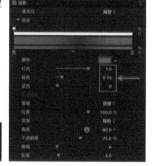

图4-301　　　　　　　图4-302

28 向左拖曳"RGB1"和"RGB2"滑块之间的滑块■，为渐变投影增加红色，如图4-303所示。

29 设置"角度"为-204.9°、"模糊"为10、"距离"为15.0、"角度"为227.3°，如图4-304所示。

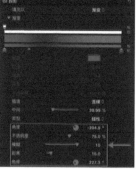

图4-303　　　　　　　图4-304

30 在"文本检查器"的"基本"属性中将"字距"设置为10.0%，如图4-305所示。"检视器"面板将显示字幕的最终效果，如图4-306所示。

图4-305　　　　　　　图4-306

提示 注意，字幕位置不要超出字幕安全区。

31 用户可以将调整好的字幕效果存储在Final Cut Pro X中方便下次使用。在"文本检查器"最上方展开字幕风格下拉列表框，如图4-307所示。

图4-307

32 选择"存储所有格式和外观属性"命令，如图4-308所示。将新预置的名称设置为"TANE SNAPE"，单击"存储"按钮 存储 ，如图4-309所示。

图4-308　　　　　　　图4-309

提示 存储在Final Cut Pro X中的字幕效果将被设置为预设，下次可直接调用，如图4-310所示。

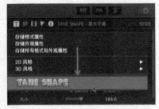

图4-310

例如，先在"时间线"面板中右击"TANE SNAPE-基本字幕"，选择"停用"命令或按V键即可停用该字幕，如图4-311所示。

图4-311

"TANE SNAPE-基本字幕"被停用后会变暗播放时不再显示，在"字幕"中单击"缓冲期/开场白"，找到"基本字幕"，将"基本字幕"拖曳到"TANE SNAPE-基本字幕"上方，如图4-312所示。

图4-312

在"时间线"面板中选中"基本字幕"，再在"检查器"面板中单击"文本检查器"，在"文本"文本框中输入"Final Cut Pro X"，如图4-313所示。

图4-313

在"文本检查器"最上方单击以展开字幕风格下拉列表框，如图4-314所示。

图4-314

选择"TANE SNAPE"预置字幕，如图4-315所示。

图4-315

字幕效果将被应用到"Final Cut Pro X-基本字幕"中，在"检视器"面板中查看效果，如图4-316所示。

图4-316

使用预置后还可以在"文本检查器"中随意更改预置字幕效果的属性和格式。

33 在Final Cut Pro X中，文字颜色不只是双色渐变，还可以根据需要设置多色渐变。展开"渐变"选项组，将鼠标指针移动到颜色渐变条上，如图4-317所示。

图4-317

34 单击渐变颜色条，可在单击的位置添加颜色滑块，如图4-318所示。

图4-318

35 更改滑块颜色。设置"红色"为0.17、"绿色"为0.18、"蓝色"为0.71，如图4-319所示。

图4-319

提示 用户可根据需要添加更多颜色滑块。

36 单击渐变颜色条左上方的白色滑块，如图4-320所示。

图4-320

37 调整"不透明度"为37.06%，如图4-321所示。在"检视器"面板中查看效果，如图4-322所示。

38 Final Cut Pro X预置了2D风格字幕，在"文本检查器"最上方打开字幕风格下拉列表框，如图4-323所示。

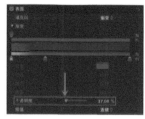

图4-321 　　　　　　　　　　　　　图4-322 　　　　　　　　　　　　　图4-323

39 在字幕风格下拉列表框中执行"2D风格>OFFSET"命令，如图4-324所示。在"检视器"面板中查看效果，如图4-325所示。

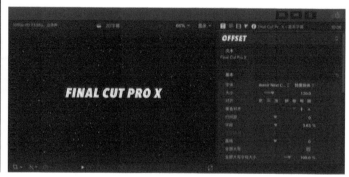

图4-324 　　　　　　　　　　　　　　　　　　　　　　　　图4-325

实战 030　3D风格字幕

- 素材位置：素材文件>CH04
- 实例位置：实例文件>CH04
- 视频文件：实战030 3D风格字幕.mp4
- 学习目标：掌握3D风格字幕的制作方法

3D风格字幕的重点在于将字幕三维化，且具有一定的质感。通常在动画播放过程中，会通过旋转的形式展现字幕的细节效果和质感。

01 在"浏览器"面板中右击video02，选择"新建项目"命令，如图4-326所示；新建项目的具体参数设置如图4-326所示。video02被导入时间线，如图4-327所示。

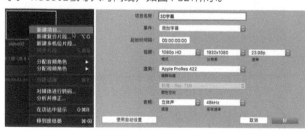
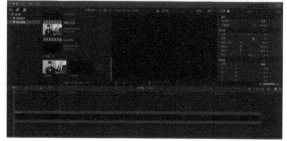

图4-326 　　　　　　　　　　　　　　　　　　　　图4-327

02 在"字幕"中单击"3D",找到"基本3D"字幕,如图4-328所示。将"基本3D"字幕拖曳到video02上方,如图4-329所示。在"检视器"面板中查看字幕效果,如图4-330和图4-331所示。

图4-328

图4-329

图4-330 图4-331

03 "基本3D"字幕是运动字幕。当时间线上的播放头被移动到字幕的开始点时,无法在"检视器"面板中查看字幕编辑效果;这时需要先将时间线上的播放头移动到"基本3D"字幕的中间位置,如图4-332所示。

图4-332

04 在"时间线"面板中选中"基本3D"字幕,单击"检查器"面板中的"文本检查器",在"文本"文本框中输入"TANE SNAPE",按回车键换行,输入第2行文本"FCPX",设置"字体",然后设置"大小"为270.0、"字距"为4.0%,如图4-333所示。在"检视器"面板中查看效果,如图4-334所示。

图4-333 图4-334

05 在"文本"文本框中单独选中第2行文本"FCPX",如图4-335所示。设置字体"大小"为200.0,如图4-336所示。

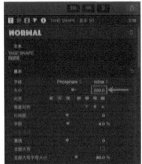

图4-335 图4-336

06 在"检视器"面板中查看效果,第2行文本"FCPX"被调小,但这并不影响第1行文本"TANE SNAPE",如图4-337所示。

图4-337

07 在"文本检查器"中找到"3D文本",设置"深度"为50.0、"深度方向"为"向后"、"粗细"为0.5、"正面边缘"为"双圆边"、"内角"为"圆角",如图4-338所示。在"检视器"面板中查看效果,如图4-339所示。

图4-338 图4-339

08 在"文本检查器"中找到"灯光"属性,将鼠标指针移动到"灯光"右侧,单击"显示",展开"灯光"属性,如图4-340所示。

09 将"灯光样式"设置为"戏剧左上方",勾选并展开"自身阴影"属性,设置"不透明度"为81.86%、"柔和度"为34.0,如图4-341所示。

图4-340 图4-341

10 在"文本检查器"中展开"环境"属性，设置"类型"为"彩色"、"强度"为84.08%、"旋转"为-45.0°，如图4-342所示。在"检视器"面板中查看效果，如图4-343所示。

图4-342　　　　　　　　　图4-343

11 在"文本检查器"中找到"材质"，单击"所有面"，如图4-344所示。选择"金属>Grunge Metal"，如图4-345所示。

图4-344

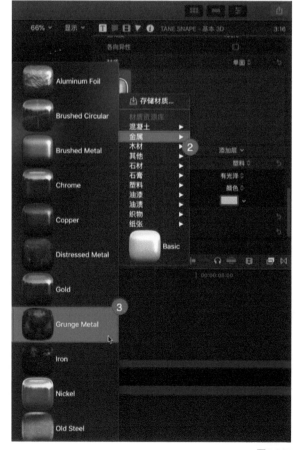

图4-345

12 在"材质"右侧下拉列表框中将"单面"更改为"多面"，如图4-346所示。

13 选择"正面"，展开"表面处理"属性，设置"强度"为71%、"光泽"为41%，如图4-347所示。

图4-346　　　　　　　　　图4-347

14 单击"正面边缘"，选择"金属>Distressed Metal"，将"侧面"设置为"Old Steel"，如图4-348所示。

15 在"文本检查器"中勾选"光晕"选项，如图4-349所示。

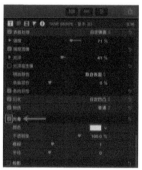

图4-348　　　　　　　　　图4-349

16 单击"颜色"右侧的颜色块，更改颜色，如图4-350所示。

17 在"颜色"面板中选择颜色为红色并更改颜色的明度，如图4-351所示。

图4-350　　　　　　　　　图4-351

18 在"光晕"属性中设置"不透明度"为5.02%、"模糊"为2.34、"半径"为21.0，如图4-352所示。在"检视器"面板中查看效果，如图4-353所示。

图4-352　　　　　　　　　　　　图4-353

> **提示** 制作3D字幕将占用较多系统资源，如果播放时卡顿，需要先对字幕进行渲染，在任务栏中执行"修改>全部渲染"命令或按Control+Shift+R键即可；也可以先在"时间线"面板中选中需要渲染的字幕，在任务栏中执行"修改>渲染所选部分"命令或按Control+R键。在"后台任务"面板（快捷键为Command+9）中查看渲染进度。在计算机硬件配置达标的情况下，渲染完成后播放将不再卡顿。

19 还可以修改"基本3D"字幕的动画风格。在"时间线"面板中选中"TANE SNAPE-基本 3D"字幕，单击"字幕检查器"，设置"Animation Style"为"Swivel Zoom Down"、"Speed：In"为"Constant"、"Fade Duration：In"为0，如图4-354所示。在"检视器"面板中查看字幕效果，可以看到字体运动时具有了翻转效果，如图4-355~图4-358所示。

图4-354

图4-355　　　　　　　　　　　　图4-356

图4-357　　　　　　　　　　　　图4-358

> **提示** "Build In"选项用于启用或停用字幕的进入动画；"Build Out"选项用于启用或停用字幕的消失动画。

20 在"检视器"面板中单击字幕可设置3D字幕的x轴、y轴、z轴的位置及旋转效果，如图4-359所示。

图4-359

21 单击绿色箭头并上下拖曳（拖曳时箭头变为黄色），可修改3D字幕y轴的位置（上下移动），如图4-360和图4-361所示。

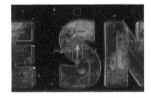 

图4-360　　　　　　　　　　　　图4-361

22 单击红色箭头并左右拖曳（拖曳时箭头变为黄色），可修改3D字幕x轴的位置（左右移动），如图4-362和图4-363所示。

图4-362　　　　　　　　　　　　图4-363

23 单击蓝色圆点并左右拖曳（拖曳时圆点变为黄色），可修改3D字幕z轴的位置（前后移动），如图4-364和图4-365所示。

图4-364　　　　　　　　　　　　图4-365

24 单击上方的空心圆圈并上下拖曳，3D字幕将以x轴为中心旋转，如图4-366和图4-367所示。

图4-366　　　　　　　　　　　　图4-367

25 单击左方空心圆圈并左右拖曳，3D字幕将以y轴为中心旋转，如图4-368和图4-369所示。

26 单击右方空心圆圈并顺时针或逆时针拖曳，字幕将以z轴为中心旋转，如图4-370和图4-371所示。

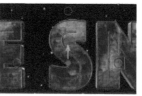

图4-368　　　　　　　　　　图4-369　　　　　　　　　　图4-370　　　　　　　　　　图4-371

27 同样可将3D字幕存储为预置。在"文本检查器"最上方展开字幕风格下拉列表框，如图4-372所示。

28 单击"存储所有格式和外观属性"命令，如图4-373所示。在"存储预置"中输入"TANE SNAPE 3D"，单击"存储"按钮 [存储]，如图4-374所示。自定义预置会被存储于Final Cut Pro X中，下次可直接使用，如图4-375所示。

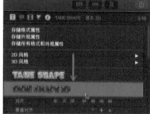

图4-372　　　　　　　　　　图4-373　　　　　　　　　　图4-374　　　　　　　　　　图4-375

29 Final Cut Pro X 中同样预置了3D风格字幕，在"字幕"中将"基本3D"字幕拖曳到"TANE SNAPE-基本 3D"字幕的上方，并将原始3D字幕"TANE SNAPE-基本3D"字幕停用，如图4-376所示。

30 在"时间线"面板中选中"基本3D"，再单击"文本检查器"，在"文本"文本框中输入"TANE SNAPE"，如图4-377所示。

图4-376　　　　　　　　　　　　　　　　　　　图4-377

31 在"文本检查器"最上方展开字幕风格下拉列表框，选择"3D风格>Transparent"，如图4-378所示。播放并在"检视器"面板中查看效果，如图4-379所示。

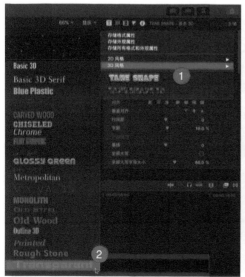

图4-378　　　　　　　　　　　　　　　　　　　图4-379

第 **5** 章

发生器

背景与效果发生器

- 素材位置：素材文件>CH05
- 视频文件：实战031 背景与效果发生器.mp4
- 实例位置：实例文件>CH05
- 学习目标：掌握背景与效果发生器的使用方法

本实战将介绍背景发生器与效果发生器。在通常情况下，剪辑师可以将它们进行搭配使用，具体方法请阅读实战步骤。

背景发生器

效果发生器

▷ **背景发生器**

"发生器"是Final Cut Pro X常用的功能之一，利用"发生器"可以为时间线片段添加背景、占位符和形状等。

01 新建资源库并将其命名为"第5章"，新建事件并将其命名为"发生器"，打开本书配套资源"素材文件>CH05>实战031"文件夹，将video01添加到"发生器"事件中，如图5-1所示。

图5-1

02 在"浏览器"面板中右击video01，选择"新建项目"命令或按Command+N键，如图5-2所示，具体参数设置如图5-3所示。

03 将video01导入"时间线"面板，如图5-4所示。

图5-2

图5-3

图5-4

> **提示** 当video01在时间线上显示的画面过小时，可以在任务栏中执行"显示>缩放至窗口大小"命令或按Shift+Z键，放大时间线上的素材。

04 在"浏览器"面板中单击"字幕和发生器"或按Option+Command+1键，展开"发生器"，在"单色"选项下找到并选中"iMovie"发生器，如图5-5所示。

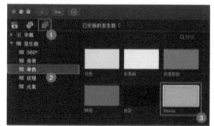

图5-5

05 将"iMovie"发生器拖曳到video01下方，如图5-6所示。

图5-6

06 在"时间线"面板中选中video01（选中后，video01四周出现黄色线框），再单击"检查器"面板中的"视频检查器"，如图5-7所示。

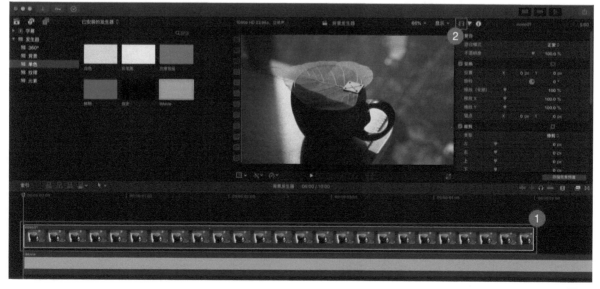

图5-7

07 在"视频检查器"中将"缩放（全部）"设置为80%，如图5-8所示。在"检视器"面板中查看效果，video01的画面被缩小，如图5-9所示。

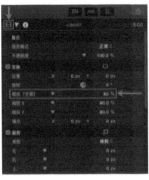

图5-8 　　　　　　　　　　　　　　　　　　　　图5-9

08 "iMovie"发生器默认显示绿色。在"时间线"面板中选中"iMovie"发生器，"iMovie"发生器四周出现黄色线框，然后单击"检查器"面板中的"发生器检查器" ▣，选中后按钮变为蓝色 ▣，如图5-10所示。

> **提示** 只有选中发生器时，"发生器检查器" ▣ 才会显示出来。

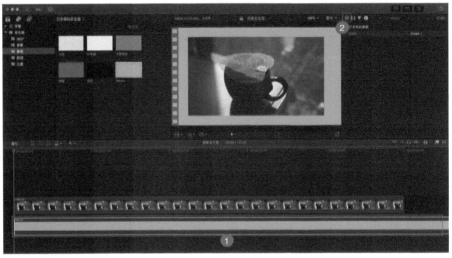

图5-10

09 在"发生器检查器"中将"Color"设置为"Tan"，如图5-11所示。在"检视器"面板中查看效果，如图5-12所示。

图5-11 　　　　　　　图5-12

10 如果需要自定义背景颜色，那么只需要在"单色"下将"自定"发生器拖曳到video01下方，如图5-13所示。

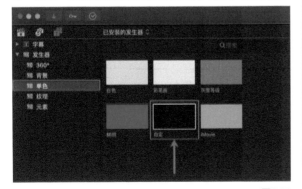

图5-13

11 在"纹理"下找到"石头"发生器，如图5-14所示。拖曳"石头"发生器到时间线"iMovie"发生器上，如图5-15所示。

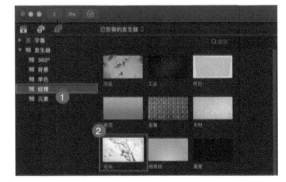

图5-14

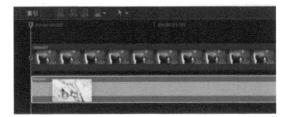

图5-15

12 松开鼠标左键，选择"替换"命令，如图5-16所示。"iMovie"发生器将被替换为"石头"发生器，如图5-17所示。"检视器"面板中将显示替换后的效果，如图5-18所示。

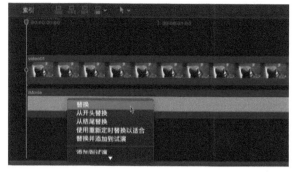

图5-16

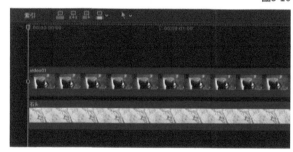

图5-17

图5-18

13 在"时间线"面板中选中"石头"发生器（选中后四周出现黄色线框），如图5-19所示。单击"发生器检查器"，设置"Type"为"Slate"、"Tint Color"为"褐色"、"Tint Amount"为1，如图5-20所示。"检视器"面板将显示设置完成后的效果，如图5-21所示。

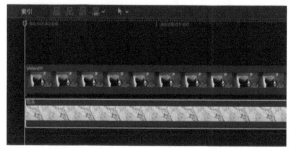

图5-19

图5-20

图5-21

▷ 效果发生器

01 发生器不仅可以用于片段背景，也可以用于片段效果。在"浏览器"面板单击"字幕和发生器"或按Option+Command+1键，展开"发生器"，在"背景"选项下找到"漂移"发生器，如图5-22所示。

图5-22

02 将"漂移"发生器拖曳到video01的上方，如图5-23所示。"检视器"面板将显示出气泡效果，如图5-24所示。

图5-23

图5-24

03 在"时间线"面板中选中"漂移"发生器，单击"检查器"面板中的"发生器检查器"，设置"Shape"为"Sparks"、"Number"为10、"Scale"为9、"Speed"为3、"Random"为35、"Opacity"为90.0%、"Blur Amount"为1.0、"Pattern"为10，如图5-25所示。"检视器"面板显示设置完成后的效果，如图5-26所示。

图5-25

图5-26

提示 当播放卡顿时，需要先进行渲染。

04 "漂移"发生器同样可以用于背景。将"漂移"发生器拖曳到video01下方，如图5-27所示。

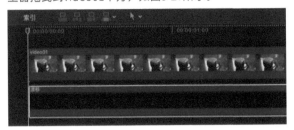

图5-27

图5-28

图5-29

05 在"时间线"面板中选中video01，在"视频检查器"中的"变换"属性中设置"缩放（全部）"为80%，以缩小video01的画面，如图5-28所示。"检视器"面板将显示缩小后的效果，如图5-29所示。

> 🔴 **提示** 第三方发生器插件也会显示在"字幕和发生器"的"发生器"下，不同类型的发生器作用也不尽相同，本节是为了学习如何使用和调整发生器。在Final Cut Pro X中不只是发生器可以用作背景，任何一段视频或图片都可以用作背景。

实战 032 工具发生器

- 素材位置：素材文件>CH05
- 视频文件：实战032 工具发生器.mp4
- 实例位置：实例文件>CH05
- 学习目标：掌握工具发生器的使用方法

工具发生器是Final Cut Pro X中比较常用的发生器。本实战主要介绍"计数""时间码""形状""占位符"等4种工具发生器。

▷ 计数

01 在"浏览器"面板中右击video01，选择"新建项目"命令或按Command+N键，如图5-30所示，具体参数设置如图5-31所示。video01被导入时间线，如图5-32所示。

图5-30

图5-31

图5-32

02 在"浏览器"面板中单击"字幕和发生器"或按Option+Command+1键，展开"发生器"，在"元素"选项下找到"计数"发生器，如图5-33所示。

03 将"计数"发生器拖曳到video01上方，"检视器"面板中将显示"计数"发生器，如图5-34所示。

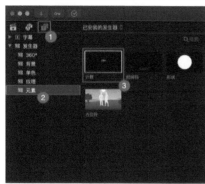

图5-33 图5-34

04 播放查看效果。随着播放头的向右（向后）移动，"计数"发生器也会变化，如图5-35所示。

05 设置"计数"发生器的参数，使"计数"发生器在2秒内从0%变为100%。在时间线上选中"计数"发生器，选中后四周出现黄色线框，单击"检查器"面板中的"发生器检查器"，设置"Color"为黄色、"Format"为"Percent"、"Start"为0、"End"为100、"Minimum Digits"为1，如图5-36所示。

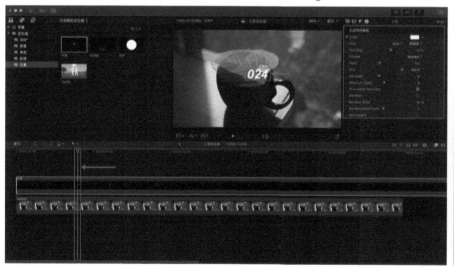

图5-35 图5-36

06 单击"视频检查器"，在"变换"属性中调整"位置"中的"Y"为–420px，使"计数"发生器的位置向下移动，如图5-37所示。"检视器"面板将显示调整后的效果，如图5-38所示。

图5-37 图5-38

> **提示** 调整发生器位置时可以打开"字幕/操作安全区"，防止位置调整过度。

07 在"时间线"面板上右击"计数"发生器，选择"更改时间长度"命令，如图5-39所示。

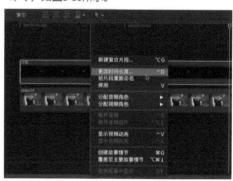

图5-39

08 选择"更改时间长度"后，在弹出的对话框中输入200，可以在"检视器"面板中查看效果，如图5-40所示。

09 输入200后，按回车键，"计数"发生器的时长将更改为2秒，如图5-41所示。

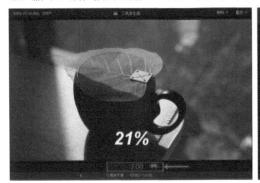

图5-40　　　　　　　　　　　　　　　　　　　　　　　　　　　　　　　图5-41

10 播放查看效果。随着时间线上的播放头向右（向后）移动，"计数"发生器也会变化，如图5-42所示。

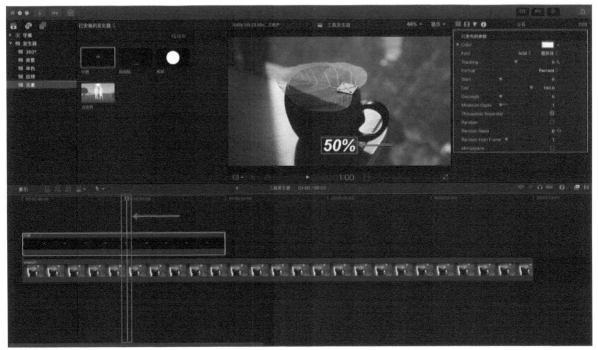

图5-42

▷ 时间码

01 在"浏览器"面板中单击"字幕和发生器"或按Option+Command+1键，展开"发生器"，在"元素"选项中找到"时间码"发生器，如图5-43所示。

图5-43

02 将"时间码"发生器拖曳到video01上方，如图5-44所示。播放video01，"检视器"面板中的"时间码"发生器将根据video01当前的时间码同步显示，如图5-45所示。

图5-44

图5-45

03 在"时间线"面板中选中"时间码"发生器，单击"检查器"面板中的"发生器检查器"，将"Label"文本框中的文本删除，设置"Font Color"为黄色，如图5-46所示。在"检视器"面板中查看效果，如图5-47所示。

图5-46 　　　　　　　　　　　　　　图5-47

04 在"检视器"面板中拖曳"时间码"发生器的锚点，可修改其位置，也可在"发生器检查器"中的"Center"参数中调整其位置，如图5-48所示。

图5-48

▷ **形状**

01 在"浏览器"面板中单击"字幕和发生器"或按Option+Command+1键，展开"发生器"，在"元素"中找到"形状"发生器，如图5-49所示。

图5-49

02 将"形状"发生器拖曳到video01上方，如图5-50所示。在"检视器"面板中查看效果，如图5-51所示。

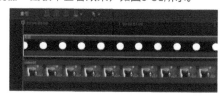

图5-50

图5-51

03 在"时间线"面板中选中"形状"发生器，设置"Shape"为"Arrow"、"Fill Color"为黄色，取消勾选"Outline"选项，如图5-52所示。"检视器"面板将显示设置完成后的效果，如图5-53所示。

图5-52 　　　　　　　　　　　图5-53

提示 "Shape"下拉列表框中预置了很多形状。

04 在"检视器"面板左下方单击 ，显示"变换"控制点，为了方便观看，将右上角"检视器"视图更改为50%，如图5-54所示。

图5-54

提示 因计算机显示器的大小及分辨率不同，所以"检视器"面板的视图设置也不尽相同，可按需设置。

05 在"检视器"面板中找到上方中心控制点，如图5-55所示。

图5-55

06 单击并向下拖曳上方的中心控制点以调整高度，如图5-56所示。

图5-56

07 找到左方中心控制点，如图5-57所示。单击并向右拖曳，改变宽度，如图5-58所示。

图5-57

图5-58

提示 在"视频检查器"的"变换"属性中调整"缩放X"和"缩放Y"可达到相同效果。

08 在"时间线"面板选中"形状"发生器，单击"检查器"面板中的"视频检查器"，拖曳"变换"属性中的"缩放（全部）"右侧滑块，将"缩放（全部）"对应数值更改为50%，如图5-59所示。"检视器"面板将显示设置完成后的效果，如图5-60所示。

图5-59

图5-60

09 拖曳"形状"发生器的锚点修改位置，如图5-61所示。拖曳旋转控制手柄修改"形状"发生器的角度，如图5-62所示。

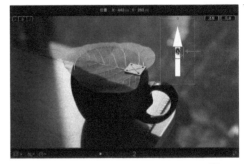

图5-61

图5-62

提示 虽然在"视频检查器"的"变换"属性中修改参数可达到相同结果，但利用"控制点"操作相对来说更加直观。当然每个人操作习惯可能不同，读者可选择适合自己的方法。

▷ **占位符**

"占位符"发生器主要用于填充片段之间的空隙，但与"空隙"不同，"空隙"只占用位置而不覆盖片段，而"占位符"会覆盖片段。当剪辑项目已经开始，而部分镜头还未摄制或制作时，可以利用"占位符"发生器预先填充未完成镜头的位置并对该位置加以标注，减少对整个剪辑项目的时间延误。

01 在"浏览器"面板中单击"字幕和发生器"或按Option+Command+1键，展开"发生器"，在"元素"选项中找到"占位符"发生器，如图5-63所示。

图5-63

02 将"占位符"发生器拖曳到需要的位置上,这里添加至video01的后方,如图5-64所示。

03 将播放头移动到"占位符"发生器上,如图5-65所示。

04 "检视器"面板将显示"占位符"发生器的效果,画面内有一男一女两个人物,景别为远景,天气为晴天,场景为公园(或乡村田园),如图5-66所示。

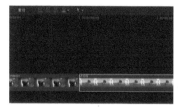

图5-64

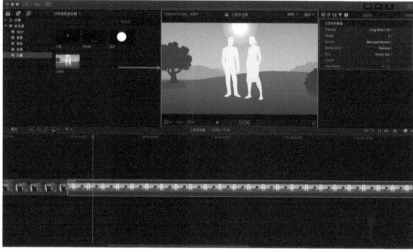

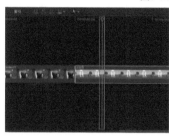

图5-65

图5-66

05 在"时间线"面板中选中"占位符"发生器,单击"检视器"面板中的"发生器检查器",如图5-67所示。

06 "占位符"发生器的参数设置与"检视器"面板中参数显示是一致的。"Framing"中的"Long Shot (LS)"代表景别为远景,"People"中的2代表人物为两人,"Gender"中的"Men and Women"代表画面中为一男一女,"Background"中的"Pastoral"代表背景(场景)为田园,"Sky"中的"Sunny Day"代表天气为晴天。设置"Framing"为"Medium Long Shot (MLS)"、"People"为1、"Gender"为"Men"、"Background"为"Suburban"、"Sky"为"Clear Night",如图5-68所示。

图5-67   图5-68

07 "检视器"面板将显示设置完成后的效果。在上述操作中将"占位符"发生器的画面调整为"一个男人在夜晚的城郊,景别为中景",如图5-69所示。

图5-69

08 在"发生器检查器"中勾选"Interior",可将场景变为室内,并且不会改变之前设置的背景,如图5-70所示。

图5-70

09 在"发生器检查器"中勾选"View Notes"选项,"检视器"面板将开启"注释"功能,如图5-71所示。

图5-71

10 在"检视器"面板中双击"在此处输入注释"即可编辑文字注释,如图5-72所示。

图5-72

第**6**章

关键帧

实战 033

关键帧动画

- 素材位置：素材文件>CH06
- 视频文件：实战033 关键帧动画.mp4
- 实例位置：实例文件>CH06
- 学习目标：掌握关键帧动画的操作方法

本实战主要介绍关键帧动画的操作方法。内容包括"缩放关键帧动画""位置关键帧动画""效果关键帧动画""调整关键帧动画""位置关键帧动画变换"等。这些都是关键帧动画中比较重要的内容，请读者阅读相关步骤认真学习。

▷ **缩放关键帧动画**

关键帧动画是视频后期制作中非常重要的一部分，利用关键帧可为视频制作动画效果。

01 新建资源库并命名为"第6章"，新建事件命名为"关键帧"，如图6-1所示。

02 打开本书配套资源"素材文件>CH06>实战033"文件夹，将video01添加到"关键帧"事件中，如图6-2所示。

图6-1　　　　　　　　　　　　图6-2

03 在"浏览器"面板中右击video01,选择"新建项目"命令或按Command+N键,如图6-3所示。其具体参数设置如图6-4所示。

04 将video01拖曳到"时间线"面板中,如图6-5所示。

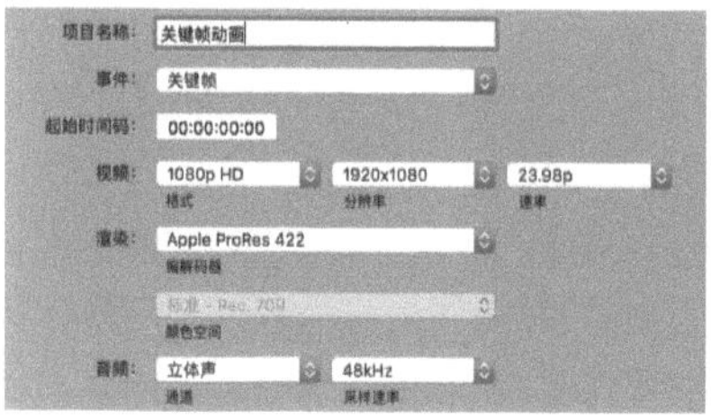

图6-3

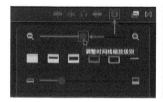

图6-4

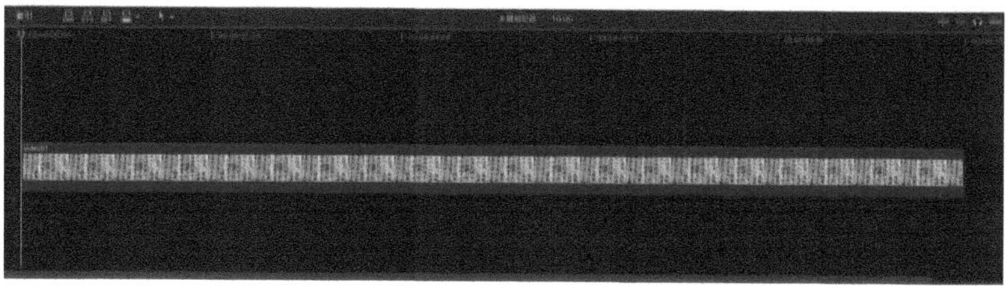

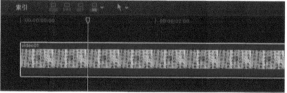

图6-5

05 制作关键帧动画有时需要将片段放大以方便操作。当片段时长较短时,按Shift+Z键将片段放大;当片段时长较长时,在"时间线"面板右上角更改片段在时间线中的外观(调整时间线缩放级别),如图6-6所示。

06 将时间线上的播放头向后移动(时间码为00:00:01:00),如图6-7和图6-8所示。

图6-6   图6-7    图6-8

07 在"时间线"面板中选中video01(选中后四周出现黄色),单击"检查器"面板的"视频检查器",如图6-9所示。

图6-9

08 将鼠标指针移动到"变换"属性下"缩放(全部)"参数右侧,单击"添加关键帧"按钮■,如图6-11所示。

图6-11

> **提示** 在"视频检查器"中,所有右侧带有棱形按钮■的属性参数,包括效果、字幕和发生器等都可以创建关键帧,如图6-10所示。

图6-10

> **提示** 只有当鼠标指针移动到相应参数上时,"添加关键帧"按钮才会出现。单击之后按钮变为黄色,这代表成功创建第1个"缩放(全部)"关键帧,如图6-12所示。
>
> "缩放(全部)"包含"缩放X"和"缩放Y",为"缩放(全部)"创建关键帧后,"缩放X"和"缩放Y"也会自动创建关键帧。

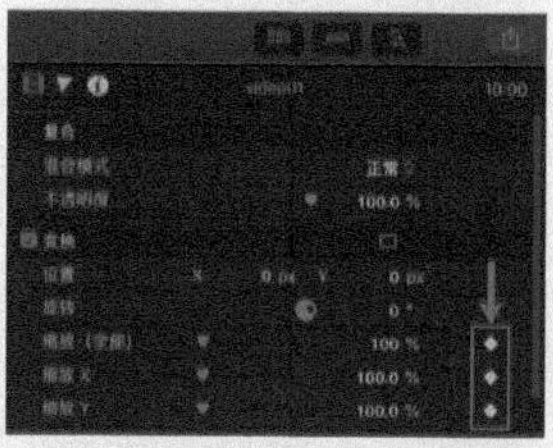

图6-12

09 将播放头向后移动(时间码为00:00:02:00),如图6-13所示。

10 在"视频检查器"的"变换"属性下将"缩放(全部)"更改为50%,设置完成后,Final Cut Pro X将在播放头所在位置自动创建第2个"缩放(全部)"关键帧,同时"添加关键帧"按钮变为黄色,如图6-14所示。

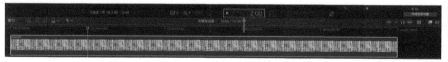

图6-13   图6-14

11 将播放头向后移动（时间码为00:00:03:00），如图6-15所示。

12 将鼠标指针移动到"变换"属性下"缩放（全部）"参数右侧，单击"添加关键帧"按钮，如图6-16所示。

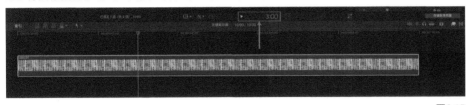 

图6-15　　　　　　　　　　　　　　　　　　　　　　　　　　图6-16

13 添加完成后，Final Cut Pro X将在播放头所在位置创建第3个"缩放（全部）"关键帧，如图6-17所示。

14 将播放头向后移动到时间码为00:00:04:00的位置，如图6-18所示。

 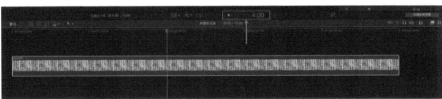

图6-17　　　　　　　　　　　　　　　　　　　　　　　　　　图6-18

15 在"视频检查器"的"变换"属性下将"缩放（全部）"设置为120%，设置完成后，Final Cut Pro X将在播放头所在位置自动创建第4个"缩放（全部）"关键帧，同时"添加关键帧"按钮变为黄色，如图6-19所示。"检视器"面板将显示调整后的效果，如图6-20所示。

16 将播放头向后移动到时间码为00:00:05:00的位置，如图6-21所示。

  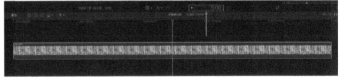

图6-19　　　　　　图6-20　　　　　　　　　　　　　　　　　　图6-21

17 将鼠标指针移动到"变换"属性下"缩放（全部）"参数右侧，单击"添加关键帧"按钮，如图6-22所示。

18 添加完成后，Final Cut Pro X将在播放头所在位置创建第5个"缩放（全部）"关键帧，如图6-23所示。

19 将播放头向后移动到时间码为00:00:06:00的位置，如图6-24所示。

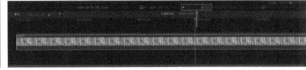

图6-22　　　　　　图6-23　　　　　　　　　　　　　　　　　　图6-24

20 在"视频检查器"的"变换"属性下将"缩放（全部）"更改为50%，设置完成后，Final Cut Pro X将在播放头所在位置自动创建第6个"缩放（全部）"关键帧，同时"添加关键帧"按钮变为黄色，如图6-25所示。

> **💡提示** 播放查看效果，播放到时间码为00:00:01:00处时，video01的画面开始缩小；到时间码为00:00:02:00处时，video01的画面停止缩小，此时video01的画面缩小到初始画面的50%；时间码为00:00:02:00到00:00:03:00间，video01的画面保持在缩小50%的状态不发生变化；播放到时间码为00:00:03:00处时，video01的画面开始放大；到时间码为00:00:04:00处时，video01的画面停止放大，此时video01的画面放大到初始画面的120%；到时间码为00:00:04:00到00:00:05:00间，video01的画面保持在放大120%的状态不发生变化；播放到时间码为00:00:05:00处时，video01的画面开始缩小；到时间码为00:00:06:00处时，video01的画面停止缩小，此时video01的画面缩小到初始画面的50%。

图6-25

▷ 旋转关键帧动画

01 利用同样的方法制作旋转关键帧动画。将播放头向后移动（时间码为00:00:07:00），如图6-26所示。

02 将鼠标指针移动到"变换"属性下"旋转"参数右侧，单击"添加关键帧"按钮■，如图6-27所示。

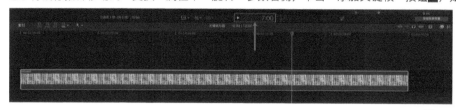

图6-26

图6-27

03 添加完成后，Final Cut Pro X会在播放头所在位置创建第1个"旋转"关键帧，如图6-28所示。

04 将播放头向后移动（时间码为00:00:08:00），如图6-29所示。

图6-28

图6-29

05 在"视频检查器"中将"旋转"更改为90.0°。设置完成后，Final Cut Pro X将在播放头所在位置自动创建第2个"旋转"关键帧，同时"添加关键帧"按钮变为黄色，如图6-30所示。

06 播放查看效果。播放到时间码为00:00:07:00处时，video01的画面开始逆时针旋转；到时间码为00:00:08:00处时，video01的画面停止旋转，此时video01的画面逆时针旋转了90度，如图6-31所示。

图6-30

图6-31

▷ 位置关键帧动画

01 利用同样的方法制作位置关键帧动画。将播放头向后移动（时间码为00:00:09:00），如图6-32所示。

图6-32

02 将鼠标指针移动到"变换"属性下"位置"参数右侧，单击"添加关键帧"按钮■，如图6-33所示。

03 添加完成后，Final Cut Pro X会在播放头所在位置创建第1个"位置"关键帧，如图6-34所示。

04 将播放头向后移动，再调整"位置"参数即可设置位置关键帧动画。但需要注意的是，当关键帧创建在片段的结束点时，播放头需要移动到结束点的前一帧，如图6-35所示。

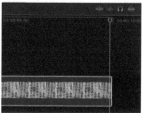

图6-33

图6-34

图6-35

05 在时间线video01中，结束点的前一帧时间码为00:00:09:23，如图6-36所示。

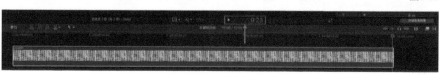

图6-36

06 在"视频检查器"的"变换"属性下将"位置"中的"X"设置为–650.0px，设置完成后，Final Cut Pro X将在时间线播放头处自动创建第2个"位置"关键帧，同时"添加关键帧"按钮变为黄色，如图6-37所示。

07 播放查看效果，播放到时间码为00:00:09:00处，video01的画面开始向左移动；到时间码为00:00:09:23处，video01的画面停止移动，如图6-38所示。

图6-37   图6-38

▷ 效果关键帧动画

01 Final Cut Pro X中的众多效果同样可制作关键帧动画。在"时间线"面板右上角单击▣，打开"效果浏览器"或按Command+5键，打开"效果浏览器"后按钮变为蓝色▣，在"模糊"选项中找到"高斯曲线"效果，如图6-39所示。

02 将"高斯曲线"效果拖曳到video01上以添加效果，如图6-40所示。

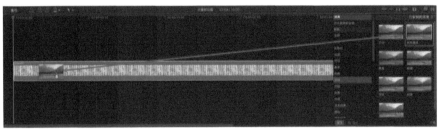

图6-39   图6-40

03 添加完成后，在"检视器"面板中可看到"高斯曲线"的效果，video01的画面变模糊，如图6-41所示。

04 将时间线上的播放头移动到video01的开始点，如图6-42所示。

图6-41   图6-42

05 在"时间线"面板中选中video01，单击"检查器"面板中的"视频检查器"，在"高斯曲线"效果的"Amount"参数右侧单击"添加关键帧"按钮▣，如图6-43所示。

06 添加完成后，Final Cut Pro X会在播放头所在位置创建第1个"高斯曲线"关键帧，同时"添加关键帧"按钮变为黄色，如图6-44所示。

07 将播放头向后移动（时间码为00:00:01:00），如图6-45所示。

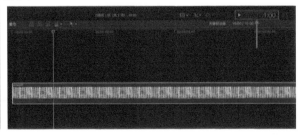

图6-43   图6-44   图6-45

08 将"高斯曲线"中的"Amount"参数设置为0，设置完成后，Final Cut Pro X将在时间线播放头处自动创建第2个"高斯曲线"关键帧，同时"添加关键帧"按钮变为黄色，如图6-46所示。

09 播放查看效果，video01的画面在开始时为模糊状态，在播放过程中逐渐清晰，播放到时间码为00:00:01:00处，video01画面的"高斯曲线"效果完全消失，如图6-47~图6-49所示。

图6-46

图6-47

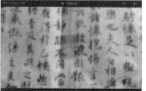
图6-48

图6-49

▷ **调整关键帧动画**

01 关键帧动画创建完成后，还可以再次调整。在"时间线"面板中右击video01，选择"显示视频动画"命令，或先选中video01再按Control+V键，如图6-50所示。

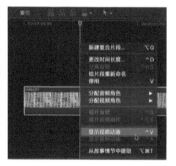
图6-50

图6-51

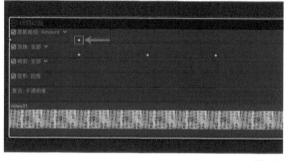
图6-52

02 单击"显示视频动画"后，将打开"视频动画"面板，如图6-51所示。"视频动画"面板中的白色菱形■即代表创建的关键帧。时间线video01中存在"高斯曲线"和"变换"两种关键帧，如图6-52所示。

03 将播放头向后移动（时间码为00:00:02:14），如图6-53所示。

04 在"检查器"面板的"视频检查器"中找到"高斯曲线"效果，在"Amount"参数右侧单击"上一个关键帧"按钮■，如图6-54所示。

图6-53

图6-54

05 单击后，播放头将向左（向前）跳转到"高斯曲线"中"Amount"参数的上一个关键帧位置，如图6-55所示。

06 再次单击"Amount"参数右侧的"上一个关键帧"按钮■，如图6-56所示。

07 播放头将再次向左（向前）跳转到"高斯曲线"中"Amount"参数的上一个关键帧位置，如图6-57所示。

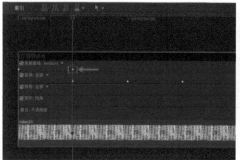
图6-55

图6-56

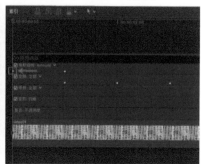
图6-57

08 在"检查器"面板的"视频检查器"中找到"变换"属性，在"位置"参数右侧单击"下一个关键帧"按钮▶，如图6-58所示。播放头将向右（向后）跳转到下一个"位置"关键帧位置，如图6-59所示。

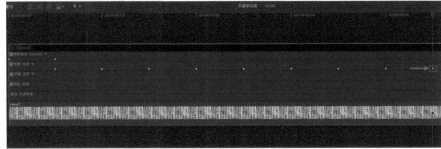

图6-58　　　　　　　　　　　　　　　　　　　　　　　　　　　　　　　　　　　　图6-59

09 同理，可以在"变换"属性下的"缩放（全部）"和"旋转"参数右侧单击"上一个关键帧"和"下一个关键帧"按钮，每一种参数对应的关键帧都是可以独立跳转的，不受其他参数关键帧的影响，如图6-60所示。

10 在"视频动画"面板的"高斯曲线：Amount"右侧单击▽，如图6-61所示。

11 单击后，"高斯曲线：Amount"将被展开，如图6-62所示。

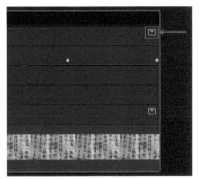

图6-60　　　　　　　　　　　　　　　　　图6-61

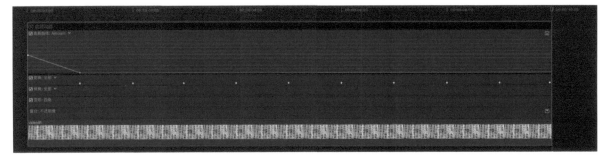

图6-62

12 将鼠标指针移动到"高斯曲线：Amount"的关键帧曲线上，如图6-63所示。

13 右击关键帧曲线，选择"减速"命令，如图6-64所示。关键帧曲线将发生变化，如图6-65所示。

14 播放查看效果，video01中的"高斯曲线"效果的变化速度相对减慢，单击"高斯曲线：Amount"关键帧曲线上的第2个关键帧并向右拖曳，可以改变第2个关键帧的位置，如图6-66所示。播放查看效果，video01中的"高斯曲线"效果将延长并且其变化速度减慢。

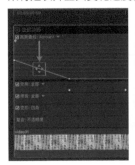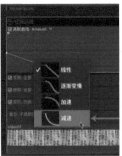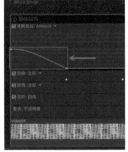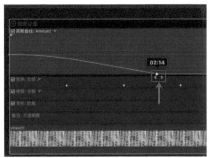

图6-63　　　　　　　　图6-64　　　　　　　　图6-65　　　　　　　　图6-66

15 单击"高斯曲线：Amount"关键帧曲线上的第2个关键帧并向左拖曳，如图6-67所示，播放查看效果，video01画面中的"高斯曲线"效果将缩短并且其变化速度加快。

16 继续单击第2个关键帧并向上下拖曳，可改变"高斯曲线"中"Amount"参数，如图6-68所示。同时"视频检查器"中的"Amount"参数也将随之发生改变，如图6-69所示。

图6-67　　　　　　　　　　　图6-68　　　　　　　　　　　图6-69

17 在"视频动画"面板左上角"高斯曲线：Amount"右侧展开下拉列表框，如图6-70所示。展开后可在"高斯曲线"各个参数间切换，如图6-71所示。

18 将播放头移动到"高斯曲线：Amount"关键帧曲线上的第2个关键帧上，如图6-72所示。

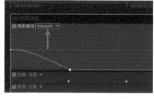  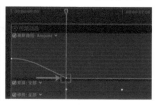

图6-70　　　　　　　　　　　图6-71　　　　　　　　　　　图6-72

> **提示**　并非所有关键帧都可以调整曲线。按住Option键并在曲线上单击鼠标左键可添加关键帧。

19 将鼠标指针移动到"高斯曲线"属性中"Amount"参数右侧，单击黄色关键帧按钮◆，如图6-73所示。

20 单击后，该按钮将变为"删除关键帧"按钮◆，如图6-74所示。

21 单击"删除关键帧"按钮◆，对应关键帧将被删除，如图6-75所示。

22 将鼠标指针移动到关键帧曲线上右击并选择"删除关键帧"命令，也可以删除所选关键帧，如图6-76所示。

图6-73

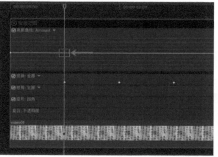 

图6-74　　　　　　　　　　　图6-75　　　　　　　　　　　图6-76

▷ 位置关键帧动画变换

01 在"浏览器"面板中右击video01，选择"新建项目"命令或按Command+N键，如图6-77所示，具体参数设置如图6-77所示。将video01导入"时间线"面板，完成后效果如图6-79所示。

图6-77　　　　　　　　　　　　　　　　　　　　　图6-78

图6-79

02 在"时间线"面板中选中video01，在"视频检查器"下的"变换"属性中将"缩放（全部）"参数设置为25%，缩小video01的画面，如图6-80所示。"检视器"面板将显示效果，如图6-81所示。

03 将播放头移动到时间码为00:00:01:00处，如图6-82所示，并在时间线上方打开video01的"视频动画"面板。

图6-80

图6-81

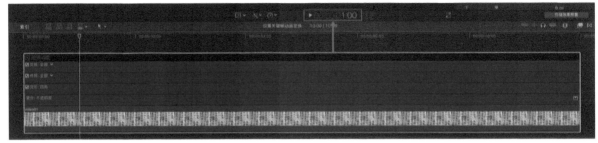

图6-82

04 在"检视器"面板的左下角单击"变换"按钮■，开启"变换"控制点，如图6-83所示。

图6-83

05 按住Shift键，在"检视器"面板中向左拖曳video01的锚点，如图6-84所示。

图6-84

> **提示** 按住Shift键可以保证锚点直线移动。

06 在"检视器"面板的左上角单击"在播放头位置添加新关键帧"按钮◆，如图6-85所示。单击后，Final Cut Pro X将在播放头所在位置创建第1个关键帧，如图6-86所示。

图6-85

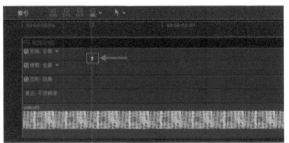

图6-86

07 将播放头向右（向后）移动到时间码为00:00:04:00处，如图6-87所示。

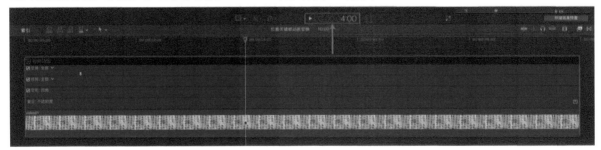

图6-87

08 按住Shift键在"检视器"面板中向右拖曳video01画面的锚点，如图6-88所示。Final Cut Pro X将自动创建第2个关键帧，如图6-89所示。

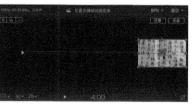

图6-88

图6-89

09 同时"检视器"面板将显示运动路径（红色虚线）和方向指示箭头，如图6-90所示。播放查看效果，video01的画面沿着运动路径常速向右移动。

10 在"检视器"面板中观察运动路径，红色虚线中的短线短且排列紧密，如图6-91所示。

11 在"视频动画"面板中单击"变换：全部"关键帧曲线上的第2个关键帧并向左（向前）拖曳，如图6-92所示。

图6-90

图6-91

图6-92

12 在"检视器"面板中查看运动路径，红色虚线中的短线变长且数量减少，如图6-93所示。播放查看效果，video01的画面将沿着运动路径和方向指示箭头快速移动。

13 在"视频动画"面板中继续单击第2个关键帧并向右（向后）拖曳，如图6-94所示。

图6-93

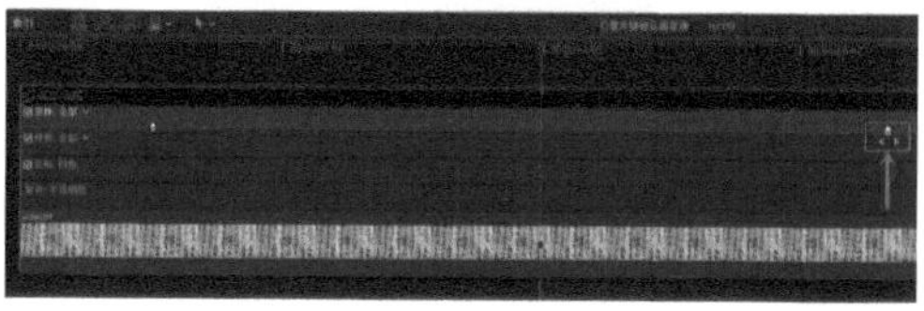

图6-94

> **提示** "检视器"面板中红色虚线中的短线越长，画面运动速度越快。

14 在"检视器"面板中观察运动路径，红色虚线中的短线排列得更加紧密且数量增加，如图6-95所示。播放查看效果，video01的画面将沿着运动路径和方向指示箭头慢速移动。

> **提示** "检视器"面板中红色虚线的短线越短，画面运动速度越慢。

图6-95

15 右击运动路径，选择"添加点"命令，如图6-96所示。单击后，为运动路径添加了"点"，同时左右两侧出现白色控制手柄，如图6-97所示。"视频动画"面板的"变换：全部"中将显示"点"（关键帧），如图6-98所示。

图6-96

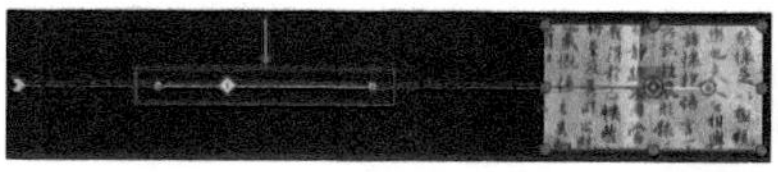

图6-97

图6-98

16 将"点"向左拖曳，如图6-99所示。

17 在"检视器"面板中观察运动路径，如图6-100所示。播放查看效果，video01的画面第1个关键帧到"点"之间的运动速度快，"点"到第2个关键帧之间的运动速度慢。

图6-99

图6-100

> **提示** 可以在运动路径上添加多个"点"。

18 在"检视器"面板中单击"点",将显示video01在"点"的位置的画面,如图6-101所示。

19 在"检视器"面板中向下拖曳并拉长"点"右侧的控制手柄,如图6-102所示。

 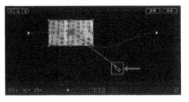

图6-101　　　　　　　　　　　　图6-102

提示 "点"的控制手柄可以往任意方向移动,运动路径的弧度与控制手柄的位置及长度有关。

20 在"检视器"面板中向上拖曳并拉长"点"左侧的控制手柄,如图6-103所示。播放查看效果,video01的画面将沿着变化后的运动路径移动,如图6-104和图6-105所示。

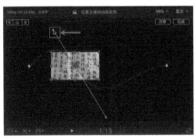 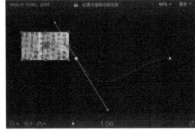 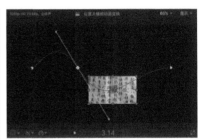

图6-103　　　　　　　　　　图6-104　　　　　　　　　　图6-105

实战 034 关键帧跟踪

- 素材位置:素材文件>CH06
- 实例位置:实例文件>CH06
- 视频文件:实战034 关键帧跟踪.mp4
- 学习目标:掌握关键帧跟踪的操作方法

本实战将主要介绍手动跟踪和马赛克跟踪的操作方法。

▷ **手动跟踪**

01 利用关键帧可以跟踪画面中移动的物体。打开本书配套资源"素材文件>CH06>实战034"文件夹,将video02添加到"关键帧"事件中,如图6-106所示。

02 右击video02,选择"新建项目"命令或按Command+N键,如图6-107所示,具体参数设置如图6-108所示。video01将自动导入"时间线"面板中,如图6-109所示。

图6-106　　　　　　　　　　图6-107　　　　　　　　　　图6-108

图6-109

03 在制作关键帧跟踪时，也需要将时间线上的片段放大以方便操作。当时间线上的片段时长较短时，可以按Shift+Z
键将片段放大；当片段时长较长时，可以在
"时间线"面板的右上角更改片段在时间线
中的外观（调整时间线缩放级别），如图
6-110所示。

04 在"浏览器"面板中单击"字幕和发生
器"按钮，展开"发生器"，在"元素"中
找到"形状"发生器，如图6-111所示。

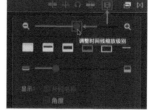

图6-110

图6-111

05 将"形状"发生器拖曳到video02上，如图6-112所示。

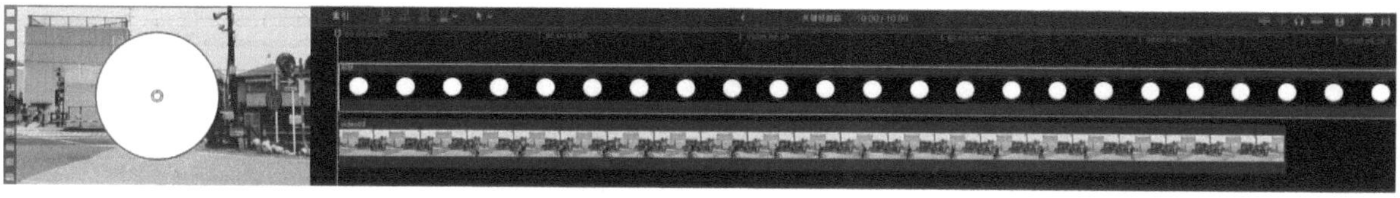

图6-112

06 在"时间线"面板
中修剪"形状"发生器
的长度，使"形状"发
生器与时间线video02对
齐，如图6-113所示。

图6-113

07 利用实战032"工具发生器"中介绍的方法制作黄色指示箭头，如图6-114所示。

08 在"形状"发生器的"视频检查器"中将"变换"属性下的"旋转"设置为180.0°，使"形状"发生器翻转180°，即让黄色
指示箭头朝下，如图6-115所示。

图6-114

图6-115

> **提示** 这里建议打开"变换"控制点。

09 利用"位置"关键
帧让黄色指示箭头随着
video02画面中人物的
移动而移动，将时间线
上的播放头移动到时间
码为00:00:01:17处，使
video02画面中的人物位
于画面中间，如图6-116
所示。

图6-116

10 向上拖曳黄色指示箭头的锚点或在"视频检查器"的"变换"属性下调整"位置"参数的"Y"为172.5px，使黄色指示箭头位于人物头顶；在"变换"属性的"位置"参数右侧单击"添加关键帧"按钮█，添加第1个关键帧，如图6-117所示。

11 在键盘上按"→"键将播放头向右移动一帧（时间码为00:00:01:18），video02画面中的人物向左移动，调整"位置"参数的"X"为-26.2px，使黄色指示箭头也向左移动，继续保持在人物头顶，同时Final Cut Pro X将自动创建第2个关键帧，如图6-118所示。

图6-117

图6-118

12 在键盘上按"→"键，将播放头向右移动一帧（时间码为00:00:01:19），video02画面中的人物向左移动，调整"位置"参数的"X"为-48.9px，使黄色指示箭头也向左移动，继续保持在人物头顶，同时Final Cut Pro X将自动创建第3个关键帧，如图6-119所示。

图6-119

13 使用同样的方法制作接下来的关键帧。先在键盘上按"→"键将播放头向右移动一帧，调整"形状"发生器的位置，位置调整完毕后再在键盘上按"→"键，将播放头继续向右移动一帧，调整"形状"发生器位置，以此类推，直到黄色指示箭头跟随人物完全移出画面，如图6-120~图6-123所示。

图6-120

图6-121

图6-122

图6-123

14 完成后将播放头再次移动到时间码为00:00:01:17的位置，如图6-124所示。

15 在键盘上按"←"键，将播放头向左移动一帧（时间码为00:00:01:16），video02画面中的人物向右移动，调整"位置"参数的"X"为16.0px，使黄色箭头也向右移动继续保持在人物头顶，如图6-125所示。

16 在键盘上按"←"键，将播放头向左移动一帧（时间码为00:00:01:15），video02中的人物向右移动，在"视频检查器"的"变换"属性下调整"位置"参数的"X"为63.0px，使黄色指示箭头也向右移动，继续保持在人物头顶，如图6-126所示。

图6-124

图6-125

图6-126

17 使用同样的方法制作接下来的关键帧。先在键盘上按"←"键将播放头向左移动一帧，调整"形状"发生器的位置，调整完毕后再在键盘上按"←"键，将播放头继续向左移动一帧，调整"形状"发生器的位置，以此类推，直到黄色指示箭头跟随人物完全移出画面，如图6-127~图6-130所示。播放当前效果，"形状"发生器的黄色指示箭头将随着人物的移动而移动。

图6-127

图6-128

图6-129

图6-130

提示 此种跟踪方式被称为手动跟踪。以帧为单位的手动跟踪效果上更加顺滑，但同时也增加了工作量。利用手动跟踪的方式跟踪某一特定物体或人物，创建位置关键帧的同时还可以创建缩放关键帧，在调整位置的同时调整画面的缩放比例。

▷ **马赛克跟踪**

01 在"浏览器"面板中打开"效果浏览器"或按Command+5键，在"风格化"中将"删减"效果拖曳到"时间线"面板中的video02上，如图6-131所示。"检视器"面板的效果如图6-132所示。

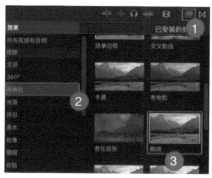
图6-131

图6-132

02 将时间线上的播放头移动到时间码为00:00:01:17的位置，选中video01，在"视频检查器"中设置"删减"属性中的"Radius"为80.0，调整"删减"范围，如图6-133所示。

03 在"删减"属性中的"Center"右侧单击"添加关键帧"按钮，创建第1个关键帧，完成后关键帧按钮变为黄色，如图6-134所示。

图6-133

图6-134

04 在键盘上按"→"键将播放头向右移动一帧（时间码为00:00:01:18），video02画面中人物向左移动；设置"删减"属性中"Center"参数的"X"为−0.03px，使"删减"效果也向左移动，继续保持在人物头顶，同时Final Cut Pro X将自动创建第2个关键帧，如图6-135所示。

图6-135

提示 使用同样的方法制作接下来的关键帧。按"→"键将播放头向右移动一帧，调整"Center"参数的"X"值，继续按"→"键将播放头向右移动一帧，再调整的"Center"参数的"X"值。以此类推，直到"删减"效果跟随人物完全移出画面。完成后播放头移动到时间码为00:00:01:17处，在键盘上按"←"键，将播放头向左移动一帧，调整"Center"参数的"X"值，同理，继续上述操作，直到"删减"效果跟随人物完全移出画面。

第7章

音频处理

实战 035 认识音频配置

- 素材位置：素材文件>CH07
- 视频文件：实战035 认识音频配置.mp4
- 实例位置：实例文件>CH07
- 学习目标：掌握音频配置的方法

　　音频是影片中非常重要的一部分，他的重要性甚至超过视频，因为人们在观看影片时往往能够忍受普通的画质，却不能忍受糟糕的声音。

01 新建资源库并将其命名为"第7章"，新建事件并将其命名为"音频处理"，打开本书配套资源"素材文件>CH07>实战035"文件夹，将video01和video02添加到"音频处理"事件中，如图7-1所示。

02 在任务栏中执行"文件>新建>项目"命令或按Command+N键，如图7-2所示，具体参数设置如图7-3所示。

图7-1

图7-2

图7-3

03 将video01和video02导入时间线，如图7-4所示。

图7-4

04 在"时间线"面板中选中video02（选中后四周出现黄色线框），如图7-5所示。

图7-5

05 单击"检查器"面板中的"音频检查器"按钮，单击后按钮变为蓝色，如图7-6所示。

图7-6

> **提示** 只有选中的音频片段或视频片段中包含音频，"检查器"面板才会显示"音频检查器"按钮。

06 将鼠标指针移动到"音频检查器"的"音频配置"上，如图7-7所示。

07 单击并向上拖曳，展开"音频配置"面板，在"音频配置"中可看到video02中的音频为"立体声"，如图7-8所示。

08 在任务栏中执行"片段 > 展开音频"命令或按Control+S键，如图7-9所示。

图7-8

图7-7 　　　　　　　　图7-9

09 在"时间线"面板中右击video02，选择"展开音频"命令或按Control+S键，如图7-10所示。单击后可在时间线上展开video02的音频，如图7-11所示。

图7-10

图7-11

> **提示** 双击视频中的音频波形也可以展开音频。

10 再次右击video02，选择"折叠音频"命令或按Control+S键，即可将video02的音频折叠，如图7-12所示。

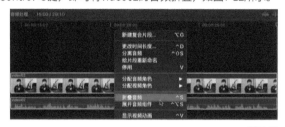

图7-12

11 右击video02，选择"展开音频组件"命令或按Control+ Option+S键，如图7-13所示。

图7-13

12 单击后即可展开"音频组件"，在"音频配置"中可以看到video02的音频为"立体声"。展开"音频组件"后，可看到"时间线"面板中仅有一条音频组件，如图7-14所示。

图7-14

13 在"音频检查器"的"音频配置"中将"立体声"更改为"双单声道"，如图7-15所示。时间线video02下方也将显示两条音频组件，如图7-16所示。

图7-15

图7-16

14 每一条音频通道都可以被单独关闭，在"音频配置"中取消勾选即可，如图7-17所示。

图7-17

> **提示** Final Cut Pro X还支持"5.1环绕声"和"7.1环绕声"。当影片中包含这些时，可以在"音频配置"中管理。大部分摄像机都带有录音功能，在连接了外置麦克风的情况下，部分摄像机并不会完全关闭自身的录音功能，可以在"音频配置"中管理这些音频通道，保留效果最好的音频通道，关闭效果差的音频通道。
>
> 5.1环绕声：左通道、中置通道、右通道、左环绕声通道、右环绕声通道和低频效果通道，其中低频效果通道通常又被称为低音炮效果。
>
> 7.1环绕声：左通道、中置通道、右通道、左环绕声通道、右环绕声通道、左后通道、右后通道和低频效果通道。

要想播放5.1环绕声和7.1环绕声需要有相关硬件的支持，当只有立体声音响时，只播放左通道和右通道的声音。

15 在"时间线"面板中再次右击video02，选择"折叠音频组件"命令或按Control+Option+S键，即可将时间线video02的音频组件折叠，如图7-18所示。

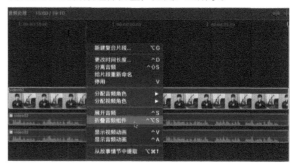

图7-18

> **提示** 选择"分离音频"或按Control+Shift+S键，可以将时间线上的视频和音频分离；分离后，除了按Command+Z键撤销上一步操作外，无法再将时间线上的音频与视频折叠。

调整电平（音量）

- 素材位置：素材文件>CH07
- 视频文件：实战036 调整电平（音量）.mp4
- 实例位置：实例文件>CH07
- 学习目标：掌握调整电平（音量）的方法

在剪辑时会将不同的片段组合在一起，它们可能使用了不同的摄像机进行拍摄，或者不同的麦克风进行收音，这些片段的声音电平（音量）不尽相同，在播放时或许会遇到上一个镜头声音太大、下一个镜头声音太小等状况。因此将不同片段的声音电平调整平衡非常重要。音频中常见的问题还有音量过高，这会导致音频失真，非常影响视听体验。这些问题都可以通过调整电平来改善。

01 在任务栏中执行"窗口>在工作区中显示>音频指示器"命令或按Shift+Command+8键，打开"音频指示器"，如图7-19所示。

图7-19

> **提示** 用户也可以在时间码的右侧单击"音频指示器"按钮，如图7-20所示。

图7-20

02 "音频指示器"将在"时间线"面板的右侧打开，如图7-21所示。

03 拖曳"音频指示器"的边缘可将其放大，如图7-22所示。

图7-21

图7-22

> **提示** "音频指示器"左侧数值最高为6，最低为-∞（无限小/静音）；"音频指示器"下方"L"代表"左通道"（左声道），"R"代表"右通道"（右声道）。在播放影片时，"音频指示器"将会实时显示播放头所在位置的声音电平，如图7-23所示。

当音频为"立体声"时，"音频指示器"中将显示"L"和"R"两条通道；当音频为"5.1环绕声"或"7.1环绕声"时，"音频指示器"将显示更多通道。

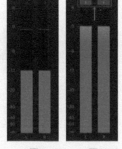

当电平高于0dB时，"音频指示器"上方将出现红色警告，这代表音量过高，如图7-24所示。

图7-23　　图7-24

剪辑时会在"时间线"面板中添加背景音乐或叠加音效，但不管添加多少个背景音乐，叠加多少个音效，影片总音量都不能超过0dB。影片中的人物对白音量一般保持在-12dB，这样做是为了留出更多空间为影片添加背景音乐或音效。另外，可将影片中的撞击声和爆炸声等音效的音量相对调高以突出效果，但不能超过0dB。

影片中人物对白的音量一般保持在-12dB，这是一个参考值。影院或剧院都会采用音量较高的音响设备为观众带去极致的听觉体验，但当影片在计算机或手机等设备上播放时，音响效果并不会有影院或剧院那么好，可根据实际需求调高人物对白的音量。

▷ **在任务栏中调整电平（音量）**

01 播放video01并观察"音频指示器"，video01中有多处音频音量超过0dB，先在"时间线"面板中选中video01，选中后四周出现黄色线框，如图7-25所示。

图7-25

02 在任务栏中执行"修改>调整音量>调低（-1dB）"命令或按Control+"-"键，如图7-26所示。执行命令后播放video01，观察"音频指示器"，红色警告消失，同时video01的音频波形也发生变化，如图7-27所示。

图7-26

图7-27

提示 在任务栏中多次执行"修改>调整音量>调低

（-1dB）"命令可调低音量，音量每次减少1dB；在任务栏中多次执行"修改>调整音量>调高（+1dB）命令或按Control+"="键可调高音量，音量每次增加1dB。

▷ **在"检查器"面板中调整电平（音量）**

01 在"时间线"面板中选中video01，单击"检查器"面板中的"音频检查器"按钮，单击后变为蓝色，如图7-28所示。

02 在"音频检查器"中向左拖曳"音量"滑块可调低音量，向右拖曳"音量"滑块可调高音量，也可以直接单击数字并输入数值。将"音量"调整为-10.0dB，如图7-29所示。

图7-28　　图7-29

03 调整后video01的音频音量将被降低10dB，"时间线"面板中video01的音频波形也将发生变化，如图7-30所示。

图7-30

04 将鼠标指针移动到"音频检查器"中"音量"的右侧，单击"还原"按钮，即可将音量恢复为原始状态，如图7-31所示。

图7-31

提示 只有鼠标移动到"音量"上，"还原"按钮才会显示。

▷ **在"时间线"面板中调整电平（音量）**

01 调整时间线的"片段显示"和"片段高度"有利于在"时间线"面板中调整音量，如图7-32所示。"时间线"面板中video01的音频波形如图7-33所示。

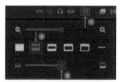

图7-32

图7-33

提示 显示器大小和分辨率不同，调整后得到的结果也会不同，请按需调整。

02 将鼠标指针移动到video01的音量调整线（细横线）上，如图7-34所示。

03 向下拖曳音量调整线可调低音量，向上拖曳音量调整线可调高音量，同时video01的音频波形将随之变化，如图7-35所示。

图7-34　　　　　　　　　　　　　　　　　　　　图7-35

▷ 使用关键帧调整局部电平（音量）

将时间线上的片段放大有利于使用关键帧调整音量，如图7-36所示。

图7-36

01 在video01时间码为00:00:04:20的位置可听到"啪"的一声，这是录制环境中的杂音，需要对其进行调整。按住Option键在杂音所在位置的左侧（时间码为00:00:04:18）单击音量调整线，添加第1个关键帧，如图7-37所示。

02 按住Option键在杂音所在位置单击音量调整线，添加第2个关键帧，如图7-38所示。

图7-37　　　　　　　　　　图7-38

03 按住Option键在杂音所在位置的右侧单击音量调整线，添加第3个关键帧，如图7-39所示。

04 在音量调整线上单击中间第2个关键帧并向下拖曳，如图7-40所示。播放video01并试听效果，杂音得到明显改善。

图7-39　　　　　　　　　　图7-40

05 右击音量调整线上第2个关键帧并选择"删除关键帧"命令，可删除关键帧，如图7-41所示。

06 在上述操作中建立了3个关键帧以调整杂音，还可以建立4个关键帧进行调整。按住Option键单击音量调整线，在杂音所在位置的左侧建立第1个和第2个关键帧，再

在杂音所在位置的右侧建立第3个和第4个关键帧，如图7-42所示。

图7-41　　　　　　　　　　图7-42

07 向下拖曳第2个和第3个关键帧之间的音量调整线，即可改善或消除"啪"的杂音，如图7-43所示。

08 单击并左右拖曳音量调整线上任意一个关键帧可修改这个关键帧的位置，如图7-44所示。

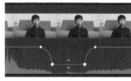
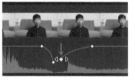

图7-43　　　　　　　　　　图7-44

09 按住Shift键单击关键帧可以同时选中音量调整线上的多个关键帧，选中后关键帧的颜色变为黄色，如图7-45所示。

10 拖曳任意一个关键帧可同时移动多个已选关键帧的位置，如图7-46所示。

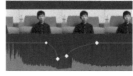

图7-45　　　　　　　　　　图7-46

11 用户也可利用4个关键帧局部调整片段音量，如图7-47和图7-48所示。

图7-47

图7-48

提示 为音量创建了关键帧后，不能再在"音频检查器"和"时间线"面板中调整整体音量，需要在任

务栏中执行"修改>调整音量>调低（-1dB）"命令（Control+"-"）或"修改>调整音量>调高（+1dB）"命令（Control+"="）调整整体音量。

▷ **相对/绝对调整电平（音量）**

01 在"时间线"面板中选择video01后，执行"修改>调整音量>绝对"命令或按Control+Option+L键，如图7-49所示。

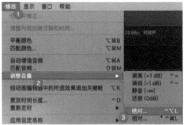

图7-49

02 "检视器"面板的下方（原时间码显示器处）将显示"绝对"dB值的调整面板，如图7-50所示。

图7-50

03 在"绝对"dB值的调整面板中输入正数可调高电平，输入负数可调低电平，同时将移除所有音量关键帧。例如在调整面板中输入−2，如图7-51所示。

04 输入后按回车键，在"时间线"面板中观察video01，video01的所有音量关键帧被移除，如图7-52所示。

图7-51

图7-52

05 同时video01声音电平被整体调低了2dB，可在"音频检查器"中查看，如图7-53所示。

06 按Command+Z键撤销上一步操作，恢复video01的音量关键帧，撤销后如图7-54所示。

07 在"时间线"面板中选择video01，执行"修改>调整音量>相对"命令或按Control+Command+L键，如图7-55所示。

图7-53

图7-54

图7-55

08 "检视器"面板的下方（原时间码显示器处）将显示"相对"dB值的调整面板，如图7-56所示。

图7-56

09 在"相对"dB值的调整面板中输入正数可以调高电平（音量），输入负数可以调低电平，同时将保留所有音量关键帧，例如在调整面板中输入-5，如图7-57所示。

图7-57

10 输入后按回车键，在"时间线"面板中观察video01，video01的所有音量关键帧被保留，如图7-58所示。

图7-58

11 同时video01的整体音量被调低了-5dB，可以在"音频检查器"中查看，如图7-59所示。

图7-59

提示 如果之前已经将音量调整为-2dB，再调整"相对"dB值为-5，那么整体音量将变为-7dB；如果之前已

经将音量调整为2dB，再调整"相对"dB值为-5，那么整体音量将变为-3dB。

▷ **使用"范围选择"工具调整局部电平（音量）**

01 选择"范围选择"工具（或按R键），如图7-60所示。使用"范围选择"工具在时间线video01上拖曳选取一个范围，如图7-61所示。

图7-60　　　　　　　　　　　图7-61

02 向上或向下拖曳音量调整线即可调整所选范围内片段的音量，同时Final Cut Pro X将自动在音量调整线上创建4个音量关键帧，如图7-62所示。

图7-62

实战 037　**音频摇移**

● 素材位置：素材文件>CH07　　　　● 实例位置：实例文件>CH07
● 视频文件：实战037 音频摇移.mp4　● 学习目标：掌握音频摇移的操作方法

　　在生活中，物体发声具有一定的方向性，因此可以利用耳朵"听声辨位"——即使看不到物体也能通过声音分辨发声物体的大概位置。通过摄像机和麦克风录制的声音往往缺少空间感，例如为演员佩戴无线麦克风后，无论演员在什么位置，录制的声音都是不变的，无法进行"听声辨位"。利用音频摇移可以在后期中增加声音的空间感。

▷ **立体声**

01 在"时间线"面板中选中video02，单击"音频检查器"，找到"声相"属性，将"模式"设置为"立体声左/右"，如图7-63所示。

02 播放video02，同时在"音频检查器"的"声相"属性中左右拖曳"数量"滑块，试听效果，如图7-64所示。当"数量"为0时，左右声道声音均衡；当"数量"为-100.0时，只有左声道有声音；当"数量"为100.0时，只有右声道有声音。

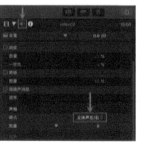

图7-63　　　　　　　　　　　图7-64

提示 立体声音响含有左右两个声道。部分立体声音响有两台设备，一台只播放左声道，一台只播放右声道，还有一部分立体声音响将左右声道整合在一台设备上。声音体验和音响质量及音响摆放的位置有关，当使用计算机或外置音响体验不明显时，建议戴上耳机。在剪辑时也建议尽量戴上耳机再调整音频，这样可以在增加听觉体验的同时尽量避免错误的产生。

03 利用关键帧可以制作音频摇移动画。将播放头移动到时间线video02上时间码为00:00:16:02的位置，如图7-65所示。

04 在"数量"右侧单击"添加关键帧"按钮■，添加完成后按钮变为黄色，这代表成功添加第1个关键帧，如图7-66所示。

图7-65   图7-66

05 将播放头向后移动（时间码为00:00:18:12），如图7-67所示。

06 将"数量"设置为-100，Final Cut Pro X 将自动创建第2个关键帧，如图7-68所示。

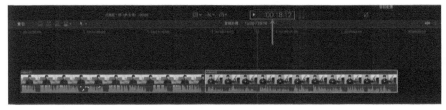

图7-67   图7-68

07 将播放头向后移动（时间码为00:00:22:15），如图7-69所示。

08 将"数量"设置为100.0，Final Cut Pro X 将自动创建第3个关键帧，如图7-70所示。

图7-69   图7-70

09 将播放头向后移动（时间码为00:00:25:07），如图7-71所示。

10 将"数量"设置为0，Final Cut Pro X 将自动创建第4个关键帧，完成后播放video02，监听音频效果并查看"音频指示器"的变化，如图7-72所示。

图7-71   图7-72

11 在"时间线"面板中右击video02，选择"显示音频动画"命令或按Control+A键，如图7-73所示。

12 显示"音频动画"面板后，单击"音频动画"面板右下角的■，如图7-74所示。

> **提示** 也可以在任务栏中执行"片段>显示音频动画"命令。

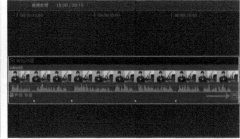

图7-73   图7-74

13 "声相：数量"关键帧编辑器将被展开，编辑方法与实战033"关键帧动画"一致，如图7-75所示。

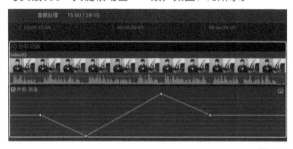

图7-75

▷ **环绕声**

与立体声相比，环绕声有着更好的听觉体验。由于环绕声音响组要比立体声音响更昂贵，所以其普及度并没有立体声音响高。影院一般都配有环绕声音响设备。随着硬件的发展，越来越多的视频网站开始支持环绕声。要想体验环绕声，一方面需要影片本身制作了环绕声，另一方面需要环绕声音响组作为硬件支持。

01 在"浏览器"面板中选中"音频处理"项目，如图7-76所示。

图7-76

02 选中项目后，在"检查器"面板中单击"修改"按钮，如图7-77所示。

图7-77

03 在项目设置对话框中将"通道"设置为"环绕声"，如图7-78所示。"音频指示器"也将发生变化，如图7-79所示。

04 在"时间线"面板中选中video01，单击"音频检查器"，将"声相"属性中的"模式"设置为"基本环绕声"，如图7-80所示。

图7-78

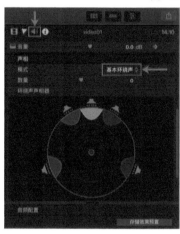

图7-79　　　　　　图7-80

05 播放video02，同时拖曳"环绕声声相器"监听效果，如图7-81所示。

06 "环绕声声相器"中的喇叭图标对应环绕声音响组，喇叭图标前的白点越多表示对应音响的音量越高。将鼠标指针放置在"环绕声声相器"的右上角，单击可将"环绕声声相器"还原，如图7-82所示。

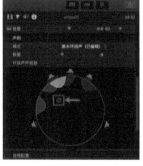

图7-81　　　　　　图7-82

07 也可以利用环绕声制作关键帧动画。将时间线上的播放头移动到时间码为00:00:01:09的位置，如图7-83所示。

图7-83

08 在"声相"中"数量"的右侧单击"添加关键帧"按钮█，添加完成后按钮变为黄色，代表成功添加了第1个关键帧，如图7-84所示。

09 将播放头移动到时间码为00:00:04:21的位置，如图7-85所示。

图7-84

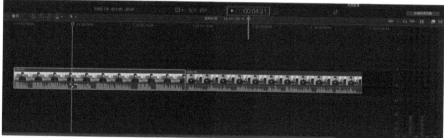

图7-85

10 将"数量"更改为-100.0，Final Cut Pro X 将自动创建第2个关键帧，如图7-86所示。

11 将播放头移动到时间码为00:00:08:06的位置，如图7-87所示。

图7-86

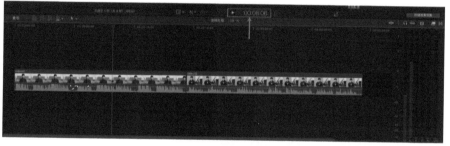

图7-87

12 将"数量"设置为100.0，Final Cut Pro X 将自动创建第3个关键帧，如图7-88所示。

13 将播放头移动到时间码为00:00:11:16的位置，如图7-89所示。

图7-88

图7-89

14 将"数量"更改为0，Final Cut Pro X 将自动创建第4个关键帧，如图7-90所示。完成后播放video01，监听效果并查看"音频指示器"的变化。

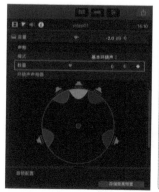

图7-90

> **提示** 使用立体声设备无法完整体验环绕声效果。
>
> "声相"中还有众多模式可供剪辑时使用，如图7-91所示。
>
> 另外，剪辑时一定要做音频摇移吗？其实这并不是必须要做的事情，还是要看制作的是什么项目、导演或自己对影片的要求等。实际上大多数环绕声影片都使用了环绕声录音设备，而不是简单地将立体声转换为环绕声。

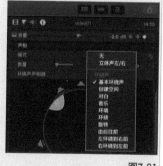

图7-91

实战 038 音频降噪

- 素材位置：素材文件>CH07
- 视频文件：实战038 音频降噪.mp4
- 实例位置：实例文件>CH07
- 学习目标：掌握音频降噪的方法

除非是在专业录音棚里录音，否则无法避免噪声。录音环境非常重要，越安静越好。如果在室内录音，那么还要注意墙壁回音和各种电器发出的噪声，如空调、冰箱和风扇等，在录音时最好关闭这些无关设备。Final Cut Pro X提供了简单的降噪方法，但并非任何形式的噪声都可以被去除。

01 video01是一个带有噪声的片段。在"时间线"面板选中video01，在"音频检查器"中的"音频增强"右侧单击"显示"将其展开，如图7-92所示。展开后如图7-93所示。

图7-92

图7-93

02 在"音频增强"中勾选"降噪"，如图7-94所示。

图7-94

03 播放video01并监听效果，在展开的"音频增强"中拖曳"数量"滑块可以调整降噪级别，如图7-95所示。

图7-95

> **提示** 在降噪的同时声音将会在一定程度上失真。如果在前期录制时，声音音量较低，那么在后期将音量调高时，噪声也将随之调高；如果在前期录制时，声音音量较高，那么在将音量调低时，噪声也将随之降低。因此声音的前期录制很重要。

04 在"音频分析"右侧单击▦，Final Cut Pro X将自动分析音频问题并做出相应修复，如图7-96所示。

图7-96

> **提示** 并非任何音频问题都可以在后期修复，想要获得良好的音频效果，还是要有良好的录音环境和录音设备。

实战 039 音频渐变

- 素材位置：素材文件>CH07
- 视频文件：实战039 音频渐变.mp4
- 实例位置：实例文件>CH07
- 学习目标：掌握音频渐变的处理方法

▷ 在任务栏中调整音频渐变

在实战014"添加音频效果"中，介绍了在时间线上设置音频渐变的基本方法，此处不再赘述。本实战将介绍其他调整音频渐变的方法。

01 在"时间线"面板中选中需要调整音频渐变的片段，此处以video02为例，在任务栏中执行"修改>调整音量>应用淡入淡出"命令，如图7-97所示。

02 软件将自动设置video02音频的淡入和淡出，在时间线上拖曳"音频淡入"和"音频淡出"控制点可以进行自定义调节，如图7-98所示。

图7-97

图7-98

提示 在任务栏中执行"修改>调整音量>移除淡入淡出"命令，可以将片段的淡入淡出效果移除；执行"修改>调整音量>切换淡入"命令，可以移除音频淡入效果；执行"修改>调整音量>切换淡出"命令可以移除音频淡出效果。

▷ 多段音乐渐变

当事先选定好音乐时，可以根据音乐的时长进行拍摄和剪辑，这样能更好地利用音乐的时长。若非如此，在一个剪辑项目中用户可能会使用到多段音乐，简单地将两段或多段音乐按顺序堆放在时间线上会显得生硬，这时使用一些小技巧便可以在两段或多段音乐间顺滑过渡。

01 在"浏览器"面板中单击"照片和音频"或按Shift+Command+1键，选择"声音效果"，在"浏览器"面板的右上角选择"过场音乐"分类，找到"极乐世界（中）"和"光舞"，如图7-99所示。

02 如果在时间线上的音频上方有视频，可以先将视频停用。在"时间线"面板中选中video01和video02，按V键将

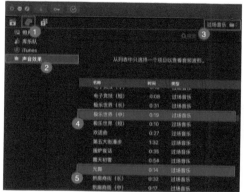

其停用，停用后video01和video02将变为灰色，将"光舞"放在video01下方，将"极乐世界（中）"的开头叠加在"光舞"的结尾，如图7-100所示。

图7-99　　　　　　　　　　　　　　　　　　图7-100

提示 在"时间线"面板中选中片段，再按V键可以启用。

03 打开"音频指示器"，播放并观察"光舞"和"极乐世界（中）"的平均电平，可看出"光舞"的平均电平要高于"极乐世界（中）"，将"光舞"的电平整体调低-2dB，使两段音频的电平平衡，如图7-101所示。

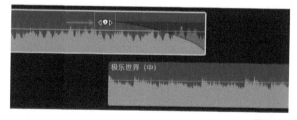

图7-103

05 右击"光舞"的"音频淡出"控制点，选择"-3dB"命令，如图7-104所示。"光舞"的"音频淡出"曲线如图7-105所示。

图7-101

图7-104

04 将鼠标指针移动到"光舞"结束位置的"音频淡出"控制点上，如图7-102所示。向左拖曳"音频淡出"控制点，如图7-103所示。

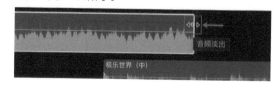

图7-102

图7-105

06 将鼠标指针移动到"极乐世界（中）"开始点的"音频淡入"控制点上，如图7-106所示。向右拖曳该"音频淡入"控制点，如图7-107所示。播放并监听效果。不同风格音乐的调整方式不尽相同，调整音频的淡入淡出后再调整曲线，反复播放音频、监听效果和调整，直到达到最佳效果。

提示 最后应整体降低背景音乐的音量，避免背景音乐影响人物对白。

图7-106

图7-107

07 在两段音乐之间添加"交叉叠化"转场效果，将"光舞"和"极乐世界（中）"依次添加到时间线上，如图7-108所示。

图7-108

08 添加"交叉叠化"转场效果需要"媒体余量"的支持。按A键，单击并向左拖曳"光舞"的结束点，如图7-109所示。

09 向右拖曳"极乐世界（中）"的开始点，如图7-110所示。

图7-109

图7-110

10 向左拖曳"极乐世界（中）"并将两段音频连接到一起，如图7-111所示。

11 为"光舞"和"极乐世界（中）"添加"交叉叠化"转场，如图7-112所示。调整转场的长度，播放并监听效果。

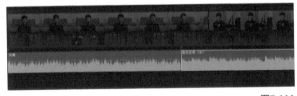

图7-111

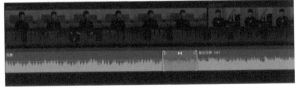

图7-112

提示 "交叉叠化"转场的长度与"媒体余量"的长度有关。

实战
040

音频回避

● 素材位置：素材文件>CH07
● 视频文件：实战040 音频回避.mp4

● 实例位置：实例文件>CH07
● 学习目标：掌握音频回避的操作方法

　　在一段视频剪辑中可能既有人物对白又有背景音乐，有时不希望背景音乐是一成不变的。没有播放到人物对白时，背景音乐的音量稍大；当播放到人物对白时，背景音乐的音量变小。这就是音频回避。

01 打开本书配套资源"素材文件>CH07>实战040"文件夹，将video03和video04添加"音频处理"事件中。新建项目并命名为"音频回避"，设置"事件"为"音频处理"，"视频"的"格式"为1080p HD，"分辨率"为1920×1080、"速率"为23.98p，"渲染"为Apple ProRes 422，"音频"的"通道"为"立体声"、"采样速率"为48kHz，依次将video03、video02和video04导入"音频回避"项目的"时间线"面板上，如图7-113所示。

图7-113

02 在"浏览器"面板中单击"照片和音频"或按Shift+Command+1键，选择"声音效果"，在"浏览器"面板的右上角选择"过场音乐"分类，找到"滑板尖翻（长）"，如图7-114所示。

03 将"滑板尖翻（长）"添加到时间线上，如图7-115所示。

图7-114

图7-115

04 调整片段显示模式和片段高度，放大时间线上的片段，以便调整音频回避，如图7-116所示。

05 按住Option键，在video03和video02的连接处单击"滑板尖翻（长）"的音量调整线，创建第1个关键帧，如图7-117所示。

06 按住Option键，在video02中人物说话前单击"滑板尖翻（长）"的音量调整线，创建第2个关键帧，如图7-118所示。

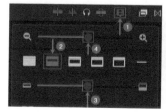

图7-116

图7-117

图7-118

07 单击并向下拖曳第2个关键帧，如图7-119所示。

图7-119

提示 向上拖曳可以提高音量，向下拖曳可以降低音量。

08 单击第2个关键帧并左右拖曳，可以更改第2个关键帧的位置，如图7-120所示。

图7-120

提示 按住Shift键单击音量调整线上的两个关键帧可以将两个关键帧全部选中，左右拖曳其中任意一个选中的关键帧可以同时移动它们位置。

09 播放"音频回避"项目并监听效果。现在video02中人物说话时，背景音乐将自动回避（音乐音量降低）。在时间线上找到video02和video04的连接处，按住Option键单击背景音乐的音量调整线，创建第3个和第4个关键帧，如图7-121所示。

图7-121

10 向上拖曳第4个关键帧，如图7-122所示。播放"音频回避"项目并监听效果，在video02中人物结束说话时，背景音乐将自动结束回避（背景音乐音量提高）。调整关键帧位置直到获得最佳效果。

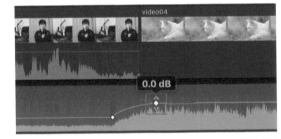

图7-122

实战 041　拆分编辑

● 素材位置：素材文件>CH07　　● 实例位置：实例文件>CH07
● 视频文件：实战041 拆分编辑.mp4　　● 学习目标：掌握拆分编辑的方法

　　我们经常在电影或电视剧中见到"拆分编辑"，例如有片段A和片段B两个镜头，在镜头还未切换到片段B之前，先将片段B的声音引入到片段A中，然后再将镜头切换到片段B，这就是"拆分编辑"。"拆分编辑"也可以用作转场。

01 在"时间线"面板中右击video02并选择"展开音频"命令，或者选中片段后按Control+S键，如图7-123所示。展开音频后如图7-124所示。

图7-123　　　　　　　　　　　　　　　　　　图7-124

02 将鼠标指针移动到video02的开始点，按A键，单击并向右拖曳以修剪video02，完成后播放查看效果，如图7-125所示。

03 右击video02，选择"折叠音频"命令或按Control+S键，如图7-126所示。

图7-125

图7-126

04 使用"折叠音频"后，video02的部分音频波形将被隐藏，播放video02，"折叠音频"并不影响"拆分编辑"，如图7-127所示。

05 再次展开音频，可以在时间线上显示video02的全部音频波形，如图7-128所示。

图7-127

图7-128

06 选中video02，在任务栏中执行"修剪>将音频对齐到视频"命令，如图7-129所示。完成后，video02的音频和视频的时间线将对齐，如图7-130所示。播放结果，将音频时间线与视频时间线对齐后将关闭"拆分编辑"。

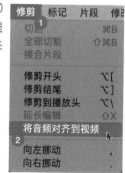

图7-129

图7-130

第 8 章

音频效果

认识均衡器

实战 042

- 素材位置：素材文件>CH08
- 视频文件：实战042 认识均衡器.mp4
- 实例位置：实例文件>CH08
- 学习目标：认识均衡器的相关参数

音频并不是视频的附带品，而是一个独立的模块。在之前的内容中介绍了一些关于音频的知识，但Final Cut Pro X并不能够完全覆盖，为此苹果公司开发了Logic Pro X，用于音频领域的创作、编辑和混音。均衡器（Equalizer，EQ）可以调节音频中各个频率的音量，以方便对音频进行补偿、修复和调整。每一个音频片段都可以使用均衡器来处理。

01 新建资源库并命名为"第8章"，新建事件并命名为"音频效果"，打开配套资源"素材文件>CH08>实战042"文件夹，将video01添加到"音频效果"事件中，如图8-1所示。

02 新建项目，设置"项目名称"为"音频处理"，"事件"为"音频处理"，"视频"的"格式"为"1080p HD"、"分辨率"为1920×1080、"速率"为23.98p，"渲染"的"编解码器"为"Apple ProRes 422"，"音频"的"通道"为"立体声"、"采样速率"为48kHz，单击"好"按钮 ▇▇▇ 完成项目设置。video01将被自动导入时间线，如图8-2所示。

图8-1

图8-2

03 在"时间线"面板中选中video01，单击"音频检查器"中的"显示高级均衡器UI"工具▦，如图8-3所示。打开"图形均衡器"，上方横向显示音频频段，默认为10频段，范围为32Hz~16kHz，左侧竖向显示电平调节范围，最高为20dB，最低为−20dB，如图8-4所示。

图8-3

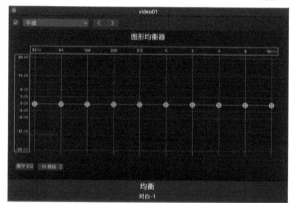

图8-4

> **提示** 在"音频检查器"中需要展开"音频增强"，才能看到"显示高级均衡器UI"工具▦。

04 在"图形均衡器"中向上拖曳控制点，可以增加对应频段的电平；向下拖曳控制点，可以减少对应频段的电平，如图8-5所示。

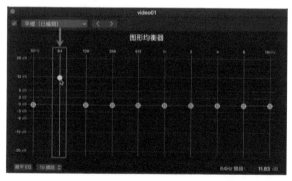

图8-5

05 Final Cut Pro X的"图形均衡器"中提供了一些可供选择的预设。展开均衡器左上角的下拉列表框，选择"低音增强"预设，如图8-6所示。

图8-6

06 观察"图形均衡器"，32Hz~512Hz频段的电平被不同程度地提高，如图8-7所示。

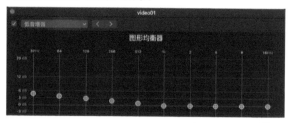

图8-7

07 将预设切换为"低音减弱"，观察"图形均衡器"，32Hz~512Hz频段的电平被不同程度地降低，如图8-8所示。可以自行播放video01并监听效果。

图8-8

> **提示** 音频中的大部分噪声来自低频部分，降低低频频段的电平可以减少噪声。如果是在比较嘈杂的环境中拍摄的视频，如建筑工地，那么大部分噪声可能来自高频部分，使用"高音减弱"预设既可以降低高频频段的电平，也可以帮助减少噪声。注意，不管是调节哪个频段的电平，都会影响到音频中的人声部分。

08 将预设更改为"人声增强"，观察"图形均衡器"，播放video01并监听效果，video01中的人物声音将得到一定程度的增强，如图8-9所示。

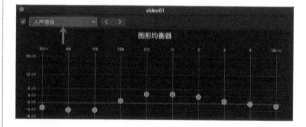

图8-9

> **提示** 对音频进行的任何调节都会使音频中的人声部分听起来"不像原来的声音"，因此最好还是要根据影片需求对音频进行调节。例如，影片要在嘈杂的广场或商场播放，人物声音是否失真并不是首先要考虑的因素，而应考虑"是否听得到"，如果不能被听到，那么再优美、再还原的声音也无济于事。读者可以尝试在"人声增强"预设的基础上调整各个频段的电平，监听人声效果。

09 在"图形均衡器"左下角的下拉列表框中将频段切换为"31频段",如图8-10所示。

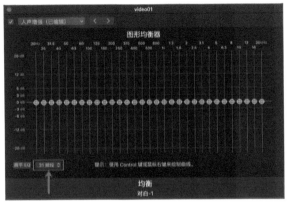

图8-10

10 "图形均衡器"将显示31个音频频段,为声音调节提供更多空间,按住Control键在"图形均衡器"中单击并移动位置,可根据鼠标指针的移动轨迹绘制曲线,如图8-11所示。

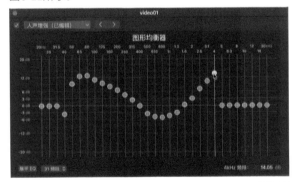

图8-11

11 单击"图形均衡器"左下角的"展平EQ"按钮,可还原音频曲线,如图8-12所示。

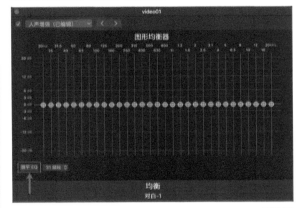

图8-12

提示 在不打开"图形均衡器"的情况下也可以直接应用预设,如图8-13和图8-14所示。

图8-13 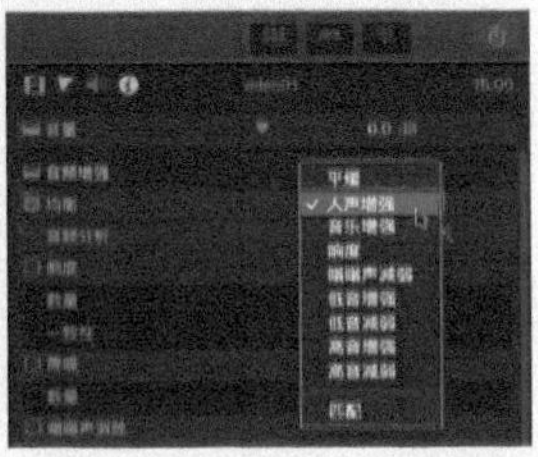　　　　　　　　图8-14

另外,在"音频检查器"中取消勾选"均衡"选项可关闭该效果,如图8-15所示。

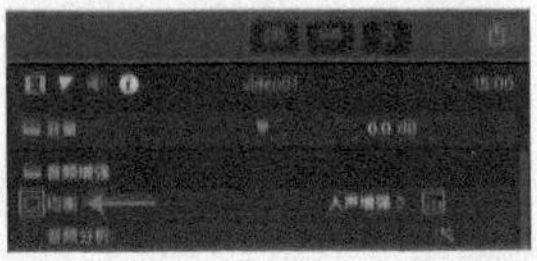

图8-15

实战 043　使用音频效果

- 素材位置:素材文件>CH08
- 视频文件:实战043 使用音频效果.mp4
- 实例位置:实例文件>CH08
- 学习目标:掌握使用音频效果的方法

打开"效果浏览器"面板或按Command+5键,找到音频效果,如图8-16所示。将效果拖曳到片段上(或选中片段后双击效果)即可应用效果。

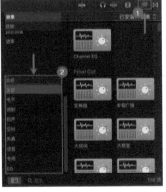

图8-16

▷ **电平效果**

"限制器"(Limiter)在Final Cut Pro X不同版本中的功能不同,主要以Final Cut Pro X 10.4.3版本为分界线。

01 在音频效果的"电平"分类中找到"限制器"效果,如图8-17所示。

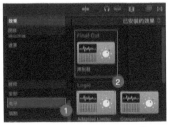

图8-17

02 拖曳"限制器"效果到"时间线"面板中的video01上,如图8-18所示。

图8-18

03 先在"时间线"面板中选中video01,单击"检查器"面板中的"音频检查器",在"效果"中找到"限制器",如图8-19所示。单击"限制器"右下角的▦,如图8-20所示。打开"高级效果编辑器UI",如图8-21所示。

图8-19　　　　　　图8-20

图8-21

提示 在Final Cut Pro X 10.4.3版本及更早版本中,"限制器"可以限制音频中高频部分的音量,使高频部分的音量不超过0dB,在使用限制器后,即使再次调高片段的整体音量,总音量仍然不会超过0dB。通常"限制器"用于影片最终输出前的最后一步:提高对白或整体音量。

04 默认"限制器"的"Gain"参数为0.0dB,代表将音频音量最高限制为0.0dB。在"音频检查器"中调整"音量"为12.0dB,如图8-22所示。

图8-22

05 video01的整体音量提高,但高频部分的音量仍不超过0dB。修改"Gain"参数为-10.0dB(逆时针方向拖曳"Gain"旋钮调低参数值,顺时针方向拖曳"Gain"旋钮调高参数值,其他效果旋钮的调整方式与此一致),如图8-23所示。

图8-23

提示 "限制器"将片段的最高音量限制在-10dB,拖曳"数量"滑块也可以对片段音量做出微调,如图8-24所示。

图8-24

06 勾选"限制器"效果,按Delete键可将效果删除,取消勾选可在不删除效果的情况下关闭效果,如图8-25所示。

图8-25

07 将鼠标指针移动到"限制器"效果右上角单击下拉箭头,单击"还原参数"命令即可还原效果参数,如图8-26所示。

图8-26

提示 在Final Cut Pro X 10.4.4版本中,苹果公司更改了限制器的工作方式,限制器效果不能再限制外部音量的调整(图8-22所示即为外部调整),所有的增益和限制都集中在自身效果中,"高级效果编辑器UI"没有发生变化,如图8-27所示。

图8-27

当前"Gain"参数为0.0dB,代表不产生限制,也不产生增益。调整"Gain"参数为+10dB,播放影片监听声音并观察"音频指示器",音频音量提高了10dB,但影片整体音量仍不超过0dB。

左侧的"INPUT"用于显示实际输入的电平，"REDUCTION"用于显示增益减少量，"OUTPUT"用于显示受限后的输出量。右侧的"Release"用于设定信号降低到临界点后，停止处理信号所需的时间；"Output Level"用于设定信号输出；"Lookahead"用于设定分析信号所需的时间，时间越短，相应限制器做出反应的时间就越短；"Mode"用于选择算法模式，默认为"Precision"，还可以选择"Legacy"；"True Peak Detection"用于检测信号样本的峰值，默认为关闭状态。

除了限制器效果外，读者还可以使用"Adaptive Limiter"效果达到类似的增益效果，如图8-28所示。

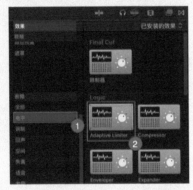

图8-28

将"Adaptive Limiter"效果拖曳到video01上，在"视频检查器"的"效果"中找到"Adaptive Limiter"并单击█，打开"高级效果编辑器UI"，如图8-29所示。

图8-29

"Adaptive Limiter"效果可以增益音频且能够使音频整体音量不高于0dB，"Gain"参数的范围为0~12dB，代表最高可增益12dB。将"Gain"参数调整为12.0dB，播放影片，观察音频指示器，影片整体音量不会高于0dB。

"Out Ceiling"用于限制信号输出的最大值，超过这个值的信号都将被限制在这个值以下；"Lookahead"用于设定信号缓冲区，可配合"Optimal Lookahead"使用，超过的值会显示为红色；"Remove DC Offset"用于移出低质量音频中直流电源的高通滤波器。

除制作特殊效果外，不管使用哪种电平效果，都不应将参数值调整到最高，这会在一定程度上导致声音失真。

▷ 回声延迟

01 在音频效果的"回声"分类中找到"回声延迟"效果，如图8-30所示。

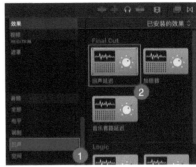

图8-30

02 拖曳"回声延迟"效果到video01上，如图8-31所示。

图8-31

03 在"时间线"面板中选中video01，单击"检查器"面板中的"音频检查器"，在"效果"中找到"回声延迟"，如图8-32所示。

图8-32

04 播放video01并监听"回声延迟"效果，单击"回声延迟"右下角的█，如图8-33所示。打开"高级效果编辑器UI"，如图8-34所示。

图8-33

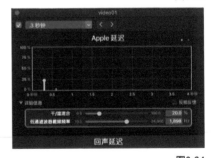

图8-34

05 在"Apple 延迟"坐标中，横向的0~4秒代表"延迟时间"（多久回声一次），纵向的0%~100%代表"反馈"数量（回声数量）。向右拖曳黄色控制条更改"延迟时间"约为1秒，向上拖曳黄色控制条更改"反馈"数量约为50%，如图8-35所示。

图8-35

06 播放video01并监听"回声延迟"效果，在效果中调整"预置"和"数量"，同样可以调整"回声延迟"效果，如图8-36所示。

图8-36

> **提示** 练习完成后，删除"回声延迟"效果。

▷ 变换器

01 在音频效果的"语音"中找到"变换器"效果，如图8-37所示。

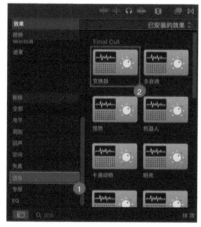

图8-37

02 拖曳"变换器"效果到"时间线"面板中的video01上，如图8-38所示。

图8-38

03 先在"时间线"面板中选中video01，再单击"检查器"面板中的"音频检查器"，如图8-39所示，在"效果"中找到"变换器"。

图8-39

04 向左拖曳"数量"滑块，使数值为-5.0，播放video01并监听"变换器"效果，如图8-40所示。

图8-40

05 向右拖曳"数量"滑块，使数值为5.0，播放video01并监听"变换器"效果，video01中的声音变得夸张、有趣，如图8-41所示。

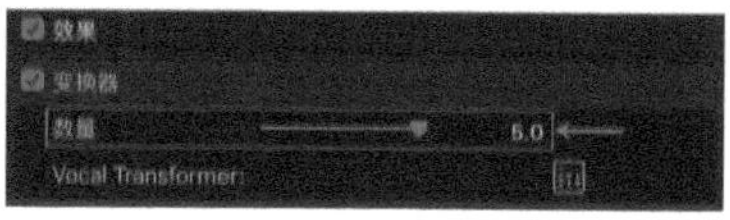

图8-41

06 单击"变换器"右下角的圈，如图8-42所示。打开"高级效果编辑器UI"，边播放video01边调整"Pitch"和"Formant"旋钮来更改参数并监听效果；调整"Mix"可以更改效果混合度，0%表示不混合效果，100%表示完全混合效果，如图8-43所示。

图8-42

图8-43

> **提示** 练习完成后，删除"变换器"效果。

▷ Channel EQ

01 在音频效果的"EQ"中找到"Channel EQ"效果，如图8-44所示。

图8-44

02 拖曳Channel EQ效果到"时间线"面板中的video01上，如图8-45所示。

图8-45

03 在"时间线"面板中选中video01,单击"检查器"面板中的"音频检查器",在"效果"找到"Channel EQ",如图8-46所示。

04 单击"Channel EQ"右上角的■,如图8-47所示。打开"高级效果编辑器UI",如图8-48所示。

图8-46　　　　　　　　　图8-47

图8-48

05 "高级效果编辑器UI"右侧用于调整整体电平,如图8-49所示,单击左下角的"Analyzer",将其激活,如图8-50所示。

图8-49

图8-50

06 激活"Analyzer"后,播放video01,"高级效果编辑器UI"将显示音频波形,如图8-51所示。

图8-51

07 "高级效果编辑器UI"中的声音可调整范围在20.0Hz~20000Hz之间。观察音频波形可以看出在video01中人声的低频部分较活跃,所以声音听起来有些厚重,可以在"高级效果编辑器UI"中对其进行调整,为声音做出补偿。将鼠标指针移动到"高级效果编辑器UI"中单击75Hz频段的电平控制点,如图8-52所示。

08 先向下再向左拖曳控制点,将50.0Hz频段的电平调整为-20.0dB(上下拖曳调整电平,左右拖曳调整频率范围),如图8-53所示。

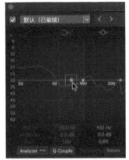

图8-52　　　　　　　　　图8-53

09 使用同样的方法拖曳750Hz频段的电平控制点,将电平调整为+6.0dB;拖曳2500Hz频段的电平控制点,将电平调整为+5.5dB;拖曳7500Hz频段的电平控制点,将电平调整为+1.5dB,播放监听人声变化,如图8-54所示。

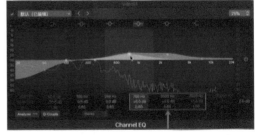

图8-54

> **提示** 在播放时可以在"音频检查器"中反复勾选和取消勾选"Channel EQ"选项,这样可以对比调整前和调整后的效果,如图8-55所示。另外,还可以边播放边调整,实时监听效果。

图8-55

音频效果关键帧动画

实战 **044**

- 素材位置：素材文件>CH08
- 视频文件：实战044 音频效果关键帧动画.mp4
- 实例位置：实例文件>CH08
- 学习目标：掌握音频效果关键帧动画的使用方法

01 音频效果与视频效果一样可以叠加使用，效果的排列顺序也将影响最终的播放效果，在音频效果的"失真"分类中找到"对讲机"效果和"电话"效果，如图8-56所示。

02 拖曳"电话"效果到"时间线"面板中的video01上，拖曳"对讲机"效果到"时间线"面板中的video01上，选中video01在"音频检查器"中查看效果，播放并监听声音，如图8-57所示。

03 在"音频检查器"中将"电话"效果模块拖曳到"对讲机"效果模块下方，如图8-58所示。

04 播放监听声音，改变效果顺序后，最终的播放效果也将改变，在"预置"下拉列表框中可以切换预置，如图8-59所示。

图8-56　　　　图8-57　　　　图8-58　　　　图8-59

05 将播放头移动到video01的开始点上，如图8-60所示。

06 在"音频检查器"中将"对讲机"和"电话"效果中的"数量"调整为0，如图8-61所示。

07 单击"对讲机"效果中"数量"右侧的"添加关键帧"按钮，添加"对讲机"效果的第1个关键帧，如图8-62所示。

图8-60　　　　图8-61　　　　图8-62

08 将播放头向后移动到时间码为00:00:04:00的位置，如图8-63所示。

09 将"对讲机"效果中的"数量"调整为50.0，Final Cut Pro X将自动创建"对讲机"效果的第2个关键帧，如图8-64所示。

图8-63　　　　图8-64

10 将播放头移动到时间码为00:00:02:00的位置，如图8-65所示。

11 单击"电话"效果中"数量"右侧的"添加关键帧"按钮■，添加"电话"效果的第1个关键帧，如图8-66所示。

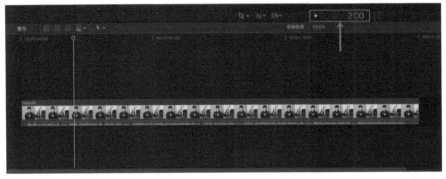 

图8-65　　　　　　　　　　　　　　　　　　　　图8-66

12 将播放头移动到时间码为00:00:06:00的位置，如图8-67所示。

13 将"电话"效果的"数量"调整为100.0，Final Cut Pro X将自动创建"电话"效果的第2个关键帧，如图8-68所示，播放监听效果。

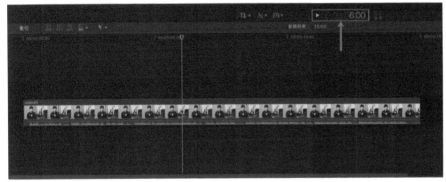 

图8-67　　　　　　　　　　　　　　　　　　　　图8-68

14 单击"音频检查器"右下角的"存储效果预置"按钮，可以将调整后的音频效果存储为预置，方便下次使用，如图8-69所示。

15 单击后将打开"存储音频效果预置"面板，如图8-70所示。

16 在"名称"中可以自定义预置名称，这里命名为"对讲机电话"；在"类别"中可以选择将预置存储于哪个类别中。读者也可以新建类别，展开"类别"下拉列表框，选择"新建类别"命令，如图8-71所示。

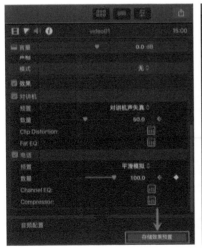 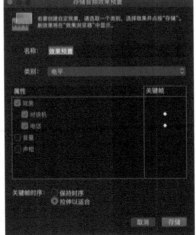 

图8-69　　　　　　　　　　图8-70　　　　　　　　　　图8-71

17 在弹出的对话框中输入类别名称，单击"创建"按钮 创建 即可新建类别，如图8-72所示。

18 在"属性"中勾选需要存储为预置的效果，效果中的关键帧将一同被存储；在"关键帧时序"中有"保持时序"和"拉伸以适合"两个选项。选中"保持时序"选项后，再将预置效果应用在其他片段上时，关键帧的开始和结束时间不会发生变化；选中"拉伸以适合"选项后，再将预置效果应用在其他片段上时，Final Cut Pro X将根据片段长度更改关键帧的开始和结束时间；单击右下角的"存储"按钮 存储 即可完成设置，如图8-73所示。预置效果将存储于"效果浏览器"面板中的音频效果中，如图8-74所示。

 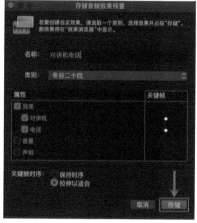 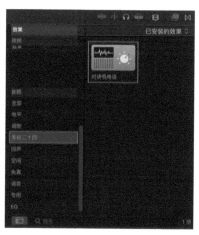

图8-72　　　　　　　　　　　　　　图8-73　　　　　　　　　　　　　　图8-74

19 右击效果，选择"在访达中显示"命令，如图8-75所示。

20 打开效果存储目录，可以将效果复制到其他计算机使用，如图8-76所示。当然，也可以按住Option键执行"前往>资源库"命令来操作，如图8-77所示。

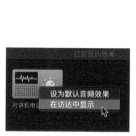 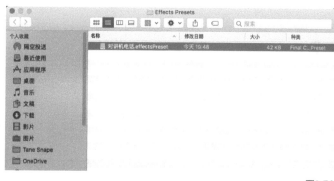 

图8-75　　　　　　　　　　　　　　　　　　　　　图8-76　　　　　　　　　图8-77

> **提示** 只有按住Option键并执行上述命令才会显示"资源库"。在资源库中按照"Application Support>ProApps>Effects Presets"文件路径即可找到音频效果预置。在"Effects Presets"文件夹中删除预置效果后重启Final Cut Pro X, Final Cut Pro X中自定义"类别"也将一同被删除。

　　如需移除片段中的所有效果，在"时间线"面板选中需要移除效果的片段，再在任务栏中执行"编辑>移除效果"命令或按Option+Command+X键，如图8-78所示。

　　如需复制片段中的所有效果，例如需在片段B中应用片段A中的效果，先在"时间线"面板选中片段A，然后执行"编辑>拷贝"命令或按Command+C键即可，如图8-79所示。

　　接下来在"时间线"面板中选中片段B，在任务栏中执行"编辑>粘贴效果"命令或按Option+Command+V键，如图8-80所示。

图8-78　　　　　　　　　图8-79　　　　　　　　　图8-80

第9章

高级剪辑

▶ **实战检索**

实战
045

创建复合片段

- 素材位置：素材文件>CH09
- 实例位置：实例文件>CH09
- 视频文件：实战045 创建复合片段.mp4
- 学习目标：掌握创建复合片段的方法

　　随着剪辑素材数量的增加，"时间线"面板中将堆叠各种字幕、视频、音乐和音效等片段，将这些零星片段整合为"复合片段"可以有效避免时间线杂乱的问题。

整理前

整理后

01 新建资源库并将其命名为"第9章",新建事件并将其命名为"高级剪辑",将video01和video02导入"高级剪辑"事件,如图9-1所示。

02 按Command+N键新建项目,具体参数设置如图9-2所示。将video01和video02导入时间线,按Shift+Z键将时间线上的片段缩放至窗口大小,如图9-3所示。

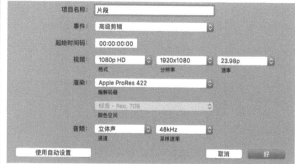

图9-1

图9-2

图9-3

03 将播放头移动到video01的开始点,按Control+T键添加"基本字幕",在"时间线"面板中选中"基本字幕"(选中后四周出现黄色线框),如图9-4所示。

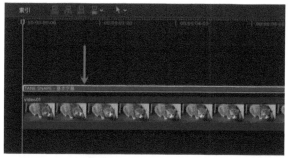

图9-4

> **提示** 如果没有更改过默认字幕,那么按Control+T键可以添加"基本字幕",或在任务栏中执行"字幕>缓冲期/开场白"命令,将"基本字幕"拖曳到video01上方。

04 在"文本检查器"的"文本"文本框中输入"TANE SNAPE",设置字体样式为"粗体"、字体"大小"为230.0,如图9-5所示。"检视器"面板将显示文本效果,如图9-6所示。

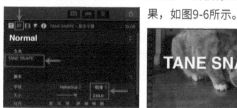

图9-5

图9-6

05 打开"视频检查器",将"基本字幕"的"混合模式"设置为"Alpha 通道模板",如图9-7所示。"检视器"面板将显示效果,如图9-8所示。

图9-7

图9-8

06 在"时间线"面板中调整"基本字幕"的长度,使其与video01对齐,如图9-9所示。

图9-9

07 拖曳video02到video01下方,如图9-10所示。

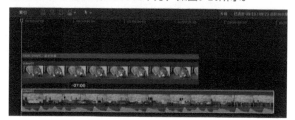

图9-10

08 在"检视器"面板中可以看到效果没有发生任何变化，如图9-11所示。

图9-11

09 在"时间线"面板空白处单击并拖曳，选中"基本字幕"和video01，如图9-12所示。右击并选择"新建复合片段"命令或按Option+G键，如图9-13所示。

图9-12

图9-13

10 在"复合片段名称"文本框中输入"文字"，设置"事件"为"高级剪辑"，单击"好"按钮 **好** ，如图9-14所示。"时间线"面板中的"基本字幕"和video01将合并为一个复合片段，如图9-15所示。"检视器"面板将显示调整后的效果，如图9-16所示。"浏览器"面板的"高级剪辑"事件中也将出现名为"文字"的复合片段，如图9-17所示。

图9-14

图9-15

图9-16

图9-17

11 在"时间线"面板中右击"文字"复合片段，选择"给片段重新命名"命令，可以为"文字"复合片段重新命名，如图9-18所示。

图9-18

12 在"时间线"面板中双击"文字"复合片段可将该复合片段打开，如图9-19所示。

图9-19

提示 在"时间线"面板上方中间靠左位置单击"在时间线历史记录中返回"按钮 ，可返回到上一个时间线；单击"在时间线历史记录中前进"按钮 ，则前进到下一个时间线。

13 先在"时间线"面板中选中"文字"复合片段，如图9-20所示。按Shift+Command+G键可分开该复合片段，如图9-21所示。

图9-20

图9-21

提示 复合片段可以叠加，可在复合片段上再次新建复合片段。在调整电平时，单个片段音量最高可提高12dB，有时这并不能够满足所有场景需求，为片段创建复合片段后，可将音量再提高12dB。

选择"分离音频"或按Control+Option+S键后可将视频和音频分离。除了按Command+Z键可撤销上一步操作外，无法再将时间线上的音频与视频折叠，可以使用复合片段达到与折叠音频同样的效果。

另外，Final Cut Pro X支持Photoshop的PSD文件，PSD文件被导入Final Cut Pro X后将被自动识别为分层文件，分层文件的使用和编辑方法与复合片段一致。

引用新的父片段

- 素材位置：素材文件>CH09
- 视频文件：实战046 引用新的父片段.mp4
- 实例位置：实例文件>CH09
- 学习目标：掌握引用新的父片段的方法

　　"引用新的父片段"是配合"复合片段"使用的功能。有时同一个复合片段会被多次使用，在大多数情况下会使用复制粘贴的方式，这样做并没有什么问题。但如果对粘贴后的复合片段进行了修改，这也将同时修改原来的复合片段，"引用新的父片段"可以用来解决这一问题。

01 在"时间线"面板中选中复合片段，如图9-22所示。按Command+C键复制"文字"复合片段，再将时间线上的播放头向后移动到所需位置，按Command+V键粘贴"文字"复合片段，如图9-23所示。

图9-22　　　　　　　　　　　　　　　　　　　　　　　　　　　　　　　　　图9-23

02 现在同一个复合片段在时间线上被使用了两次，双击第2个"文字"复合片段将其打开，选中"TANE SNAPE-基本字幕"，如图9-24所示。在"文本检查器"中找到"位置"属性，再将"Y"设置为-300.0px，如图9-25所示。"检视器"面板中将显示设置完成后的效果，文字的位置向下移动了，如图9-26所示。

图9-24　　　　　　　　　　　图9-25　　　　　　　　　　　　　　　　　图9-26

03 在时间线上方中间靠左的位置单击"在时间线历史记录中返回"按钮◀，将时间线上的播放头移动到第2个"文字"复合片段上，在"检视器"面板中查看效果，文字的位置向下移动了，如图9-27所示。

图9-27

04 将时间线上的播放头移动到第1个"文字"复合片段上，在"检视器"面板中查看效果，文字的位置也向下移动了，如图9-28所示。

图9-28

05 若时间线上的同一个复合片段被多次使用，那么调整任何一个复合片段都会影响其他复合片段。想让每一个复合片段都独立运作，可以使用"引用新的父片段"功能。先在"时间线"面板中选中第2个"文字"复合片段，如图9-29所示。在任务栏中执行"片段>引用新的父片段"命令，Final Cut Pro X为第2个复合片段创建新副本，"浏览器"面板也将显示新副本，如图9-30所示。

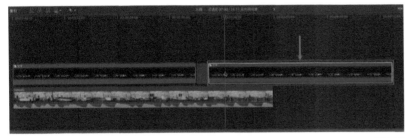

图9-29　　　　　　　　　　　　　　　　　　　　　　　图9-30

06 双击"文字副本"复合片段将其打开，在"文本检查器"的"位置"属性中设置"Y"为−100.0px，如图9-31所示。单击"在时间线历史记录中返回"按钮◀，返回后将时间线上的播放头移动到"文字副本"复合片段上，在"检视器"面板中查看效果，文字的位置较之前向上移动了，如图9-32所示。

07 将时间线上的播放头移动到"文字"复合片段上，在"检视器"面板中查看效果，文字的位置较之前没有发生变化，如图9-33所示。这说明调整副本复合片段不影响原本的复合片段。

图9-32

图9-31　　　　　　　　　　　　　　　　　　　　　　　图9-33

实战 047　创建故事情节

- 素材位置：素材文件>CH09
- 实例位置：实例文件>CH09
- 视频文件：实战047 创建故事情节.mp4
- 学习目标：掌握创建故事情节的方法

01 打开"素材文件>CH09>实战047"文件夹，将video03添加到"高级剪辑"事件中，如图9-34所示。

02 按Command+N键新建项目，具体参数设置如图9-35所示。选中video02，按E键将video02添加到时间线"主要故事情节"上或直接将其拖曳到"时间线"面板中，再按Shift+Z键将时间线上的素材缩放到窗口大小，如图9-36所示。

图9-34　　　　　　　　　　　　　　　　　　　　　　　图9-35

图9-36

03 将时间线上的播放头向后移动，在"浏览器"面板中选中video01和video03，按Q键将video01和video03添加到"次级故事情节"或直接将其拖曳到video02上方，修剪video01和video03的长度，如图9-37所示。

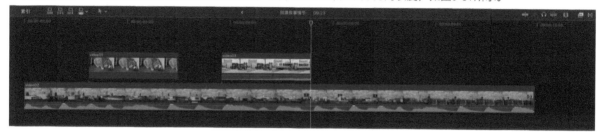

图9-37

04 在"时间线"面板的空白处单击并拖曳以同时选中"次级故事情节"中的video01和video03，如图9-38所示。同时选中后，在任务栏中执行"片段>创建故事情节"命令或按Command+G键，video01和video03将被串联在一起，由于两个片段并非连续片段，在创建故事情节后，中间会被"空隙"填充，如图9-39所示。

图9-38

图9-39

> **提示** 用户也可以右击选中的"次级故事情节"片段，再选择"创建故事情节"命令。

05 在故事情节上单击可以选中该故事情节，选中后拖曳故事情节可以同时移动该故事情节内的所有片段，如图9-40所示。除此之外，还可以再添加片段到故事情节中，如图9-41所示。

图9-40

图9-41

06 在"时间线"面板中选中故事情节，如图9-42所示。按Shift+Command+G键可以将故事情节内的所有片段分开，如图9-43所示。

图9-42

图9-43

07 在"次级故事情节"中为两个相连接的片段添加转场将自动创建故事情节，如图9-44所示；也可以在"主要故事情节"下方为音频创建故事情节，如图9-45所示；在"主要故事情节"中为两个相连接的音频片段添加转场也将自动创建故事情节，如图9-46所示。

图9-44

图9-45

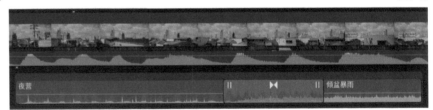

图9-46

> **提示** 不能在"主要故事情节"上创建故事情节。因为"主要故事情节"上方的"次级故事情节"片段和"主要故事情节"下方的音频片段都与"主要故事情节"上的片段连接在一起，如图9-47所示。

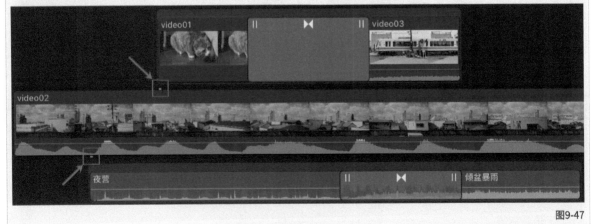

图9-47

08 在"时间线"面板中向上拖曳"次级故事情节"片段可以看到连接线，如图9-48所示。现在时间线上所有的片段都与"主要故事情节"上的video02连接在一起。在"时间线"面板中选中video02，如图9-49所示。

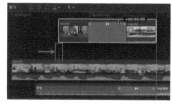 

图9-48   图9-49

09 按Delete键删除video02，同时所有与video02连接的片段都被删除，如图9-50所示。按Command+Z键撤销删除，在"时间线"面板中右击video02，选择"从故事情节中提取"命令或按Option+Command+"↑"键，video02将被移动到"次级故事情节"上，"主要故事情节"被"空隙"代替；同时时间线上的所有片段都断开了与video02的连接关系，仍然连接到现在"主要故事情节"的"空隙"上，如图9-51所示。在"时间线"面板中选中video02，再按Delete键删除video02。删除video02后，也不影响其他片段，如图9-52所示。

图9-50

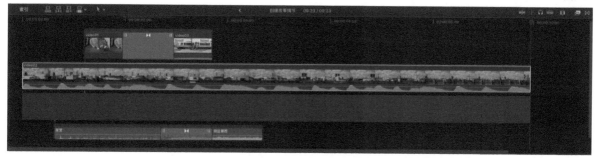

图9-51

图9-52

10 按Command+Z键撤销删除，在"时间线"面板中右击video02，选择"覆盖到主要故事情节"命令或按Option+Command+"↓"键，video02将重新回归到"主要故事情节"中，如图9-53所示。

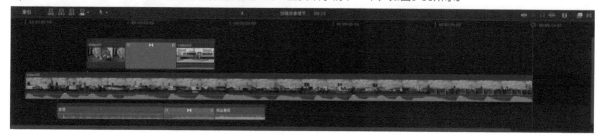

图9-53

使用代理剪辑

实战 048

- 素材位置：素材文件>CH09
- 视频文件：实战048 使用代理剪辑.mp4
- 实例位置：实例文件>CH09
- 学习目标：掌握代理剪辑的使用方法

"代理"是一项实用功能，对于处理高分辨率视频尤为重要。使用"代理"后，Final Cut Pro X会将视频媒体的格式转码为"Apple ProRes 422 Proxy"，这样即使计算机的性能不高，也可以流畅地剪辑和回放高分辨率的视频素材。当原始视频编解码器低于"Apple ProRes 422 Proxy"时，无须使用代理剪辑，而当使用代理剪辑时，代理视频文件可能会大于原始视频文件。

▷ 导入媒体时创建代理媒体

01 在任务栏中执行"Final Cut Pro>偏好设置"命令或按Command+"，"键，打开"偏好设置"面板，单击"导入"，在"转码"中勾选"创建代理媒体"选项。导入媒体时，Final Cut Pro X将自动为所有视频媒体转码，如图9-54所示。在"第9章"资源库中按Option+N键新建事件，设置事件名称为"代理"，完成后可在"浏览器"面板中查看该事件，如图9-55所示。

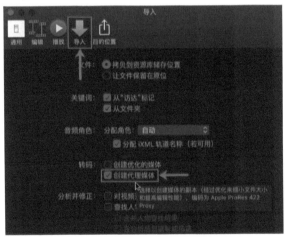

图9-54

图9-55

提示 勾选"创建优化的媒体"选项，Final Cut Pro X会将视频媒体的格式转码为"Apple ProRes 422"。

02 打开本书配套资源中的"素材文件>CH03>实战048"文件夹，将video01、video02和video03添加到名为"代理"的事件中，如图9-56所示。Final Cut Pro X将在后台自动创建代理媒体，可在"后台任务"面板或按Command+9键，查看转码进度，如图9-57所示。

图9-56

图9-57

提示 转码速度与电脑性能以及原始视频的分辨率和大小有关。

03 在"检视器"面板右上角单击展开"显示"下拉列表框，将"媒体"设置为"代理"，如图9-58所示。

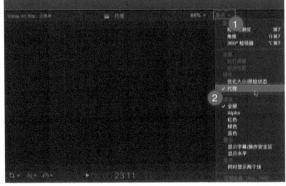

图9-58

提示 勾选"代理"后，项目中的媒体不会有任何明显变化，这一切都是自动切换的。

04 再次展开"检视器"面板右上角的"显示"下拉列表框，将"媒体"设置为"优化大小/原始状态"，这样不会影响画质，如图9-59所示。

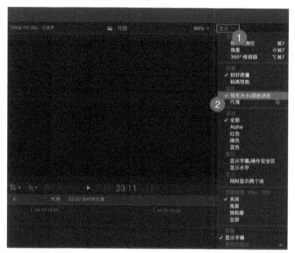

图9-59

▷ **导入媒体后创建代理媒体**

01 在导入媒体前没有在"偏好设置"面板中勾选"创建代理媒体"选项，如图9-60所示。在"检视器"面板的右上角展开"显示"下拉列表框，将"媒体"设置为"代理"，video01、video02和video03上将出现"缺少代理"警告信息，如图9-61所示。

图9-60

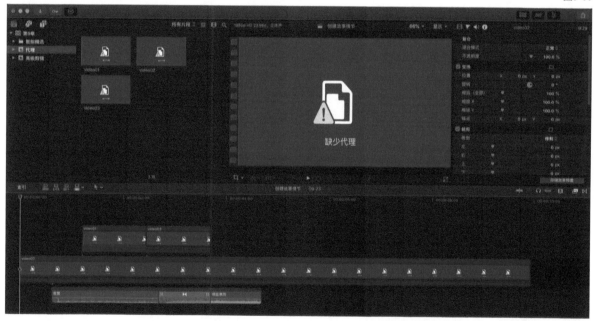

图9-61

02 这时可以手动创建代理媒体。在"浏览器"面板中按Command+A键或在空白处全选"代理"事件中的所有片段，右击任意一个选中的片段，选择"对媒体进行转码"命令，在弹出的对话框中勾选"创建代理媒体"选项，单击"好"按钮 好 ，如图9-62所示。用户可以在"后台任务"面板中查看转码进度。转码完成后，"缺少代理"警告信息将消失，如图9-63所示。

图9-62

图9-63

提示 在导出视频前，一定要在"检视器"面板中将"媒体"设置为"优化大小/原始状态"。

同步片段

实战 049

- 素材位置：素材文件>CH09
- 视频文件：实战049 同步片段.mp4
- 实例位置：实例文件>CH09
- 学习目标：掌握同步片段的操作方法

当摄像机内置麦克风的收音质量并不能满足所有场景的需求时，通常会使用外置麦克风和录音机单独录制声音。录制时如果摄像机连接了外置麦克风，那么录制出来的影片无须进行音频和视频的同步；如果视频和音频是分开录制的，就需要利用"同步片段"功能将外录音频同步到视频中。虽然摄像机直接连接外置麦克风进行录音会省去很多麻烦，但得到的声音的动态范围将被缩小，大多数专业视频工作者都会采用录音机连接麦克风的方式单独录制声音。

01 按Option+N键新建事件，将"事件名称"命名为"同步片段"，在"资源库"中选择"第9章"，单击"好"按钮 **好** 。打开本书配套资源"素材文件>CH09>实战049"文件夹，将video04和audio04添加到名为"同步片段"的事件中，如图9-64所示。

> **提示** 视频文件video04中的声音为摄像机内置麦克风录制，音频文件audio04是由录音机连接外置麦克风录制的，单独播放video04和audio04监听声音以感受差异。需要注意的是，video04和audio04虽然是两个文件，但两者是同时录制（同期声），只有同时录制的视频和音频才能够进行"同步片段"。

图9-64

02 在"浏览器"面板中同时选中video04和audio04，右击任意一个选中的片段，选择"同步片段"命令或按Option+Command+G键，打开"同步片段"设置对话框，单击左下角的"使用自定设置"按钮，如图9-65所示，具体参数设置如图9-66所示。同步完成后可在"浏览器"面板中查看效果，如图9-67所示。

图9-65

图9-66

图9-67

> **提示** 此处视频格式、分辨率和速率等都是根据video04的元数据信息设置的。
>
> 视频文件video04和音频文件audio04含有同样的音频，只不过视频文件video04中的音频音质较差，音频文件audio04的音质较好；勾选"使用音频进行同步"选项后，Final Cut Pro X将根据音频波形自动将两者对齐；勾选"停用AV片段上的音频组件"选项后，Final Cut Pro X将在同步完成后停用视频文件video04中的音频，只启用音频文件audio04中的音频；为了提高同步成功率，正式录制前可制造一个比较明显的声音，以方便Final Cut Pro X计算。一般情况下都是视频中的音频质量较差，所以Final Cut Pro X提供了"停用AV片段上的音频组件"功能。

03 在"浏览器"面板中右击"video04–同步的片段"，选择"新建项目"命令，具体参数设置如图9-68所示。

"video04–同步的片段"将自动导入时间线，播放"video04–同步的片段"并监听声音，新建项目的声音被替换为audio04中的声音，如图9-69所示。

图9-68

图9-69

04 在时间线上单击片段将其选中，在"音频检查器"中单击并向上拖曳"音频配置"，如图9-70所示。在"音频配置"中可以看到勾选了"已连接"选项，未勾选"故事情节"选项，如图9-71所示。

> **提示** 勾选"已连接"选项代表启用了纯音频文件 audio04，不勾选"故事情节"选项代表停用了视频文件video04中的音频。

图9-70

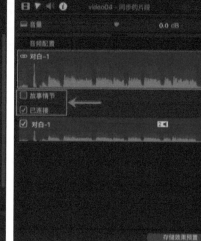

图9-71

05 将鼠标指针移动到"故事情节"右侧，单击"显示"，如图9-72所示。单击"显示"后即可查看"故事情节"的音频波形，如图9-73所示。

> **提示** 只有将鼠标指针移动到"故事情节"上时，才会出现"显示"。

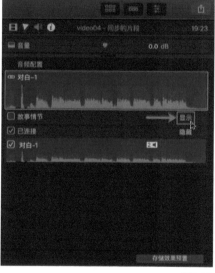

图9-72

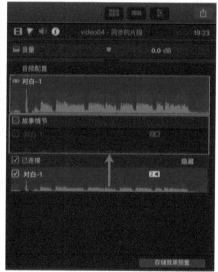

图9-73

06 双击"时间线"面板中的"video04-同步的片段"打开片段，如图9-74所示。观察音频波形，video04中的音频和 audio04的音频完美同步。

图9-74

> **提示** 如果同步后出现错位，那么可以手动修改外录音频的位置，使之与视频中的音频波形对齐即可。

第 10 章

时间线管理

▶ **实战检索**

实战 050

时间线索引

- 素材位置：素材文件>CH10
- 视频文件：实战050 时间线索引.mp4
- 实例位置：实例文件>CH10
- 学习目标：认识时间线索引的功能

01 利用"索引"功能可以管理时间线上的片段。在任务栏中执行"文件>打开资源库>其他"命令，在"打开资源库"对话框中单击"查找"按钮 ，如图10-1所示。

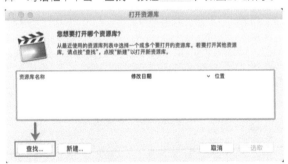

图10-1

02 在"第10章"文件目录中选中"时间线管理"资源库，单击右下角的"打开"按钮 打开，如图10-2所示，即可在"浏览器"面板中显示"时间线管理"资源库，如图10-3所示。

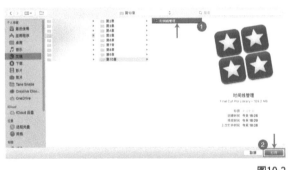

图10-2

图10-3

> **提示** 由于版本不同，在打开资源库时Final Cut Pro X 可能会提示更新信息。

03 双击名为"时间线索引"的项目，如图10-4所示。在"时间线"面板中将打开"时间线索引"项目，如图10-5所示。

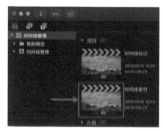
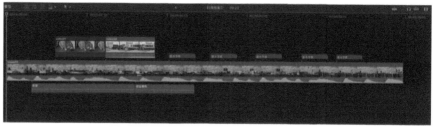

图10-4　　　　　　　　　　　　　　　　　　　　　　　　　　　　　　　　图10-5

04 在"时间线"面板的左上角单击"索引"，如图10-6所示，展开"索引"面板，如图10-7所示。

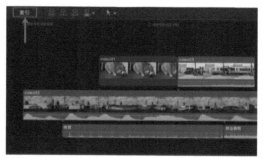

图10-6　　　　　　　　图10-7

05 在"索引"面板中选中video01，即可将时间线上的播放头移动到video01的开始点，同时video01四周出现白色线框，如图10-8所示。

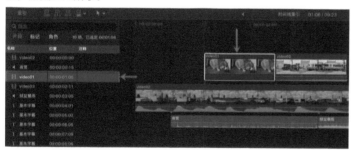

图10-8

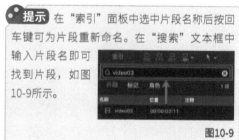

提示 在"索引"面板中选中片段名称后按回车键可为片段重新命名。在"搜索"文本框中输入片段名即可找到片段，如图10-9所示。

图10-9

06 将时间线上的播放头移动到video01和video03的连接处，在"索引"面板中也将播放头移动到video01和video03的连接处，如图10-10所示。

07 在"索引"面板下方单击"视频"，"索引"面板将单独显示所有视频角色（"音频"和"字幕"同理），如图10-11所示。

08 在"索引"面板中切换到"角色"选项卡，将显示时间线上的所有角色，如图10-12所示。在之前的章节中介绍了如何使用角色管理多语言字幕，这里不再赘述。

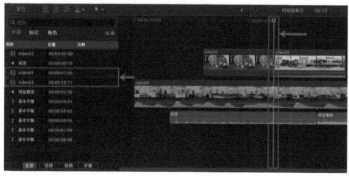

图10-10　　　　　　　　图10-11　　　　　　　　图10-12

09 在"角色"选项卡中取消勾选"视频"选项，如图10-13所示。时间线上的所有"视频"角色都将显示灰色，播放时也不再显示，如图10-14所示。

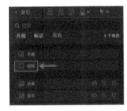
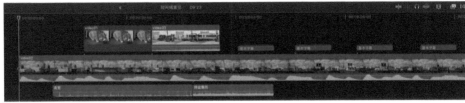

图10-13　　　　　　　　　　　　　　　　　　　　　　　　　　　　　图10-14

10 时间线上的每种角色都有各自的颜色。video01为纯视频文件，所以其时间线整体显示灰色；video02和video03中包含音频，在"索引"面板中取消勾选"视频"选项后，仅关闭视频，片段中的音频依旧可以播放。重新勾选"视频"选项，在"效果"角色右侧单击，如图10-15所示。

11 单击后可查看时间线上所有"效果"角色的音频通道，video03的音频为"效果"角色，对应音频通道被展开，如图10-16所示。

> **提示** 在"索引"面板的"效果"角色右侧再次单击可以再次折叠时间线上所有"效果"角色的音频通道。

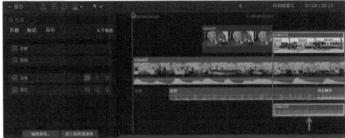

图10-15　　　　　　　　　　　　　　　　　　　　　　　　　　　　　图10-16

12 在"效果"角色右侧单击，可以展开所有"效果"子角色，如图10-17所示。

13 在"音乐"角色右侧单击，video02中的音频为"音乐"角色，单击后video02的音频通道被展开，如图10-18所示。

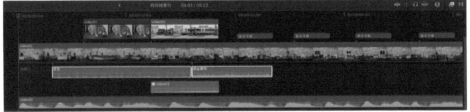

图10-17　　　　　　　　　　　　　　　　　　　　　　　　　　　　　图10-18

14 在"音乐"角色右侧单击"聚焦到此角色"按钮，单击后"时间线"面板中"效果"角色的音频通道将只显示一条细线，"音乐"角色的音频通道完整显示，如图10-19所示。

图10-19

实战 051　时间线标记

● 素材位置：素材文件>CH10　　　　● 实例位置：实例文件>CH10
● 视频文件：实战051 时间线标记.mp4　● 学习目标：掌握时间线标记的操作方法

01 在第3章"素材管理"中讲述了如何使用"标记"，在剪辑时还可以在"索引"面板中管理这些标记。在"浏览器"

面板中双击"时间线标记"项目，如图10-20所示。在"时间线"面板中将打开"时间线标记"项目，如图10-21所示。

图10-20 图10-21

02 在"时间线"面板的左上角执行"索引>标记"命令，如图10-22所示。"索引"面板中的"标记"选项卡下将显示"标准标记""关键词精选""分析关键词""待办事项""已完成待办事项""章节"等，标记排列顺序与时间线上的排列顺序一致，单击名称即可让播放头移动到标记处，如图10-23所示。

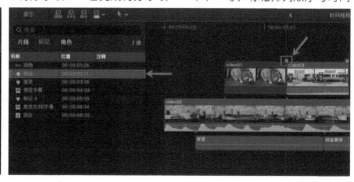

提示 选中名称后按回车键可重命名。

图10-22 图10-23

03 在"标记"选项卡下方单击████，"标记"选项卡将仅显示"关键词精选"（其他按钮同理），如图10-24所示。可以在剪辑完成后打开"索引"面板，统一处理这些标记项，提高工作效率。

04 与在"浏览器"面板中添加标记不同，在"时间线"面板中添加标记时会出现"章节"选项，将播放头移动到时间线的开始点，按M键添加"标准"标记，如图10-25所示。

05 右击"标准"标记，选择"章节"命令，如图10-26所示。单击"章节"标记，"章节"标记右侧将出现█，并有虚线与之连接，如图10-27所示。

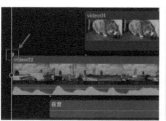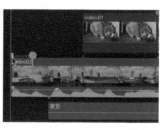

图10-24 图10-25 图10-26 图10-27

06 向右拖曳█，使虚线的长度与video02的长度一致，如图10-28所示。

07 在"索引"面板的"标记"选项卡中单击████，如图10-29所示，"标记"选项卡中将仅出现"章节"标记，此处显示为"第1章"。可以利用"章节"标记为剪辑片段分配"章节"，方便管理。

图10-28 图10-29

第11章

重新定时

实战 052 设置帧速率与帧采样

- 素材位置：素材文件>CH11
- 视频文件：实战052 设置帧速率与帧采样.mp4
- 实例位置：实例文件>CH11
- 学习目标：掌握帧速率和帧采样的设置方法

▷ **速率符合（帧采样）**

Final Cut Pro X中的速度调节功能被称为"重新定时"。在进行操作前，新建资源库并将其命名为"第11章"，新建事件并将其命名为"重新定时"。

01 打开本书配套资源"素材文件>CH11>实战052"文件夹，将video01导入到"重新定时"事件中，如图11-1所示。

02 在"浏览器"面板中选中video01，单击"检查器"面板的"信息检查器"，将"元数据视图"修改为"通用"，并找到"帧尺寸"和"视频帧速率"选项，如图11-2所示。

图11-1   图11-2

提示 帧速率通常使用fps表示，video01的视频帧速率为60，可以表示为60fps，代表每秒60帧。"视频帧速率"是升格视频（慢动作视频）的重要参数。并非所有摄像机都可以拍摄高帧率的视频，这需要摄像机硬件的支持。如果摄像机支持拍摄高帧率视频，那么用户可以在摄像机菜单中更改帧速率设置。

需要特别注意的是，在"信息检查器"顶端显示着一些摘要信息，如图11-3所示。

图11-3

摘要信息中的1920×1080代表"项目"可以设置的最高分辨率，60p中的60代表"项目"可以设置的最高帧速率，p代表"逐行扫描"。摘要信息最高显示为60p，当视频帧速率大于60fps时，摘要信息中仍然显示为60p，代表"项目"帧速率最高可以设置为60p，如需查看视频的原始帧速率，要在如图11-2所示的"通用"元数据视图中查看。

逐行扫描（Progressive Scanning, p）。电视机是以扫描的形式显示图像，进行逐行扫描时，扫描系统将一行接着一行扫描每一帧画面中的所有像素，画面显示更加顺滑细腻。还有另外一种扫描方式——隔行扫描（Interlace Scanning, i），每一帧都由两个"场"组成，称为"奇数场"和"偶数场"，"奇数场"包含1、3、5、7、9等帧行，"偶数场"包含2、4、6、8、10等帧行，电视机在显示画面时交替扫描显示两个"场"。"隔行扫描"相比"逐行扫描"能节省更多带宽，更利于广播电视节目的播出，所以广播电视一般采用"隔行扫描"的方式，但画面过渡不够流畅，在显示纹理较多的画面时有时会闪烁。

03 "项目"的帧速率设置需根据视频帧速率而定。打开本书配套资源"素材文件>CH11>实战052"文件夹，将video02导入"重新定时"事件中，如图11-4所示。

图11-4

04 在"浏览器"面板中选中video02，单击"检查器"面板中的"信息检查器"，将"元数据视图"改为"通用"，并找到"帧尺寸"和"视频帧速率"选项，如图11-5所示。

图11-5

05 因为video02的帧速率为23.98，所以在"项目设置"对话框中将"速率"设置为23.98p，如图11-6所示。

图11-6

06 如果需将帧速率设置得更高，就需要进行"速率符合"设置。在"浏览器"面板中右击video02，选择"新建项目"命令，如图11-7所示。

图11-7

07 在"项目设置"对话框中设置"项目名称"为"速率符合"、"速率"为30p，单击"好"按钮 好 完成项目设置，如图11-8所示。video02将被导入时间线，如图11-9所示。

图11-8

图11-9

08 在"时间线"面板中选择video02，再单击"检查器"面板的"视频检查器"，找到"速率符合"选项。只有当视频帧速率和项目帧速率不匹配时，才会出现"速率符合"选项，默认"帧采样"模式为"向下整取"，如图11-10所示。

图11-10

提示 video02的帧速率为23.98，将其放置在30p的项目中时，Final Cut Pro X会自动将video02的帧速率变为30fps，但这并不意味着和摄像机直接拍摄出来的30fps视频一样流畅。如果一帧一帧地检查，会发现video02中有很多重复帧，因为23.98fps和30fps每秒相差6.02帧。"向下整取"的计算方法是通过四舍五入的方式复制临近帧，使视频帧速率符合项目帧速率，这会使视频播放时出现卡顿现象，如果将video02放置在60p的项目中播放，会发现卡顿更加明显。

将播放头移动到时间线的开始点，按"←"键或"→"键可一帧一帧地检查画面。

Final Cut Pro X提供了四种"帧采样"方式，分别为"向下整取""近邻""帧融合""光流"，展开"帧采样"右侧的下拉列表框会显示所有选项，如图11-11所示。

图11-11

"近邻"计算方式与"向下整取"计算方式类似，虽然得到的视频画面看起来较为平滑，但同样会感受到卡顿。

"帧融合"计算方式与前两种不同，"近邻"和"向下整取"都是采用复制帧的方式适配项目帧速率，而"帧融合"会通过计算创建新的帧，这样每一帧都不同，会让视频画面看起来更加顺滑。这种计算方式对于静止的图像没有影响，但会让运动的图像出现影像交错（或称为残影），如图11-12所示。

"光流"是计算效果最好的模式，计算时间也是最长的（可在"后台任务"面板中查看进度，或按Command+9键）。和"帧融合"计算方式一样，"光流"计算方式会创建新的帧用于补偿画面，但算法更加先进，图11-13所示为"光流"计算得到的帧，相比图11-12，其断续感和影像交错都得到改善。当项目帧速率和视频帧速率相差较小时，甚至很难看出差别，但这也并不意味着使用"光流"就可以随意设置项目帧速率。

图11-12

图11-13

无论使用哪种"帧采样"计算方式，都需要进行渲染。可在任务栏中执行"修改>全部渲染"命令或按Control+Shift+R键，或在"时间线"面板选中片段后执行"修改>渲染所选部分"命令（快捷键为Control+R）。

在实际剪辑中，视频素材可能包含多个不同帧速率的视频，如果含有运动画面较多且帧速率低于其他视频的视频素材，建议以运动画面多的视频的帧速率为准来设置项目帧速率，以减少残影和断续画面的产生。

帧速率为60fps、120fps和240fps的视频，项目的"速率"可以设置为24p、25p和30p，后期可将其调整为升格视频（慢动作视频）；帧速率为100fps的视频，项目的"速率"可以设置为24p、25p。帧速率为100fps视频不建议将项目帧速率设置为30p，因为100不能被30整除，虽然Final Cut Pro X会进行四舍五入，重新调整"帧率符合"，但这样可能会损失一些帧。当然在实际工作中，可能会不得不这么做，而且肉眼也很难观察到区别。100除以25等于4，代表可以调整为4倍的流畅慢动作视频；120除以25等于4.8，代

表可以调整为4.8倍的流畅慢动作视频。视频帧速率除以项目帧速率能被整除就是合适的帧速率设置。

大多数情况下项目的帧速率不会超过30p，但并不意味着超过30p就毫无意义，帧速率越高画面就越流畅。注意一下，当视频的帧速率升高时，数据量也随之增加，对于播放平台也有着更高的要求。

一般特效影片的帧速率不会很高，因为高帧率会给特效制作带来更多的工作量。电影通常以每秒24帧或23.98帧的帧速率为制作基准，不过随着技术的进步，越来越多的电影也开始采用高帧率制作。

09 在实际剪辑中视频素材的分辨率也可能不同，例如有5个4K视频和1个1080P视频，那么应以4K设置项目，反之有1个4K视频和5个1080P视频，则应以1080P设置项目，目的是减少画质损失。项目的分辨率可随时修改，先在"浏览器"面板中选择项目，在"检查器"面板"信息检查器"中单击"修改"按钮，如图11-14所示。然后在打开的对话框中修改"格式"和"分辨率"即可，如图11-15所示。项目的帧速率需要在剪辑开始前就要确定好，一旦将片段导入到时间线上，项目帧速率将不能再被更改。

图11-14　　　　　　　　　　图11-15

▷ **逐行扫描转隔行扫描**

01 打开本书配套资源"素材文件>CH11>实战052"文件夹，将"video03-逐行扫描"和"video03-隔行扫描"添加至"重新定时"事件中，如图11-16所示。

图11-16

02 在"浏览器"面板中右击"video03-逐行扫描"，选择"新建项目"命令，如图11-17所示。

图11-17

03 在"格式"下拉列表框中选择"PAL SD",将项目命名为"逐行扫描转隔行扫描",单击"好"按钮 好 完成项目设置,如图11-18所示。

图11-18

04 "video03-逐行扫描"将被导入时间线,在检视器面板查看效果,视频画面的上下边缘出现黑边(遮幅),如图11-19所示。

图11-19

提示 视频分辨率为1920×1080,画面比例为16:9。PAL HD格式视频的画面比例为4:3,将画面比例为16:9的视频放置在画面比例为4:3的项目中时会采用了上下添加遮幅的方式以保证信号传输至电视机上时能显示完整画面,此种方式被称为"信箱模式"。"信箱模式"将在第12章"画幅"中进行讲解。

05 如需消除画面上的遮幅,先在"时间线"面板中选中视频,再单击"检查器"面板中的"视频检查器",在"视频检查器"中设置"空间复合"类型为"填充",如图11-20所示。在"检视器"面板中查看效果,画面上的遮幅被消除,同时画面被放大且左右边缘的画面被裁切,如图11-21所示。

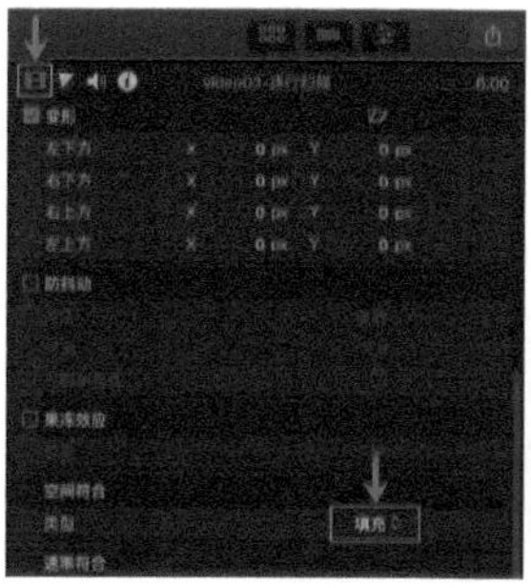

图11-20

图11-21

06 在"视频检查器"下的"变换"属性中调整"位置"的"X"使画面左右移动以重新构图,如图11-22所示。

图11-22

提示 "video03-逐行扫描"的帧速率为每秒60帧,与项目帧速率"25i"不符合,Final Cut Pro X将重新进行帧采样,也可在"视频检查器"中的"帧率符合"中调整帧

采样模式。"NTSC SD"格式和"PAL SD"格式都会改变画面比例。

▷ **隔行扫描转逐行扫描**

01 在"浏览器"面板中单击选中"video03-隔行扫描",在"信息检查器"中查看摘要信息,"video03-隔行扫描"的分辨率为1920×1080,速率为25i,如图11-23所示。

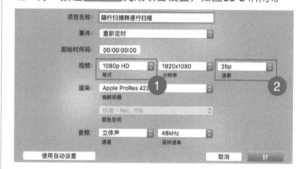

图11-23

02 在"浏览器"面板右击"video03-隔行扫描",选择"新建项目"命令,将项目命名为"隔行扫描转逐行扫描",设置"格式"为1080p HD、"速率"为25p,单击"好"按钮 好 完成项目设置,如图11-24所示。

图11-24

03 视频将被导入时间线,在"时间线"面板中选中视频,单击"检查器"面板中的"信息检查器",如图11-25所示。在"信息检查器"左下角将元数据视图类型更改为"设置",如图11-26所示。

图11-25

图11-26

04 在"设置"元数据视图中勾选"消除隔行"选项,如图11-27所示。观察摘要信息,如图11-28所示。对比图11-25,项目速率由原来的25i变为50p,帧速率从每秒25帧转换为每秒28帧。

图11-27

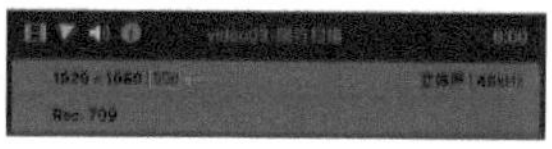

图11-28

调节视频播放速度

实战 053

- 素材位置：素材文件>CH11
- 视频文件：实战053 调节视频播放速度.mp4
- 实例位置：实例文件>CH11
- 学习目标：掌握调节视频播放速度的方法

01 在"浏览器"面板中右击video01，选择"新建项目"命令，如图11-29所示。

02 video01的帧速率为每秒60帧，调节视频播放速度时项目速率需低于视频的帧速率，因此设置"速率"为24p、"项目名称"为"速度调节"，单击"好"按钮 好 完成项目设置，如图11-30所示。完成后将video01导入时间线，如图11-31所示。

图11-29

图11-30

图11-31

03 在"时间线"面板中选中video01，在"重新定时"中选择"慢速>50%"，如图11-32所示。

图11-32

04 播放视频并查看效果，视频播放速度变慢且时长增加，video01帧速率为每秒60帧。如果将其放置在速率为24p的项目中，可将video01的播放速度调整为40%，以保证播放顺滑（24除以60等于0.4）。在"时间线"面板中单击"重新定时编辑器"下拉箭头，选择"自定"命令，如图11-33所示。

05 在"自定速度"面板中将"速率"设置为40%，按回车键确认，如图11-34所示。

图11-33

图11-34

06 播放视频并查看效果，视频的播放速度变得更慢且时长增加；在这个案例中如果将速率调整到40%以下，需要调整"帧率符合"使视频播放得更加顺滑，也可在"重新定时"中单击"视频质量"，设置帧采样模式，如图11-35所示。

提示 如果将帧速率为每秒120帧的视频放在速率为24p项目中，因为速率调整低于20%，所以需要设置"视频质量"。计算方法为项目帧速率除以视频帧速率，其他帧速率可按照此种方法计算。

图11-35

07 在"重新定时"中选择"快速>4倍"，如图11-36所示。播放视频并查看效果，视频播放速度变快，视频时长缩短，打开"自定速度"面板或选中视频后按Control+Option+R键，设定"速率"为400%，如图11-37所示。

图11-36

图11-37

提示 在"自定速度"面板的"速率"中输入1000后按回车键即可将视频播放速度变为10倍速，以此类推。

08 在"时间线"面板中选中video01，打开"重新定时"并选择"自动速度"命令，如图11-38所示。Final Cut Pro X 将根据视频帧速率和项目帧速率自动选择最佳慢速速率。在这个案例中，Final Cut Pro X将视频帧速率调整为40%，如图11-39所示。视频播放速度变快或变慢后，视频中的声音也将随之改变，在"重新定时"中勾选或取消勾选"保留音高"将获得不同的声音效果。

图11-38　　　　　　　　　　　　　　　图11-39

提示 在"重新定时"中选择"常速（100%）"命令即可将视频播放速度恢复为常速（快捷键为Shift+N），单击"还原速度"命令即可取消所有速度调节效果并将视频恢复为常速（快捷键为Option+Command+R），如图11-40所示。

按Command+R键可显示或隐藏"重新定时编辑器"，如图11-41和图11-42所示。

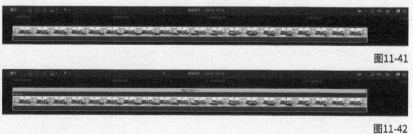

图11-40　　　　　　　　　　　　　　　　　　　　　　　　　　　　　　　　图11-41

　　　　　　　　　　　　　　　　　　　　　　　　　　　　　　　　　　　　图11-42

完成本实战案例后将视频的播放速度还原。

实战 **054**

保留（静止帧）

- 素材位置：无
- 视频文件：实战054 保留（静止帧）.mp4
- 实例位置：实例文件>CH11
- 学习目标：掌握保留（静止帧）的操作方法

01 使用上一个实战的素材文件。利用"重新定时"可让视频中的某一帧画面静止，将时间线上的播放头移动到时间码为00:00:01:20的位置，如图11-43所示。

02 在"重新定时"中选择"保留"命令或按Shift+H键，如图11-44所示。播放视频并查看效果，播放头所在位置的那一帧变为静止帧，如图11-45所示。在时间线上拖曳"保留"边缘可修改保留长度并调节保留时间，如图11-46所示。

图11-43　　　　　　　　　　　　　　　　　　　　　　　　　　　　　　　图11-44

图11-45　　　　　　　　　　　　　　　　　　　　　　　　　　　　　　　图11-46

03 在"时间线"面板中单击"保留"右侧的下拉箭头，选择"使结尾转场平滑"命令，如图11-47所示。播放视频并查看效果，Final Cut Pro X将在"保留"的结尾添加"速度转场"，如图11-48所示。拖曳"速度转场"的边缘可修改转场长度，如图11-49所示。完成本实战案例后将视频播放速度还原。

图11-47　　　　　　　　　　　　　　　图11-48　　　　　　　　　　　　　　　图11-49

切割速度

- 素材位置：无
- 实例位置：实例文件>CH11
- 视频文件：实战055 切割速度.mp4
- 学习目标：掌握切割速度的相关功能

01 继续使用上一个实战的素材文件。同一视频片段中，不同位置的播放速度可以不同，将播放头移动到时间码为00:00:00:12的位置，如图11-50所示。

图11-50

02 在"重新定时"中选择"切割速度"命令或按Shift+B键，如图11-51所示。"重新定时编辑器"被切割开，如图11-52所示。

图11-51

图11-52

03 将播放头移动到时间码为00:00:01:10的位置，如图11-53所示。再次打开"重新定时"，单击"切割速度"命令或按Shift+B键，"重新定时编辑器"被再次切割，如图11-54所示。

图11-53

图11-54

04 单击两个切割点之间的"重新定时编辑器"下拉箭头，如图11-55所示。选择"快速>4x"命令，如图11-56所示。两个切割点之间片段的播放速度变为原来的4倍，Final Cut Pro X自动在切割点前后添加"速度转场"，如图11-57所示。

图11-55

图11-56

图11-57

05 将时间线上的播放头移动到时间码为00:00:01:02的位置，按Shift+B键切割速度，如图11-58所示。将时间线上的播放头移动到时间码为00:00:02:06的位置，按Shift+B键切割速度，如图11-59所示。

提示 当两个切割点相邻时，"速度转场"的长度自动减少。

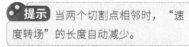

图11-58

图11-59

06 将第3个和第4个切割点之间片段的播放速度设置为"慢速>50%"，如图11-60所示。设置完成后，时间线如图11-61所示，播放视频并查看效果。

图11-60

图11-61

07 通过观察"重新定时编辑器"可看出视频片段将按照"常速>快速>常速>慢速>常速"的速度播放。"速度转场"可保证让两个播放速度顺滑过渡,可修改"速度转场"长度后再次播放视频并查看效果。如不需要"速度转场",就打开"重新定时",取消勾选"速度转场",如图11-62所示。取消"速度转场"后,播放视频并查看效果,"重新定时编辑器"如图11-63所示。

图11-62   图11-63

> **提示** 完成本次实战案例后将视频播放速度还原。

实战 056 倒转片段

- 素材位置:无
- 视频文件:实战056 倒转片段.mp4
- 实例位置:实例文件>CH11
- 学习目标:掌握倒转片段的操作方法

01 使用上一个实战的素材文件。在"时间线"面板中选中video01,选择"重新定时"中的"倒转片段",如图11-64所示。"时间线"面板中的"重新定时编辑器"将显示"常速倒转(-100%)",如图11-65所示。播放video01并查看效果,video01的开始点与结束点对调,video01倒转播放。

图11-64   图11-65

> **提示** 切割速度后不能使用"倒转片段",可以先在常速模式下使用"倒转片段",再切割速度。

02 倒转片段后,快捷键Shift+N变为"常速倒转(-100%)",如图11-66所示。

03 在"时间线"面板中选中video01,在"重新定时"中选择"还原速度"命令或按Control+Option+R键,将video01恢复为常速,如图11-67所示。

04 按A键,向左拖曳video01的结束点至时间码为00:00:02:06的位置,如图11-68所示。

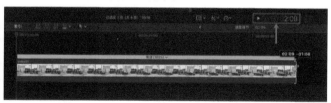

图11-66   图11-67   图11-68

05 先在"时间线"面板中选中video01,按Command+C键复制video01,然后将播放头移动至video01的结束点,按Command+V键粘贴片段,完成后的效果如图11-69所示。

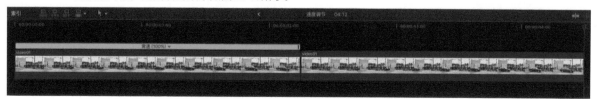

图11-69

06 在"时间线"面板中选中第2个片段,如图11-70所示。

07 在"重新定时"中选择"倒转片段"命令,如图11-71所示,播放并查看效果。删除"时间线"面板中的所有片段(选中后按Delete键删除),在"浏览器"面板重新将video01导入时间线。

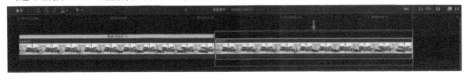

图11-70   图11-71

速度斜坡

- 素材位置:无
- 视频文件:实战057 速度斜坡.mp4
- 实例位置:实例文件>CH11
- 学习目标:掌握速度斜坡的使用方法

01 使用上一个实战的素材文件。在"时间线"面板中选中video01,在"重新定时"中选择"速度斜坡>到0%"命令,如图11-72所示。Final Cut Pro X将自动切割视频并为各部分分配播放速度,视频的播放速度逐渐变慢直至画面完全静止,如图11-73所示。

图11-72   图11-73

02 按Command+Z键撤销操作,再次打开"重新定时",选择"速度斜坡>从0%"命令,如图11-74所示。Final Cut Pro X将自动切割视频并分配多个播放速度,与"至0%"相反,视频的播放速度将从0开始逐渐变快,如图11-75所示。

图11-74   图11-75

> **提示** 在使用"速度斜坡"后,最好再次调整"视频质量",选择合适的帧采样模式以达到让视频流畅播放的目的。完成本次实战案例后将视频的播放速度还原。

即时重放

- 素材位置:无
- 视频文件:实战058 即时重放.mp4
- 实例位置:实例文件>CH11
- 学习目标:掌握即时重放的操作方法

01 在竞技类节目中看到的重复播放的精彩瞬间就是即时重放。打开上一个实战的素材文件,在"时间线"面板中选中video01,在"重新定时"中选择"即时重放>50%"命令,如图11-76所示。时间线如图11-77所示。

图11-76   图11-77

02 "即时重放"中的百分比代表视频回放的速度。video01被复制了一份,
在正常播放完后,再以"50%"的速度慢速重新播放一次,并在"即时重放"
片段的右上角添加字幕用作提示,如图11-78所示。

图11-78

> 💡 提示 可在"重新定时编辑器"中修改视频回放的速度,也可以在"重新定时编辑器"中修改或替换字幕。完成本实战案例后删除字幕并将视频播放速度还原。

倒回

- 素材位置:无
- 视频文件:实战059 倒回.mp4
- 实例位置:实例文件>CH11
- 学习目标:掌握倒回的操作方法

打开上一个实战的素材文件。先在"时间线"面板中选中video01,在"重新定时"中选择"倒回>2倍"命令,如图11-79所示,时间线如图11-80所示。播放视频并查看效果,"倒回"中"1倍""2倍""4倍"代表"倒转片段"播放速度的倍数。此时,video01被复制了2份,其中第1份为2倍速播放的"倒转片段",第2份以常速播放。

图11-79

图11-80

> 💡 提示 可在"重新定时编辑器"中修改视频倒回的速度。完成本实战案例后将视频播放速度还原。

在标记处跳跃剪切

- 素材位置:无
- 视频文件:实战060 在标记处跳跃剪切.mp4
- 实例位置:实例文件>CH11
- 学习目标:掌握在标记处跳跃剪切的方法

01 打开上一个实战的素材文件。将时间线上的播放头移动到时间码00:00:01:00的位置,按M键添加"标记"或在任务栏中执行"标记>标记>添加标记"命令,如图11-81所示。

02 使用同样的方法在时间码为00:00:02:00和00:00:03:00的位置添加"标记",如图11-82所示。

图11-81

图11-82

03 在"时间线"面板中选择video01,在"重新定时"中选择"在标记处跳跃剪切>30帧"命令,如图11-83所示。
播放视频并查看效果,Final Cut Pro X将在每个标记点画面剪切30帧画面,视频时长被缩短,如图11-84所示。"在标记处跳跃剪切"是根据视频原始帧速率进行剪切,而不是根据项目帧速率进行剪切,video01视频的帧速率为每秒60帧,"在标记处跳跃剪切"也是以每秒60帧进行剪切。

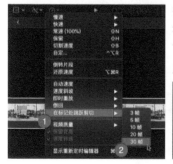
图11-83

图11-84

第12章

画幅

实战 061 邮筒模式

- 素材位置：素材文件>CH12
- 实例位置：实例文件>CH12
- 视频文件：实战061 邮筒模式.mp4
- 学习目标：掌握邮筒模式的操作方法

在第11章"重新定时"中提到了"信箱模式"，将画面比例为16：9的视频放置在画面比例为4：3的项目中，视频画面将出现上下黑边，这种模式被称为"信箱模式"；反之，将画面比例为4：3的视频放置在画面比例为16：9的项目中，视频画面将出现左右黑边，这种模式被称为"邮筒模式"。通常使用16：9表示横版视频，9：16表示竖版视频（比例前方数字表示视频画面的长度，比例后方数字表示视频画面的宽度；长度大于宽度即为横版视频，长度小于宽度即为竖版视频）。

01 新建资源库并将其命名为"第12章"，新建事件并将其命名为"画幅"，打开本书配套资源"素材文件>CH12>实战061"文件夹，将video01添加到"画幅"事件中，如图12-1所示。

图12-1

02 先在"浏览器"面板中选中video01，再单击"检查器"面板中的"信息检查器"。摘要信息显示video01的分辨率为1440×1080，画面比例为4：3，如图12-2所示。

图12-2

03 在"浏览器"面板中右击video01，选择"新建项目"命令，Final Cut Pro X将根据视频分辨率创建画面比例为16：9的项目，将项目命名为"邮筒模式"，单击"好"按钮，完成项目设置，video01将被导入时间线。在"检视器"面板中查看效果，video01画面左右边缘被添加了遮幅，如图12-3所示。

图12-3

▷ **空间符合**

　　一些老电视剧都是以4：3的画面比例制作的，直接在画面比例16：9的新电视机上播放会出现问题，通过为画面添加左右黑边的方式（邮筒模式）可以保证播出正常。用户可以选择保留遮幅，也可以选择消除遮幅。

01 在"时间线"面板中选中video01，单击"检查器"面板中的"视频检查器"，将"空间符合"类型设置为"填充"，如图12-4所示。

02 在"检视器"面板中查看效果，video01的画面被放大，画面左右边缘的黑边消失，如图12-5所示。

图12-4　　　　　　　　　图12-5

03 在"视频检查器"的"变换"属性中调整"位置"中的"Y"可以重新构图，例如将"Y"设置为-170.0px，如图12-6所示。在"检视器"面板中查看效果，如图12-7所示。

图12-6　　　　　　　　　图12-7

> **提示** 将"空间符合"与"变换"属性恢复默认。

▷ **背景发生器**

01 在"浏览器"面板中单击"字幕和发生器" 🔳或按Option+Command+1键，展开"发生器"，在"单色"中找到"自定"，如图12-8所示。

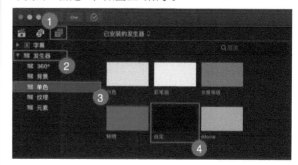

图12-8

02 将"自定"发生器拖曳到"时间线"面板中video01的下方，调整"自定"发生器的长度，使其与video01对齐，如图12-9所示。

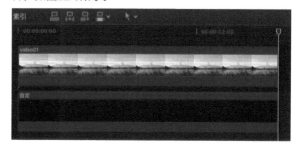

图12-9

03 在"时间线"面板中选中"自定"发生器，单击"检查器"面板中的"发生器检查器"，将"Color"设置为白色，如图12-10所示。在"检视器"面板中查看效果，画面背景变为白色，如图12-11所示。

图12-10　　　　　　　　图12-11

> **提示** 用户可以根据需求将背景调整为任意颜色或添加其他发生器、视频或图片作为背景。

▷ **模糊背景**

01 在"时间线"面板中复制并粘贴video01，将两段视频上下堆叠并对齐，如图12-12所示。

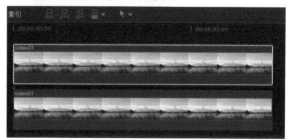

图12-12

02 在"时间线"面板中选中下方的video01，在"视频检查器"的"变换"属性中设置"缩放（全部）"为150%，如图12-13所示。

03 在"检视器"面板中查看效果，video01的画面被放大，视频画面左右边缘被填充，如图12-14所示。

04 在"时间线"面板中打开"效果浏览器"或按Command+5键，在"模糊"选项中找到"高斯曲线"效果，如图12-15所示。

图12-13

图12-14

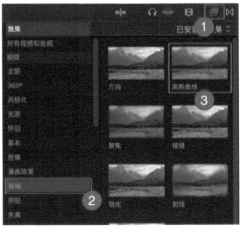
图12-15

05 将"高斯曲线"效果拖曳到"时间线"面板中下方的video01片段上，如图12-16所示。

图12-16

> **提示** 在"时间线"面板中选中片段后，在"效果浏览器"中双击效果也可添加效果。

06 在"视频检查器"中将"高斯曲线"效果的"Amount"参数的值调整为15.0，如图12-17所示。在"检视器"面板中查看效果，背景被相同片段填充且不影响前端视频的显示，如图12-18所示。

07 在设置项目时，设置"格式"为"自定"，手动输入分辨率即可直接剪辑画面比例为4：3（或其他比例）的视频，如图12-19所示。

图12-17

图12-18

图12-19

08 也可以更改已经建立好的项目的分辨率，在更改前为原始项目创建备份是个好习惯。在"浏览器"面板中右击"邮筒模式"项目，选择"复制项目"命令或按Command+D键，如图12-20所示。"邮筒模式"项目将被复制，如图12-21所示。

09 在"浏览器"面板中选中"邮筒模式"项目，单击"检查器"面板"信息检查器"中的"修改"按钮，如图12-22所示。

图12-20

图12-21

图12-22

10 在"项目设置"对话框中设置视频"格式"为"自定"、"分辨率"为1440×1080，单击"好"按钮 好 ，如图12-23所示。

11 在"浏览器"面板中双击打开修改后的项目，在"检视器"面板中查看结果，项目中视频的画面左右边缘不再有黑边，并以原始视频的画面比例（4:3）进行剪辑，如图12-24所示。

图12-23 图12-24

信箱模式

实战 062

- 素材位置：素材文件>CH12
- 视频文件：实战062 信箱模式.mp4
- 实例位置：实例文件>CH12
- 学习目标：掌握信箱模式的处理方法

除了在电视广播中使用信箱模式以保证电视正常播出视频外，还可以使用信箱模式为视频的画面添加上下黑边（遮幅）来模拟电影的宽幅效果。

01 打开本书配套资源"素材文件>CH12>实战062"文件夹，将video02添加到"画幅"事件中，如图12-25所示。

02 在"浏览器"面板中右击video02，选择"新建项目"命令。在项目设置对话框中设置"格式"为1080p HD、"分辨率"为1920×1080、"速率"为30p，单击"好"按钮 好 完成项目设置，如图12-26所示。完成后"时间线"面板中的video01及video02的画面如图12-27所示。

图12-25 图12-26

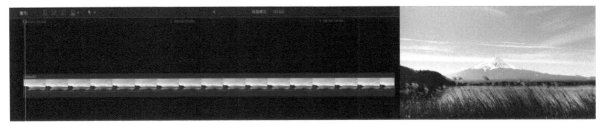

图12-27

03 在"时间线"面板的右上角单击"效果浏览器"或按Command+5键,在左边栏中单击"风格化",在"风格化"中找到"信箱模式"效果,如图12-28所示。

图12-28

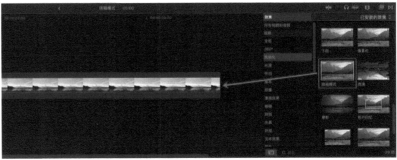

图12-29

04 将"信箱模式"效果拖曳到video02上,如图12-29所示。在"时间线"面板中选中video02,单击"检查器"面板中的"视频检查器",在"视频检查器"中可看到"信箱模式"效果模块和可调整的参数,如图12-30所示。

05 展开"Aspect Ratio"下拉列表框可调整画面遮幅比例,如图12-31所示。

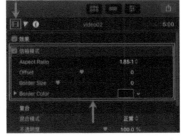

图12-30

图12-31

> **提示** "信箱模式"效果的默认遮幅比例为1.85∶1。16∶9经过四舍五入换算后约为1.78∶1,但略小于1.78∶1,计算方式为16除以9得到约数。从胶片电影开始,电影的画面比例有着漫长的发展史,目前最常用的电影的画面比例为1.85∶1和2.35∶1(有时也被表示为21∶9),将"Aspect Ratio"设置为2.35∶1。在"检视器"面板中查看效果,video02画面的上下边缘出现了遮幅,模拟出了宽荧幕电影效果,如图12-32所示。比例为1.85∶1的画面也称为"学院宽银幕",比例为2.35∶1的画面也称为"变形宽银幕"。

图12-32

如果在视频拍摄时按照16∶9的比例构图,那么在添加"信箱模式"效果后显示区域将发生改变。在"视频检查器""信箱模式"中左右拖曳"Offset"滑块可调整显示区域用于重新构图,例如将"Offset"滑块向右拖曳,设置为1.0,显示区域发生改变,如图12-33所示。

图12-33

实战
063

调整画幅（更改视频画面比例）

- 素材位置：素材文件>CH12
- 视频文件：实战063 调整画幅（更改视频画面比例）.mp4
- 实例位置：实例文件>CH12
- 学习目标：掌握更改视频画面比例的方法

在为画面比例为16：9的视频添加"信箱模式"效果后，输出视频的画面比例仍然为16：9，只不过画面上下边缘出现了遮幅。读者可以在新建项目时直接将画面比例16：9更改为2.35：1，输出后画面上下边缘就不会出现遮幅。

01 在"浏览器"面板中右击video02，选择"新建项目"命令，如图12-34所示。

> **提示** video02的分辨率为1920×1080，换算为2.35：1后，分辨率应为1920×817，计算方式为1920除以2.35约等于817（小数点后四舍五入）。同理，如果视频分辨率为3840×2160，那么3840除以2.35约等于1634，换算为2.35：1后，分辨率应为3840×1634。因此，这样将损失视频的一部分画面。

图12-34

02 设置"项目名称"为"调整画幅"，"视频"的"格式"为"自定"、"分辨率"为1920×817、"速率"为30p，单击"好"按钮 好 完成项目设置，如图12-35所示。video02被导入时间线，"检视器"面板将出现"邮筒模式"效果，如图12-36所示。

图12-35

图12-36

03 在"视频检查器"中将"空间复合"类型更改为"填充"，消除画面左右边缘的画面，再调整"位置"中的"Y"重新构图，如图12-37所示。视频输出后画面比例即为2.35：1。

图12-37

第13章

多机位剪辑

创建多机位

- 素材位置：素材文件>CH13
- 视频文件：实战064 创建多机位.mp4
- 实例位置：实例文件>CH13
- 学习目标：掌握多机位的创建方法

　　多机位剪辑是较简单的剪辑技术。Final Cut Pro X使用自身的算法完成了其中最复杂的部分。作为剪辑师，只需构思镜头排列顺序，在正确的时间将最好的镜头呈现给观众。Final Cut Pro X可创建64个多机位角度。

▷ **音频同步**

　　使用音频同步创建多机位是最快捷的方法。这需要在不同机位拍摄得到的视频中都包含相同的音频，但并不要求每一个机位的音频质量都很高，只要录制时打开麦克风即可。

01 新建资源库，将其命名为"第13章"，新建事件并将其命名为"多机位剪辑"，本书配套资源"素材文件>CH13>实战064"文件夹，将video01、video02、video03和video04导入名为"多机位剪辑"的事件中，如图13-1所示。

> **提示** 监听每一个视频素材中的音频，可以发现所有的视频和音频都是同期录制的，其中video02的音频质量相对较好，其他视频的音频质量相对较差，在多机位剪辑中可以只使用video02的音频作为主音频。

图13-1

02 在"浏览器"面板中将4个片段全部选中，右击任意片段并选择"新建多机位片段"命令，如图13-2所示。

03 将"多机位片段名称"设置为"音频同步"，默认自动勾选"使用音频进行同步"选项，单击"好"按钮 ■■好■■ 完成多机位的创建，如图13-3所示。Final Cut Pro X会经过短时间的计算来完成多机位同步，并将多机位片段添加到"浏览器"面板对应的事件中，如图13-4所示。

图13-2

图13-3

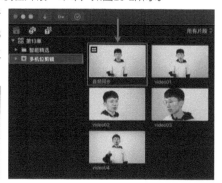
图13-4

> **提示** 同步时间与计算机性能及素材质量有关，大部分情况下会在较短时间内完成。

04 多机位片段创建完成后需要先检查多机位片段是否同步成功，在"浏览器"面板中双击名为"音频同步"的多机位片段，即可在"时间线"面板中打开多片段，如图13-5所示。观察多片段音频波形的对齐情况，如图13-6所示。

图13-5

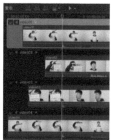
图13-6

> **提示** 多机位片段同步后，"时间线"面板中的每一行都被称为多机位"角度"。

▷ **标记同步**

在音频同步不可用的情况下可使用标记同步，这需要每一个片段都有共同的可标记点，播放并观察4个片段，因录制开始前使用了场记板，场记板就可成为的所有视频中共同的标记点。

01 将播放头移动到video01开头处，左右移动鼠标指针观察场记板，如图13-7所示。

> **提示** 为更方便地观看影片，建议打开"浏览"功能，快捷键为S。

图13-7

02 将播放头移动到video01中场记板刚好闭合的那一帧（时间码为00:00:02:17），按M键添加"标记"，如图13-8所示。

03 将播放头移动到video02中场记板刚好闭合的那一帧（时间码为00:00:01:15），按M键添加"标记"，如图13-9所示。

图13-8

图13-9

04 将播放头移动到video03中场记板刚好闭合的那一帧（时间码为00:00:02:08），按M键添加"标记"，如图13-10所示。

图13-10

05 将播放头移动到video04中场记板刚好闭合的那一帧（时间码为00:00:03:16），按M键添加"标记"，如图13-11所示。在video01、video02、video03和video04的同一位置添加"标记"，如图13-12所示。

图13-11

图13-12

06 在"浏览器"面板同时选中这4个片段，右击其中任意一个片段，选择"新建多机位片段"命令，在弹出的对话框中设置"多机位片段名称"为"标记同步"，取消勾选"使用音频进行同步"选项，单击"使用自定设置"按钮，如图13-13所示。

图13-13

> **提示** 此处为了演示才取消勾选"使用音频进行同步"选项，在实际剪辑中可以勾选该选项以减少同步时间，增加匹配成功率。

07 在"角度同步"下拉列表框中选择"角度上的第一个标记"，单击"好"按钮 ▇好▇ 完成设置，如图13-14所示。完成后，多机位片段将被添加到"浏览器"面板对应的事件中，如图13-15所示。

08 在"浏览器"面板中双击名为"标记同步"的多机位片段，在"时间线"面板中将其打开，检查同步情况，Final Cut Pro X将根据片段中的标记自动将各角度中的片段对齐，如图13-16所示。

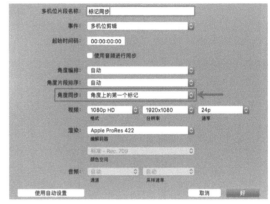

图13-14

图13-15   图13-16

09 在"检视器"面板的右上角执行"显示>角度"命令或按Shift+Command+7键，"检视器"面板将打开"角度"编辑器，如图13-17所示。这时候可以播放"标记同步"多机位片段并查看"检视器"面板。

图13-17

> **提示** 在"新建多机位片段"对话框中有3种角度设置，分别为"角度编排""角度片段排序""角度同步"，如图13-18所示。具体介绍请观看教学视频。

图13-18

删除/添加多机位角度

- 素材位置：无
- 视频文件：实战065 删除/添加多机位角度.mp4
- 实例位置：实例文件>CH13
- 学习目标：掌握多机位角度的删除和添加方法

在已经创建的多机位剪辑中还可以继续添加或删除多机位角度。在创建时遗漏了某个片段、多机位片段没有成功同步或不再需要某个角度等，都可以通过删除或添加多机位角度得到解决。

01 打开上一个实战的素材文件。在"浏览器"面板中打开"音频同步"多机位片段，时间线如图13-19所示。在"时间线"面板中单击video02角度右侧按钮■，如图13-20所示。在下拉列表框中选择"删除角度"，删除后多机位片段如图13-21所示。

02 在video04角度右侧单击按钮■，在下拉列表框中选择"添加角度"，Final Cut Pro X会在video04角度下方添加一个空白的"未命名角度"，如图13-22所示。

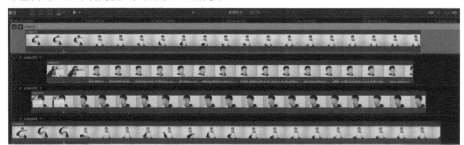

图13-19

图13-20

图13-21

图13-22

03 在"浏览器"面板中删除video02中的"标记"，如图13-23所示。在"浏览器"面板中将video02拖曳到空白的"未命名角度"中，如图13-24所示。

图13-23

图13-24

04 现在video02与其他角度的片段不同步，需要进行角度同步操作。如果片段中包含可用的音频或其他可用的元数据信息（video02中包含可用的音频信息），在"未命名角度"右侧单击按钮■，在下拉列表框中选择"将所选内容同步到监视角度"，Final Cut Pro X将根据video02中音频信息或其他元数据信息自动同步，如图13-25所示。

图13-25

提示 从"浏览器"面板中将video02拖曳到空白"未命名角度"中后，将默认该片段为被选中状态，该片段四周出现黄色线框。当没有选中任何角度片段时，此选项将显示为"将角度同步到监视角度"，此选项仅对当前角度有效。

05 除此之外，还可以手动选择同步点。按Command+Z键撤销上一步操作，如图13-26所示。

06 在"浏览器"面板中将播放头移动到video01中场记板刚好闭合的那一帧（时间码为00：00：03：17），可以在"检视器"面板中查看效果，如图13-27所示。

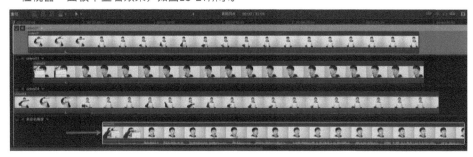 

图13-26　　　　　　　　　　　　　　　　　　　　图13-27

07 在"未命名角度"中选中video02，在"未命名角度"右侧单击按钮■，选择"同步到监视角度"。将鼠标指针移动到"未命名角度"中的video02上，"检视器"面板左侧将显示鼠标指针停留在片段上的那一帧，右侧将显示video01上播放头停留在video01的那一帧，如图13-28所示。

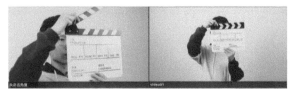

图13-28

08 将鼠标指针移动到video02中场记板刚刚闭合的那一帧，如图13-29所示。在移动的同时可以在"检视器"面板中查看效果，如图13-30所示。

图13-29

图13-30

09 在video02中单击场记板刚刚闭合的这一帧，video02即可与其他角度的片段同步，如图13-31所示。确认无误后，在"检视器"面板下方单击"完成"按钮，如图13-32所示。

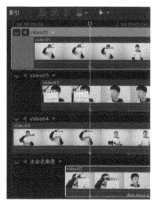

图13-31

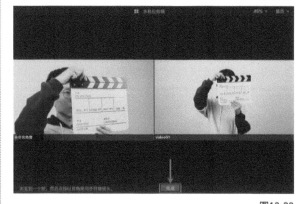

图13-32

实战
066
编辑多机位

● 素材位置：素材文件>CH13　　　　● 实例位置：实例文件>CH13
● 视频文件：实战066 编辑多机位.mp4　　● 学习目标：掌握多机位的编辑方法

01 多机位中的角度名称、角度顺序、监视角度及监视音频都可以自由选择。单击角度名称即可为角度重新命名，如图13-33所示。将"未命名角度"命名为"video02"，按回车键确认，如图13-34所示。

图13-33　　　　　　　　　　　　　　　　　　　　图13-34

02 在"检视器"面板右上角执行"显示>角度"命令或按 Shift+Command+7键，打开"角度"面板，如图13-35所示。在"时间线"面板右上角拖曳▤可以修改角度位置，如图13-36所示。

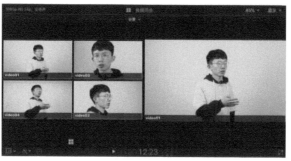

图13-35　　　　　　　　　　　　　　图13-36

03 在"时间线"面板中将video02拖曳到video01下方，如图13-37所示。这时可以在"检视器"面板中观察video02角度位置的变化，如图13-38所示。

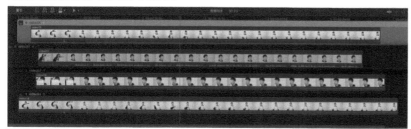
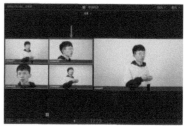

图13-37　　　　　　　　　　　　　　　图13-38

04 在"角度"面板右上角展开"设置"下拉列表框，将"显示"切换为"2个角度"，观察"角度"面板，如图13-39所示。

05 在"角度"面板下方单击▤进行翻页，如图13-40所示。

06 将"显示"切换为"9个角度"，观察"角度"面板，如图13-41所示。

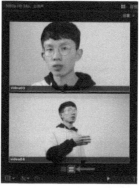
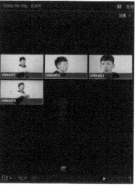

图13-39　　　　　　　　　图13-40　　　　　　　　　图13-41

07 将"显示"切换为"4个角度"，并在"叠层"下勾选"时间码"，如图13-42所示。每一个角度上都将显示当前画面的时间码，如图13-43所示。

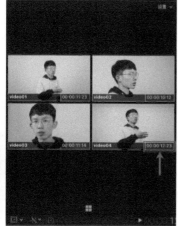
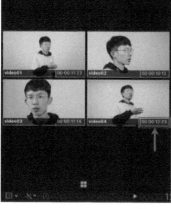

> **提示** "叠层"下的"显示名称"分为"角度""片段""无"，选择"角度"时将显示角度名称，选择"片段"时将显示片段原始名称，选择"无"时则不显示任何名称。"角度"面板右侧被称为"监视角度"，当前"监视角度"为video01，如图13-44所示。
>
>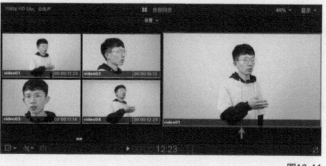
>
> 图13-44

图13-42　　　　　　　　　图13-43

08 在"时间线"面板的"角度"左上角单击█可以切换监视角度。在video02左上角单击█，如图13-45所示，"监视角度"变为video02，如图13-46所示。在"检视器"面板中查看效果，如图13-47所示。

图13-45 图13-46

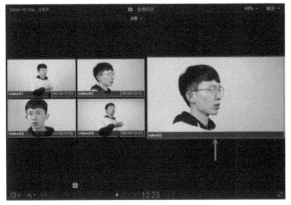

图13-47

提示 按钮变为高亮蓝色时表示其被激活。

09 在"时间线"面板的"角度"左上角单击█可以切换监视音频。当前"监视音频"为video01，其他角度的音频均处于关闭状态，如图13-48所示。在video02的左上角单击█，video02将被设为"监视音频"，同时video01没有被取消，用户可以同时选择两个"监视音频"，如图13-49所示。

图13-48 图13-49

10 播放"音频同步"多机位片段并监听音频，video01和video02的音频同时被启用，再次单击video01的█可以取消"监视音频"，如图13-50所示。

图13-50

实战
067

剪辑多机位

- 素材位置：素材文件>CH13
- 实例位置：实例文件>CH13
- 视频文件：实战067 剪辑多机位mp4
- 学习目标：掌握多机位的剪辑方法

本实战将介绍多机位视频的剪辑方法。在学习过程中，如果读者遇到无法理解的步骤描述和图示的情况，可以观看教学视频，并跟随书中的步骤进行学习。

01 在做完前面所有准备工作后就可以开始剪辑了。按Command+N键新建项目，项目的具体参数设置如图13-51所示。将"音频同步"多机位片段导入时间线，如图13-52所示。

图13-51 图13-52

02 在"检视器"面板的右上角执行"显示>角度"操作或按 Shift+Command+7键，打开"角度"面板，如图13-53所示。

图13-53

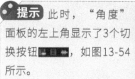
提示 此时，"角度"面板的左上角显示了3个切换按钮，如图13-54所示。

图13-54

音频和视频切换（Shift+Option+1）：选择后以黄色表示，切换时既可以切换视频也可以切换视频中带有的音频。

仅视频切换（Shift+Option+2）：选择后以蓝色表示，切换时仅切换视频。

仅音频切换（Shift+Option+3）：选择后以绿色表示，切换时仅切换音频。

软件默认启用"音频和视频切换"。在"时间线"面板中播放"音频同步"多机位片段时，单击"角度"面板中的各个角度可以切换机位（鼠标指针移动到角度上时变为刀片），Final Cut Pro X将在播放头所在的位置切换角度，如图13-55所示。

图13-55

用户也可以按数字键切换角度，例如按数字键2，角度将切换到第2个角度。在本实战中按数字键2会切换到video02。

03 由于启用了"音频和视频切换"，每切换一次角度音频都将随之切换，声音会忽高忽低、时好时坏，这并不是想要的效果，将播放头移动到时间线开始点，如图13-56所示。

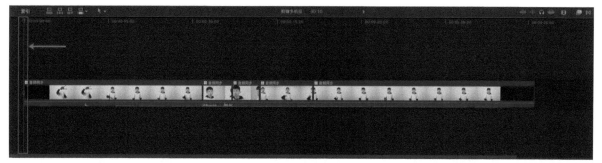

图13-56

04 在"浏览器"面板中选中"音频同步"多机位片段，按D键将所选片段覆盖到主要故事情节上，时间线恢复为原始状态，如图13-57所示。

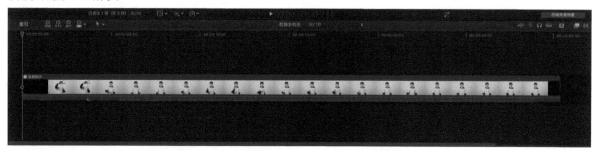

图13-57

提示 组成"音频同步"多机位片段的4个片段中只有video02的音频质量最好，因此需要将video02的音频用作主音频（或称为"活跃音频角度"），将播放头移动到时间线开始点。注意，在进行多机位剪辑时提前确定好"活跃音频角度"是非常重要的，这样可以避免在剪辑中出现音频问题。

05 在"角度"面板的左上角单击"仅音频切换"◼或按Shift+Option+3键，将鼠标指针移动到video02上，鼠标指针变为"刀片"，如图13-58所示。

06 在video02上单击，单击后，video01四周的线框由黄色变为蓝色，video02四周的线框由白色变为绿色，如图13-59所示。

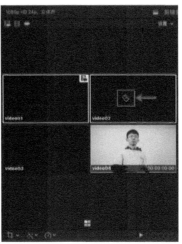

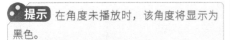 **提示** 在角度未播放时，该角度将显示为黑色。

图13-58 图13-59

07 此时，video02中的音频变为"活跃音频角度"，在"时间线"面板中观察音频波形变化，播放并监听效果，如图13-60所示。video01依然为"活跃视频角度"，如图13-61所示。

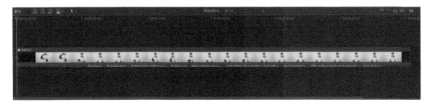

图13-60 图13-61

提示 "活跃视频角度"和"活跃音频角度"与"编辑多机位"实战中讲解的"监视角度"和"监视音频"不同，前者用于剪辑时，后者用于编辑时，二者互不影响。

08 为确保在剪辑时"活跃音频角度"不受影响，需要先在"角度"面板的左上角启用"仅视频切换"◼。在"时间线"面板中播放"音频同步"多机位片段，播放时单击"角度"面板中的各个角度可以切换机位，Final Cut Pro X将在播放头所在的位置切换角度，如图13-62所示。音频将始终保持在"活跃音频角度"上，如图13-63所示。

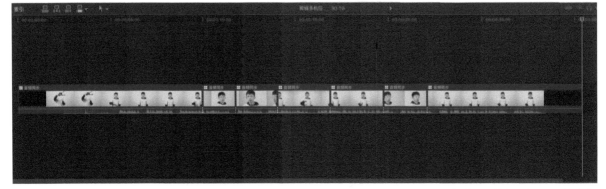

图13-62

图13-63

09 在时间线上右击任意角度并选择"活跃视频角度"可以切换到其他角度的视频,如图13-64所示。

图13-64

提示 选择"活跃音频角度"可将音频切换到其他角度。

10 在时间线上拖曳各角度的连接处可以进行"卷动式编辑",如图13-65和图13-66所示。

图13-65　　　　　　　　图13-66

11 各个角度间以虚线连接,这被称为"直通编辑"。选中任意一条虚线,按Delete键可以删除"直通编辑",如图13-67和图13-68所示。

图13-67　　　　　　　　图13-68

12 将时间线上的播放头移动到角度连接处,在"检视器"面板中单击角度(或按数字键),可以将现有角度切换为其他角度,如图13-69所示。

图13-69

提示 目前Final Cut Pro X只支持向后(向右)切换1个角度。

13 将时间线上的播放头移动到角度上,如图13-70所示。在"检视器"面板中单击角度(或按数字键),可以在播放头所在位置新建角度,如图13-71所示。

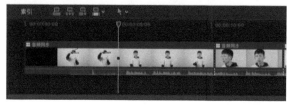

图13-70

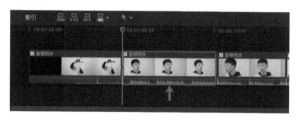

图13-71

14 按Command+Z键撤销上一步操作,恢复到如图13-70所示状态,按住Option键在"检视器"面板中单击角度,可以替换播放头所在位置的整个角度(不新建角度),如图13-72所示。

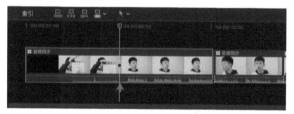

图13-72

提示 另外,进行多机位剪辑时可能会出现卡顿现象,可以在"偏好设置"的"播放"选项卡中勾选"为多机位片段创建优化的媒体"选项,如图13-73所示。如果还不能够解决卡顿的问题,那么建议使用代理,如图13-74所示。

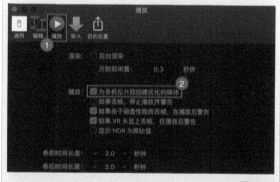

图13-73

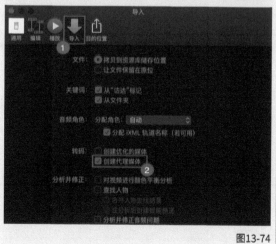

图13-74

第14章

视频输出

▶ 实战检索

使用Final Cut Pro X导出媒体

- 素材位置：素材文件>CH14
- 视频文件：实战068 使用Final Cut Pro X导出媒体.mp4
- 实例位置：实例文件>CH14
- 学习目标：掌握使用Final Cut Pro X导出媒体的方法

▷ 在"浏览器"面板导出单个片段

01 在任务栏中执行"文件>打开资源库>其他"命令，在"打开资源库"对话框左下角单击"查找"按钮 查找… ，在目录中打开"第14章"，选中"视频输出"资源库，单击右下角的"打开"按钮 打开 ，如图14-1所示。打开后即可在"浏览器"面板中查看"视频输出"资源库，如图14-2所示。

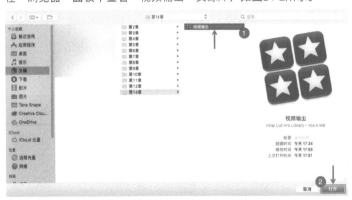

图14-1

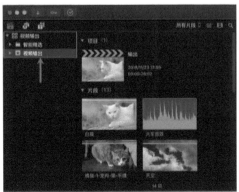

图14-2

 提示 由于版本不同，在打开资源库时可能会有更新提示。

02 在"浏览器"面板将4个片段全部选中,如图14-3所示。

图14-3

03 在任务栏中执行"文件>共享4个片段>母版文件"命令,打开"母版文件"设置面板,面板左侧显示"要共享的片段"与在"浏览器"面板中选中的片段一致,如图14-4所示。

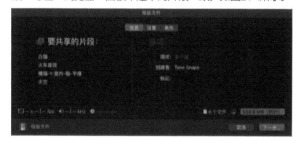

图14-4

04 在"母版文件"设置面板中切换到"设置"选项卡,展开"格式"下拉列表框,如图14-5所示。在默认情况下,导入的视频格式为MOV,如果要导出MP4格式的视频,需要在"发布"中选择"电脑",如图14-6所示。选择"电脑"后,将导出视频和音频。

图14-5

提示 下面介绍"母带录制"中的选项。

视频和音频:导出的片段既包含视频也包含音频。

仅视频:即使视频文件中带有音频,导出后也仅有视频,音频被移除。

仅音频:与"仅视频"相反,导出后的片段中仅有音频,视频被移除。

提示 "发布"中的"Apple 设备"导出的视频文件为M4V格式;"网页托管"导出的视频文件为MOV格式,但视频的体积更小(码率更低)。

图14-6

05 展开"视频编解码器"下拉列表框,默认的"视频编解码器"与"项目"设置一致。其中H.264编解码器的兼容性最好,用这种编解码器输出的视频体积也相对较小,比较适合网络发布。完成设置后单击面板右下角的"下一步"按钮,如图14-7所示。

图14-7

提示 网络视频网站会对不符合网站要求的视频进行二次压缩,以保证视频能够正常播放。

06 选择"桌面",完成后单击右下角的"共享"按钮,即可导出视频,如图14-8所示。

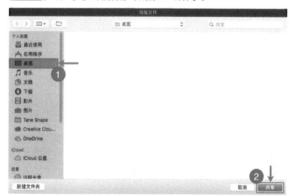

图14-8

提示 用户可在"后台任务"面板中查看导出进度,如图14-9所示。

导出的视频将被存储在指定目录中,Final Cut Pro X将保留片段原始名称,并保持原始视频的分辨率,如图14-10所示。

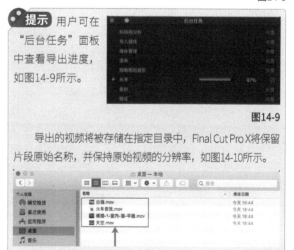

图14-10

▷ **导出剪辑**

01 在"浏览器"面板中双击名为"输出"的项目，如图14-11所示；"时间线"面板中将显示该项目，如图14-12所示。

图14-11　　　　　　　　　　　　　　　　　　　　　　　　　图14-12

02 在任务栏中执行"文件>共享>母版文件"命令或按Command+E键，打开"母版文件"设置面板。"关键词精选"等信息将会出现在"标记"选项中（可删除），因为导出时视频名称与项目名称一致，所以修改项目名称可以修改视频名称，如图14-13所示。

图14-13

03 "设置"选项卡中的内容与上述一致，这里不再赘述，如图14-14所示。切换到"角色"选项卡，当视频中含有隐藏式字幕时，可以在此进行管理，如图14-15所示。

图14-14

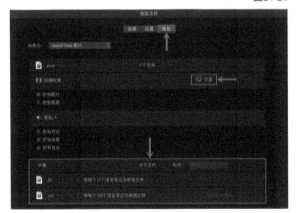

图14-15

> **提示** 隐藏式字幕的管理方法已经在实战027"隐藏式

字幕"中讲解，这里不再赘述。同样，用相同的方法存储项目，并在"后台任务"面板中查看进度。在导出剪辑项目时，视频的分辨率与项目设置一致，项目的分辨率为1080p HD，导出视频的分辨率也为1080p。

▷ **导出角色媒体**

01 Final Cut Pro X可以单独导出角色片段。在时间线上为片段分配角色，导出时在"母版文件设置"面板中单击"角色"选项卡，"角色"选项卡将显示视频角色和音频角色，如图14-16所示。

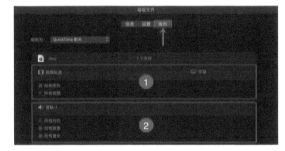

图14-16

02 在"角色"选项卡中展开左上角的"角色为"下拉列表框，选择"单独的文件"，Final Cut Pro X将按照角色创建单独的片段，如图14-17所示。

图14-17

提示 导出的所有音频角色和视频角色时长都相同，如果时间线上的"火车音效"在时间码为00:00:19:08的位置，那么导出后的"所有效果"音频文件也将在时间码为00:00:19:08的位置播放"火车音效"，其他部分为静音。视频角色也是如此。

03 在"角色"选项卡中将"角色为"设置为"多轨道QuickTime 影片"，与"单独的文件"不同，所有视频角色都被合并导出，音频依然根据角色分别被导出，如图14-18所示。

图14-18

▷ **导出时间线上的单个或一组片段**

随着时间线上素材的增加，导出其中一个或一组

片段看似变得麻烦，其实只需要利用复合片段即可导出时间线上的任意一个或一组片段。

在"时间线"面板中右击需要导出的单个片段，选择"新建复合片段"命令，将复合片段命名为"输出片段"。"浏览器"面板将显示"输出片段"复合片段，如图14-19所示。在"浏览器"面板中选中该复合片段，在任务栏中执行"文件>共享>母版文件"命令即可单独导出"输出片段"复合片段。为了不影响剪辑，单独导出后可在"时间线"面板中选中"输出片段"复合片段，按Shift+Command+G键将其分开。

图14-19

实战 069 存储当前帧

- 素材位置：素材文件>CH14
- 视频文件：实战069 存储当前帧.mp4
- 实例位置：实例文件>CH14
- 学习目标：掌握存储当前帧的方法

存储当前帧的方法很简单，主要通过在任务栏中执行"文件>共享>存储当前帧"命令或单击Final Cut Pro X窗口右上角的按钮 ，然后在"存储当前帧"面板中进行设置即可，如图14-20所示。

提示 在"存储当前帧"面板中可以将当前选中帧的画面保存为图片，操作方法简单，读者可以观看教学视频进行学习。

图14-20

实战 070 导出图像序列

- 素材位置：素材文件>CH14
- 视频文件：实战070 导出图像序列.mp4
- 实例位置：实例文件>CH14
- 学习目标：掌握导出图像序列的方法

导出图像序列可以理解为"存储当前帧"的升级版，它可以将视频导出为一组图片，且这些图片都是连续排列的。在"时间线"面板的任意空白处单击以激活时间线，在任务栏中执行"文件>共享>导出图像序列"命令，然后在"导出图像序列"面板中设置相关参数即可完成导出，如图14-21所示。

提示 图像序列中不包含音频文件。同样，对于具体操作，读者可以观看教学视频。

图14-21

认识Compressor操作界面

- 素材位置：素材文件>CH14
- 视频文件：实战071 认识Compressor操作界面.mp4
- 实例位置：实例文件>CH14
- 学习目标：熟悉Compressor的操作界面

Compressor是苹果公司开发的一款编码软件，既可以配合Final Cut Pro X使用，也可以独立使用，Compressor有着强于Final Cut Pro X的编码性能，功能上也更加灵活丰富。Compressor界面大致可分为5个区域，如图14-22所示。

> **提示** 关于Compressor的界面，读者可以观看教学视频进行学习。

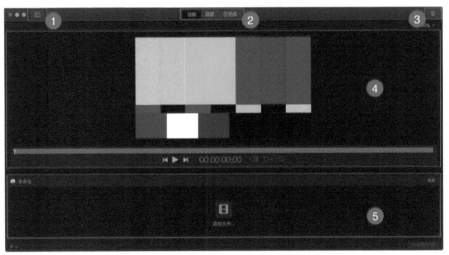

图14-22

使用Compressor导出媒体

- 素材位置：素材文件>CH14
- 视频文件：实战072 使用Compressor导出媒体.mp4
- 实例位置：实例文件>CH14
- 学习目标：掌握使用Compressor导出媒体的方法

使用Compressor可以将文件输出为视频文件，在任务栏中执行"文件>发送到Compressor"命令，打开"输出"面板，如图14-23所示。用户可以在"输出"面板中对视频进行设置，如图14-24所示。

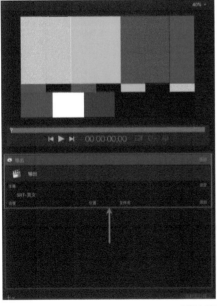

图14-23

图14-24

> **提示** 请读者观看教学视频查看具体操作和讲解。

实战 073 使用Compressor自定义视频封面

- 素材位置：素材文件>CH14
- 视频文件：实战073 使用Compressor自定义视频封面.mp4
- 实例位置：实例文件>CH14
- 学习目标：掌握使用Compressor自定义视频封面的方法

01 在Final Cut Pro X中将项目发送到Compressor中，并为项目添加"HD 1080p"预设，如图14-25所示。在"检视器"面板中载入项目，如图14-26所示。

图14-25

图14-26

> **提示** "检视器"面板右下角的📺用于打开或关闭隐藏式字幕，如图14-27所示。
> 　　在"检视器"面板下方单击▶或按空格键，可播放所选视频，如图14-28所示。

图14-27 图14-28

　　单击◀可移动到上一个标记，单击▶可移动到下一个标记，如图14-29所示。

　　单击▣▣可打开"源/输出对比"，以白线为分割，左边显示原始视频画面，右边显示在"检查器"面板调整效果后的视频画面，用于对比，如图14-30所示。

图14-29 图14-30

02 在"检视器"面板中将播放头移动到时间码为00:00:04:21的位置，如图14-31所示。在"检视器"下方单击💟展开下拉列表，选择"设定标志帧"命令，如图14-32所示。播放头所在位置将出现橙色图标🚩，如图14-33所示。

图14-32

图14-31

图14-33

> **提示** 如需重新设定标志帧，可在💟下拉列表中先单击"跳到标志帧"命令，再单击"清除标志帧"命令。批处理完成后，视频封面将与"设定标记帧"一致，如图14-34所示。

输出-HD
1080p.mov

图14-34

　　此方法仅适用于更改输出视频封面。在上传到网络播放平台时，可能需要单独上传图片作为封面。

实战 074 Compressor标记

- 素材位置：素材文件>CH14
- 视频文件：实战074 Compressor标记.mp4
- 实例位置：实例文件>CH14
- 学习目标：掌握Compressor标记的使用方法

01 在Final Cut Pro X中将项目发送到Compressor，并为项目添加"HD 1080p"预设，如图14-35所示。在"检视器"面板中载入项目，如图14-36所示。

图14-35 图14-36

02 Compressor中的标记分为"章节""压缩""编辑""播客"，单击 下拉列表，选择"设定默认标记"命令，如图14-37所示。

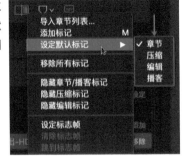

图14-37

▷ 章节/播客

01 将播放头移动到时间码为00:00:05:00的位置，按M键添加标记，如图14-38所示。

图14-38

> **提示** 将播放头移动到标记上，按M键可移除标记。

02 在"检查器"面板中设置标记"类型"为"章节"、"图像"为"帧"，如图14-39所示。

图14-39

> **提示** 将"图像"设置为"无"可移除封面，将"图像"设置为"文件"可在电脑中自定义封面，还可添加URL地址。

03 在时间码为00:00:11:00的位置按M键添加标记，如图14-40所示，在"检查器"面板中设置标记"类型"为"章节"。

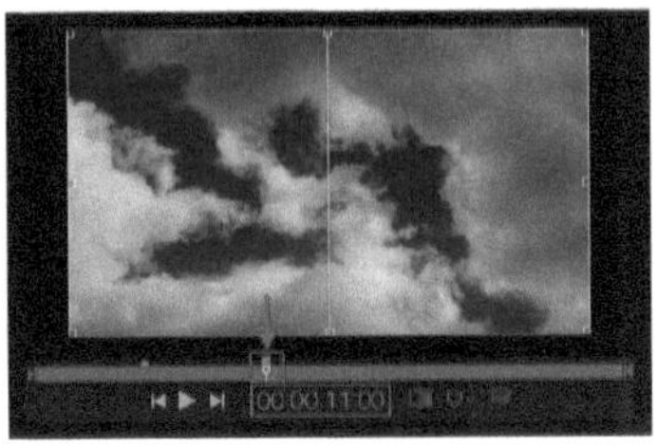

图14-40

04 设定完成后在"批处理"面板右下角单击"开始批处理"，输出视频，如图14-41所示。

图14-41

05 在存储目录中使用QuickTime Player打开视频，在QuickTime Player控制条中单击 ，如图14-42所示。单击后即可查看"章节"标记，如图14-43所示。

图14-42

图14-43

> **提示** 单击"章节"即可直接跳转到对应时间点并开始播放视频，"章节"和"博客"标记的功能基本一致，本质上都是为媒体分配章节，"播客"更侧重于纯音频。

▷ 压缩/编辑

视频中可能既含有复杂场景也含有简单场景，在视频编码的过程中，并非每一帧画面的画质都相同，在画质较差的那一帧添加"压缩"标记，实际上是添加"I帧"（帧内编码帧），Compressor将根据标记改善编码方式以提升视频画面的画质。

将播放头移动到需要提升画质的位置，按M键添加标记，在"检查器"面板中选择"压缩"标记，如图14-44所示。"压缩"标记和"编辑"标记在功能上基本一致，本质上都是添加"I帧"（帧内编码帧）以提升视频画面的画质。

图14-44

实战
075

使用Compressor自定义输出设置

- 素材位置：素材文件>CH14
- 视频文件：实战075 使用Compressor自定义输出设置.mp4
- 实例位置：实例文件>CH14
- 学习目标：掌握自定义输出的设置方法

▷ **设置与位置**

01 在Compressor界面单击"设置与位置"按钮 ，打开面板，如图14-45所示。在"设置与位置"面板的左下角单击 ，选择"新建设置"命令，如图14-46所示。

图14-45　　　图14-46

02 设置"格式"为MPEG-4、"名称"为MP4（"描述"为非必填项，不影响结果，可以视为备注），单击"好"按钮 完成设置，如图14-47所示。

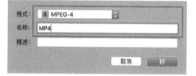

图14-47

提示 MPEG-4输出的视频格式为MP4。

03 再次新建设置，设置"格式"为"QuickTime 影片"、"名称"为MOV，单击"好"按钮 ，如图14-48所示。

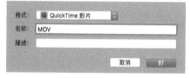

图14-48

提示 "QuickTime影片"的输出的视频格式为MOV。

04 可以在"设置"选项卡的"自定"中查看新建的设置、如图14-49所示。单击"位置"选项卡，如图14-50所示。

图14-49 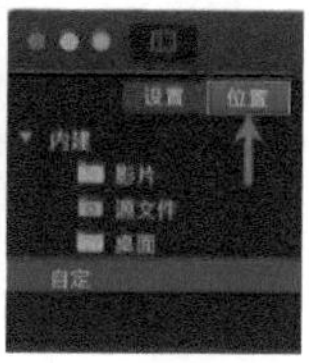　　　图14-50

05 在"位置"选项卡左下角单击 ，如图14-51所示。在弹出的对话框左边栏中选择"桌面"，单击"选取"按钮，如图14-52所示。在"位置"选项卡的"自定"中可查看"桌面"文件夹，如图14-53所示。

图14-51

图14-52

图14-53

06 单击"位置"选项卡中的"桌面"文件夹，"检查器"面板将显示"位置属性"，更改"名称"为"桌面（与源文件相同名称）"，如图14-54所示。

图14-54

提示 有时用户希望将Compressor转码后的文件保留源文件名，在"位置属性"的"文件名称格式"中保留"源文件"设置，导出的文件会保留源文件名称。单击"文件格式名称"右侧的 ，添加名称格式，如图14-55所示。

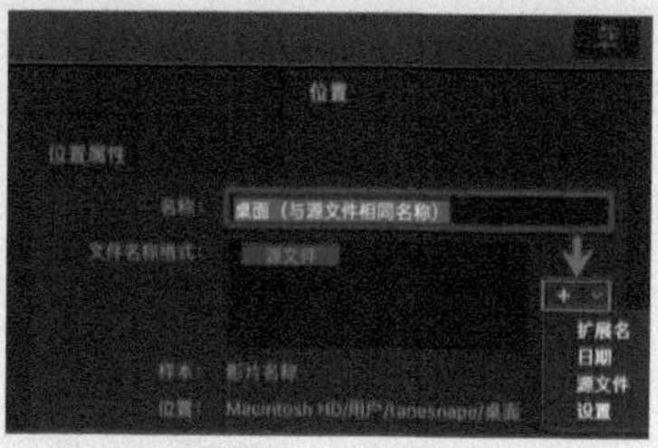

图14-55

▷ 通用

01 返回"设置"选项卡，在"自定"中选择"MOV"，如图14-56所示。"检查器"面板将显示"通用""视频""音频"选项卡，如图14-57所示。

图14-56

图14-57

02 在"通用"选项卡中将"默认位置"设置为"桌面（与源文件相同名称）"，如图14-58所示。

图14-58

> **提示** 在进行批处理前选择"默认位置"后批处理才会生效。

03 打开本书配套资源"素材文件>CH14>实战075"文件，将video01拖曳到"批处理"面板，如图14-59所示。

图14-59

04 在"批处理"面板右上角单击"添加"，在弹出的对话框中选择"自定"设置为选项下的"MOV"，如图14-60所示。在"批处理"面板中查看"设置"，"位置"为"桌面（与源文件相同名称）"，"文件名"与源文件名称一致，如图14-61所示。

图14-60

图14-61

05 在"检查器"面板单击"通用"选项卡，如图14-62所示。

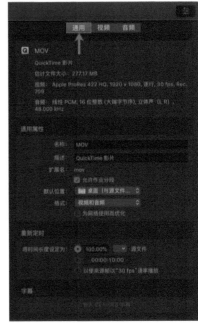

图14-62

> **提示** "通用"选项卡最上方显示文件的基本信息，包括视频信息、音频信息及估计文件大小，这些信息将随着设置而变化。
>
> 在"通用属性"中可更改"名称"；"描述"信息不影响任何结果，可有可无；使用"扩展名"可查看输出格式，此处为"mov"；只有创建了分布式处理才能勾选"允许作业分段"选项，另外，从Final Cut Pro X发送到Compressor的项目不能勾选"允许作业分段"选项；添加片段后再修改"默认位置"不会生效，可在"批处理"面板右击片段选择"位置"再修改位置；在"格式"中可选择"视频和音频""仅视频""仅音频"；勾选"为网络使用而优化"选项后将会创建仅下载小部分即可播放的文件。
>
> "重新定时"类似于Final Cut Pro X中的"重新定时"，例如视频时长为10秒，将"重新定时"更改为50.00%后，视频时长变为5秒，且视频播放速度变为原速度的2倍；将"重新定时"更改为200.00%后，视频的播放速度被减慢，时长变为20秒。在时间码中输入时间与输入"重新定时"百分比结果一致，时间码改变，百分比也会随之改变。
>
> 如果项目中包含CEA-608格式的隐藏式字幕，那么可在"字幕"中选择是否嵌入该隐藏式字幕。

▷ 视频

01 在"检查器"面板上方单击"视频"选项卡，如图14-63所示。在"视频"选项卡中勾选"启用视频直通"选项后，不能再更改"视频属性"，Compressor将根据源片段自动设置"视频属性"。注意，从Final Cut Pro X发送到Compressor的项目不能使用"启用视频直通"。

图14-63

02 当在"视频属性"中将"帧大小"设置为"自动"时，视频的分辨率将与源片段的分辨率保持一致；只有在自定义"帧大小"后，才会启用"像素宽高比"，"像素宽高比"主要用于设置显示宽度和显示宽度的比例。设置"帧速率"为"自动"后，video01的帧速率将与源片段帧速率保持一致；将"帧速率"设置为50fps，如图14-64所示。

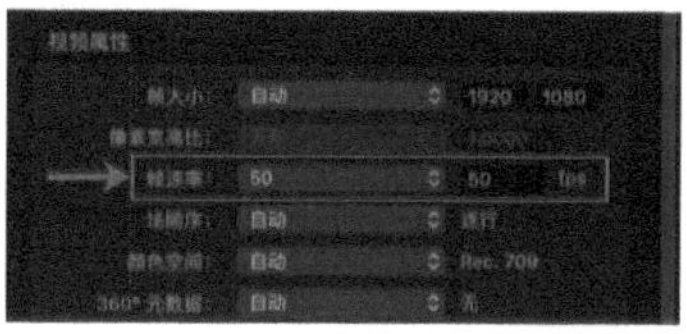

图14-64

03 切换到"通用"选项卡，在"重新定时"中选中"以便来源帧以'50fps'速率播放"，如图14-65所示。将时间长度设定为60.00%，如图14-66所示。

图14-65

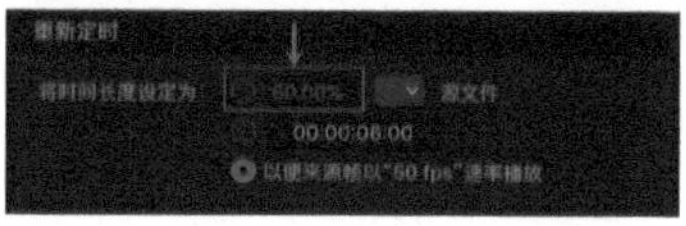

图14-66

> **提示** 使用此种方法后，视频不会损失任何一帧，同时播放速度加快。

04 回到"视频"选项卡，将"帧速率"设置为"自动"，如图14-67所示。

图14-67

> **提示** Compressor内置了多种编解码器，可以适用于不同的播放平台，当前兼容性最好的是H.264编解码器。将"编解码器"设置为"H.264"后，下方有更多功能被激活，如图14-68所示。

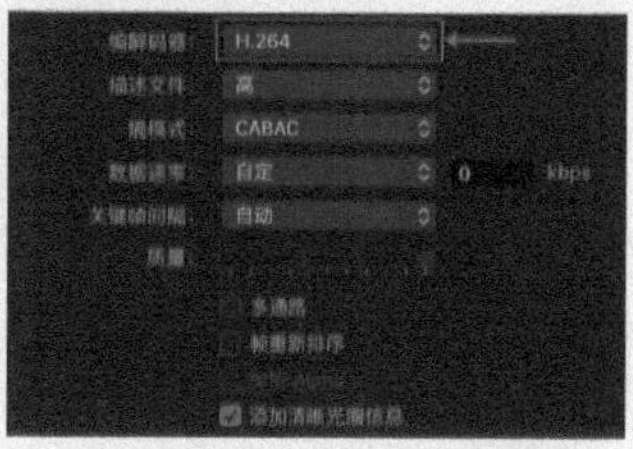

图14-68

05 在"裁剪与填充"中将"裁剪"设置为"宽银幕电影2.35∶1"。video01是一个画面比例为16∶9的1080p视频，更改为"宽银幕电影2.35∶1"后，"上"和"下"的更改为系数自动裁剪为131，如图14-69所示。

图14-69

> **提示** 在此处裁剪其他分辨率的视频也将自动分析出裁剪系数。

06 在"检视器"面板中对比效果，左侧为源片段，右侧为输出片段，video01的上下边缘被裁剪，这将损失一部分画面，如图14-70所示。

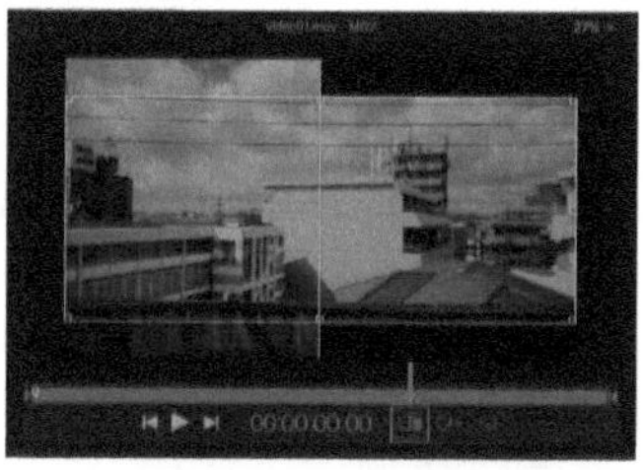

图14-70

07 在"裁剪与填充"中将"裁剪"恢复为"自定"，"上"和"下"的裁剪系数恢复为0，如图14-71所示。

图14-71

08 将"填充"设置为"宽银幕电影2.35：1"，如图14-72所示。在"检视器"面板中对比效果，video01的画面被挤压，而不是被裁剪，这不会损失画面，但画面会变形，如图14-73所示。

图14-72　　　　　　图14-73

09 在"质量"中展开"调整滤镜"下拉列表框，如图14-74所示。

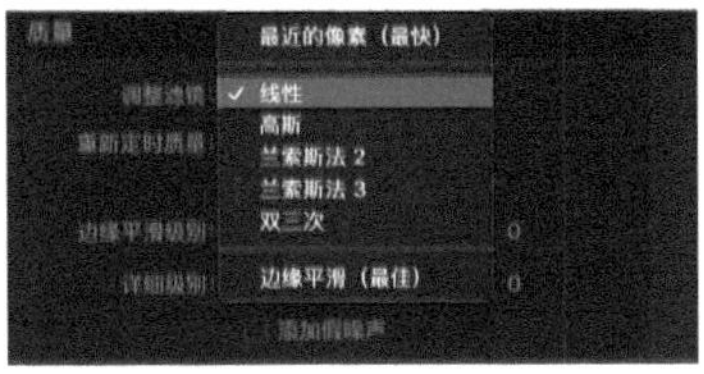

图14-74

提示 下面介绍相关参数。

调整滤镜：使用"最近的像素（最快）"调整图像时将采样相邻帧的画面，速度快，但容易出现重影和锯齿；"线性"与"最近的像素（最快）"类似，但处理后的图像质量更好，可以减少重影和锯齿，处理时间增加；使用"高斯"可以在节省时间的同时尽量提高图像质量；"兰索斯法3"优于"兰索斯法2"，但计算时间更长；"双三次"与"兰索斯法"几乎相同；使用"边缘平滑（最佳）"可以得到最好的图像质量，但处理时间也更长。

重新定时质量：等同于Final Cut Pro X的帧采样模式，如图14-75所示。

图14-75

边缘平滑级别：用于调整图像柔和度的级别，平滑锯齿。

详细级别：用于调整图像锐化的级别。

添加假噪声：用于给图像添加噪声（或称为噪点），如果图像原始噪声很多，不要勾选此项。

10 在"视频效果"属性中展开"添加视频效果"下拉列表框，可查看所有效果，如图14-76所示。所有的效果都可以在"检视器"面板中查看。

图14-76

提示 下面介绍各视频效果的主要功能。

淡入淡出：用于在视频的开头和结尾设置淡入/淡出，可以自定义设置淡入和淡出时间，在"渐变颜色"中可以选择颜色，例如将视频从黑色淡入到画面或从画面淡出到黑色。

黑白回存：用于压缩视频中纯白和纯黑部分的亮度。

时间码发生器：用于在片段中添加时间码，如图14-77所示。

图14-77

水印：用于在片段中添加水印，如图14-78所示。

图14-78

文本叠加：用于将输入的文本显示在片段中，如图14-79所示。

图14-79

噪点消除：用于消除视频中的噪点，如图14-80所示。

图14-80

▷ **音频**

01 在"检查器"面板上方单击"音频"选项卡，如图14-81所示。

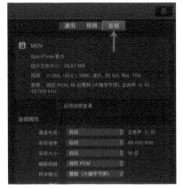

图14-81

提示 在"音频"选项卡中勾选"启用音频直通"选项后，不能再更改"音频属性"，Compressor将根据源片段自动设置，从Final Cut Pro X发送到Compressor的项目不能使用"启用音频直通"选项。"采样率"用于设定音频采样率，例如44.1、48、96kHz等；采样速率越高，音频质量越好，文件也越大。选择"自动"后，Compressor将根据源片段的音频信息自动设置。"采样大小"用于设定音频采样位数，位数越高，音频动态范围越大。质量越好，同时音频文件也越大。选择"自动"后，Compressor将根据源片段的音频信息自动设置。

02 在"音频属性"中的"编解码器"下拉列表框中选择"AAC"，"质量""位速率""位速率策略"选项将会被激活，如图14-82所示。

图14-82

提示 "质量"和"位速率"越高，音频质量越好，音频文件也越大。
"位速率策略"可以选择"固定位速率""平均位速率""可变位速率受限制""可变位速率"。

03 在"音频效果"中单击"添加音频效果"下拉列表框，展开所有选项，如图14-83所示。

图14-83

提示 下面介绍"添加音频效果"各选项的重要参数。
淡入/淡出：用于设定片段开头和结尾音的频淡入和淡出，如图14-84所示。
动态范围：用于限制音频音量，例如限制高音部分或增强低音部分；"柔化上面"可以调整音频柔化的级别与"主增益"设置一致；"噪点阈值"可以调整应用效果的音频音量，如果音量高于阈值，那么可以将音频设定在"主增益"的限制范围内，如果音频低于阈值，则不做出改变；"主增益"用于设置音频的平均音量限制。

图14-84

峰值限制器：用于限制音频的最大音量，超过限制的音频的音量会降低，低于限制的音频音量不变。
音频的调整方法可以参考前面的内容。

▷ **Droplet**

01 在"设置与位置"面板中右击自定预设可以删除预设和复制预设。右击MP4预设，选择"存储为 Droplet"命令，如图14-85所示。设置"存储为"为"MP4"、"位置"为"桌面"，单击"存储"按钮 存储 ，如图14-86所示。

图14-85   图14-86

02 在存储目录中即可找到名为"MP4"的Droplet，如图14-87所示。双击该文件，将其打开，如图14-88所示。将单个或多个文件拖曳到Droplet中即可根据Compressor设置进行批处理操作。

图14-87   图14-88

▷ **将Compressor设置添加到Final Cut Pro X中**

01 在任务栏中执行"Final Cut Pro>偏好设置"命令或按Command+"，"键。在上方导航栏中选择"目的位置"选项卡，在左边栏中选择"添加目的位置"，如图14-89所示。

图14-89

02 在右侧边栏中将"Compressor 设置"拖曳到左边栏中，Final Cut Pro X将自动弹出Compressor中的所有设置，选择所需要的设置，单击"好"按钮 好 即可完成添加，例如添加"自定"中的"MP4"，如图14-90所示。Compressor中的设置将被添加到Final Cut Pro X中，如图14-91所示。

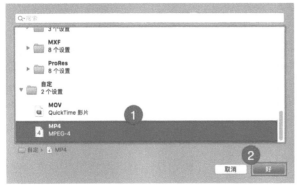

图14-90

图14-91

> **提示** 以上操作需要安装Compressor才能进行。

实战 **076**

使用Compressor输出GIF文件

- 素材位置：素材文件>CH14
- 实例位置：实例文件>CH14
- 视频文件：实战076 使用Compressor输出GIF文件.mp4
- 学习目标：掌握使用Compressor输出GIF文件的方法

GIF是一种图像格式，并非视频格式，是将一组连续的图像经过压缩和转换后组合在一起播放的动画，不包含音频文件。借助Compressor可以把视频转换为GIF图像。

01 打开Compressor，在任务栏中执行"文件>添加文件"命令或按Command+I键，在打开的对话框选择本书配套资源"素材文件>CH14>实战076"文件夹，将video02添加到"批处理"面板中，如图14-92所示。

图14-93

图14-92

02 在"批处理"面板中单击video02右下角的"添加"，如图14-93所示。在打开的对话框中展开"运动图形"，选择"动画图像（小）"，单击"好"按钮 好 ，如图14-94所示。"动画图像（小）"设置被添加到"批处理"面板中，如图14-95所示。

图14-94

图14-95

03 选中新添加的设置，在"检查器"面板的"通用"选项卡下查看信息，"动画图像（小）"输出格式为GIF，"分辨率"为428×240，"帧速率"为15fps，这里video02原始帧速率为23.98fps，如图14-96所示。

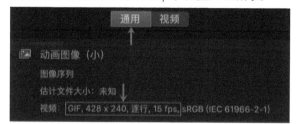

图14-96

> **提示** 分辨率越高，GIF图像越清晰；帧速率越高，GIF图像播放越流畅，同时文件也越大。大多数情况下并不需要设置太高的分辨率和帧速率，各个平台对GIF文件的大小有着不同的要求，例如微信平台支持大小2MB以下的GIF文件。对于过高帧速率的视频可使用Final Cut Pro X降低其帧速率，再使用Compressor将其转换为GIF文件。网络平台标准并非一成不变，微信平台也可能在后续更改规则。

04 video02的时长为6秒，帧速率为23.98fps，以"动画图像（小）"默认设置将视频转换为GIF文件后，其大小依然大于2MB，这时可以手动更改参数。在"检查器"面板单击"视频"选项卡，在"视频属性"中将"帧大小"更改为"自定（16：9）"，在"自定（16：9）"右侧第1个文本框中输入380（第2项会自动匹配以适应16：9的比例），再将帧速率设置为10fps，如图14-97所示。

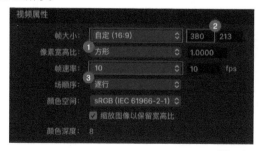

图14-97

05 设置完成后，在"批处理"面板右下角单击"开始批处理"按钮，video02被转换为GIF文件，文件略小于2MB，如图14-98所示。

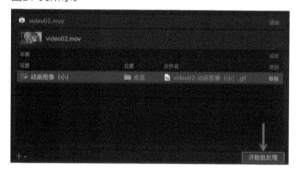

图14-98

> **提示** 视频的时间长度、分辨率、帧速率都将影响转换设置，可根据实际需求设置帧大小（分辨率）和帧速率以符合文件大小要求。另外，用户也可以自定义一个GIF预设。

第1步：在"设置与位置"面板的左下角单击 ，选择"新建设置"命令，如图14-99所示。

图14-99

第2步：在"格式"下拉列表框中选择"图像序列"，设置"名称"为"GIF"，"描述"非必填项，不影响结果，单击"好"按钮 完成设置，如图14-100所示。

图14-100

第3步：在"设置"选项卡的"自定"中选择"GIF"，如图14-101所示。

第4步：在"检查器"面板中切换到"通用"选项卡，将"图像类型"设置为"GIF"，同时勾选"图像类型"下方的"动画"选项，在"播放"右侧选中"持续地"选项，如图14-102所示。

图14-101　　　　　　　　**图14-102**

注意，只有选中"持续地"选项，GIF文件才会循环播放；如果选中"1次"，GIF文件将在播放1次后会停止播放；也可以输入数字指定循环播放次数。

使用Compressor输出带Alpha通道的视频

实战 077

● 素材位置：素材文件>CH14　　　　　　　　　　● 实例位置：实例文件>CH14
● 视频文件：实战077 使用Compressor输出带Alpha通道的视频.mp4　　● 学习目标：掌握使用Compressor输出带Alpha通道的视频的方法

01 Alpha通道记录了图像中的透明信息，利用Compressor可以输出带有透明信息的视频。在Final Cut Pro X中制作字幕，如图14-103所示。

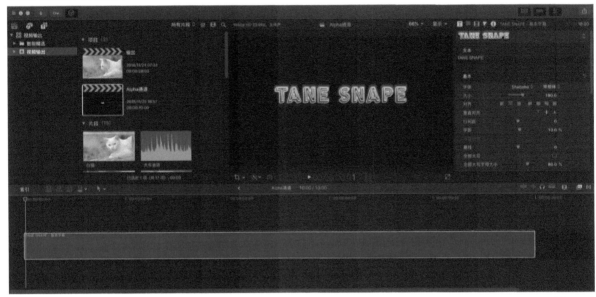

图14-103

> **提示** 在实战029"2D风格字幕"中讲述了如何制作这种字幕。

02 在"检视器"面板中可以看到字幕背景为黑色，但实际上背景中带有透明信息，只是以黑色展示。直接使用Final Cut Pro X导出视频，Alpha通道（透明信息）将不会被保留。在任务栏中执行"文件>共享>母版文件"命令或按Command+E键，在"母版文件"设置面板中单击"设置"选项卡，设置"格式"为"视频和音频"，单击"下一步"按钮 下一步 导出视频，如图14-104所示。

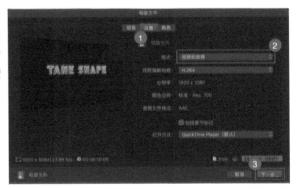

图14-104

03 将导出的视频导入Final Cut Pro X的时间线，视频画面背景为黑色，背景中没有Alpha通道（透明信息），同时向下覆盖住了其他视频，如图14-105所示。

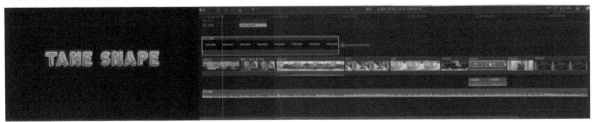

图14-105

04 新建字幕，在任务栏中执行"文件>发送到Compressor"命令，在"批处理"面板中单击"Alpha通道"右下角的"添加"，如图14-106所示。

05 在打开的对话框中展开"ProRes"，选择"带Alpha的Apple ProRes 4444"，单击"好"按钮 好，如图14-107所示。

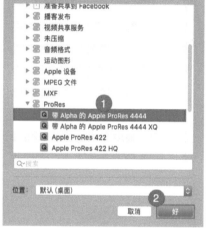

图14-106

图14-107

提示 也可以选择"带Alpha的Apple ProRes 4444 XQ"，但视频文件将更大。

06 单击"批处理"面板右下角的"开始批处理"，如图14-108所示。将完成批处理的视频添加到Final Cut Pro X的时间线上即可自动识别视频中的透明信息，如图14-109所示。

图14-108

图14-109

第 **15** 章

使用XML文件跨平台协作

实战 078 与DaVinci Resolve协作

- 素材位置：素材文件>CH15
- 视频文件：实战078 与DaVinci Resolve协作.mp4
- 实例位置：实例文件>CH15
- 学习目标：掌握与DaVinci Resolve协作的方法

在实际工作中，可能会用到多个软件协作进行剪辑，这一切都围绕着XML文件进行，XML文件记录着Final Cut Pro X中所有的剪辑数据及媒体信息。

01 在任务栏中执行"文件>打开资源库>其他"命令，在"打开资源库"面板的左下角单击"查找"按钮 查找... ，打开本书配套资源"第15章"，选择"使用XML文件跨平台协作"资源库，单击右下角的"打开"按钮 打开 ，如图15-1所示。"浏览器"面板显示"使用XML文件跨平台协作"资源库，如图15-2所示。

图15-1

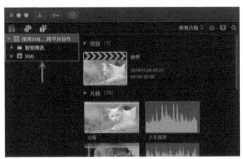

图15-2

提示 由于Final Cut Pro X版本的不同，在打开资源库时可能会有更新提示。

02 在"XML"事件中双击"协作"项目，将其在"时间线"面板中打开，如图15-3所示。"协作"项目中包含视频、带Alpha通道的视频、隐藏式字幕、音乐、音效、"交叉叠化"转场和基本字幕，如图15-4所示。

图15-3 图15-4

03 在任务栏中执行"文件>导出XML"命令，选择"桌面"，设置"元数据视图"为"通用"、"XML版本"为"当前版本（1.8）"，最后单击"存储"按钮 **存储**，如图15-5所示。XML文件被存储于所选定的目录中，扩展名为".fcpxml"，如图15-6所示。

提示 "上一个版本"选项是为了兼容旧版软件，随着Final Cut Pro X版本的更新，XML版本也将随之更新。

图15-5 图15-6

04 启动DaVinci Resolve，在任务栏中执行"文件>导入时间线>导入AAF、EDL、XML"命令或按Shift+Command+I键，在弹出的窗口中选择XML文件，单击"打开"按钮 **打开**，如图15-7所示。DaVinci Resolve将根据XML文件信息自动设置，在弹出的窗口右下角单击"Ok"按钮即可加载XML文件，如图15-8所示。

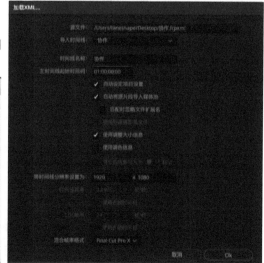

图15-7 图15-8

提示 如果在使用Final Cut Pro X进行剪辑的过程中含有同名但不同格式的文件（例如video01.mp4和video01.mov），那么勾选"匹配时忽略扩展名"选项可能会带来匹配问题；勾选"使用调色信息"选项后，DaVinci Resolve会加载Final Cut Pro X中的部分调色信息，但不会完全加载，这也许会随着版本的更新而改善。另外，由于平台不同，要使文件完全兼容需要双方配合完成大量工作。

05 反之，DaVinci Resolve也可以输出XML文件与Final Cut Pro X协作。在任务栏中执行"文件>导出AAF,XML"命令或按Shift+Command+O键，选择"Desktop"（桌面），单击"保存"按钮 保存 ，如图15-9所示。

06 启动Final Cut Pro X，在任务栏中执行"文件>导入>XML"命令，在打开的对话框中选择DaVinci Resolve生成的XML文件，单击"导入"按钮 导入 ，如图15-10所示。

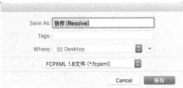

图15-9　　　　　　　　　　　　　　　　　　　　　　　　图15-10

> **提示** 如果Final Cut Pro X中含有多个资源库，导入XML文件时将弹出对话框询问用户将XML文件置于哪个资源库。

07 "浏览器"面板将创建"协作（Resolve）"事件，事件中包含"协作（Resolve）"项目，双击项目即可在时间线上将其打开，如图15-11和图15-12所示。

图15-11　　　　　　　　　　　　　　　　　　　　　　　　图15-12

> **提示** DaVinci Resolve输出的XML文件中不包含"角色"信息。同样，使用DaVinci Resolve与Final Cut Pro X协作剪辑时也不要进行过多复杂操作。

08 另外，用户先在DaVinci Resolve中对视频进行调色。由于Final Cut Pro X和DaVinci Resolve调色数据不能共享，可以先在DaVinci Resolve中将调色完成后的视频输出为"多个单独片段"，然后与Final Cut Pro X套底，同时需要保留视频"源名称"，如图15-13所示。

图15-13

> **提示** 建议先建立一个文件夹，并将DaVinci Resolve中调完色的在全部单独片段保存在同一文件夹中。

09 DaVinci Resolve输出XML文件后，在Final Cut Pro X"浏览器"面板中选择需要替换的事件，如图15-14所示。

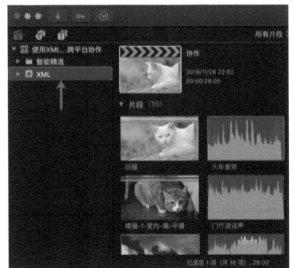

图15-14

> **提示** 选择资源库将替换资源库内所有视频，选择事件仅替换选择事件内视频。

10 在任务栏中执行"文件>重新链接文件"命令，单击"查找全部"， 在弹出的对话框中选择包含由DaVinci Resolve输出的多个单独片段的"套底"文件夹，单击"选取"按钮 选取，如图15-15所示。

11 返回Final Cut Pro X后，在打开的对话框中单击"重新链接文件"按钮即可完成替换，如图15-16所示。

图15-15

图15-16

与Logic Pro X协作

- 素材位置：素材文件>CH15
- 视频文件：实战079 与Logic Pro X协作.mp4
- 实例位置：实例文件>CH15
- 学习目标：掌握与Logic Pro X协作的方法

Final Cut Pro X更专注于视频剪辑，有时需要将音频发送到专业音频软件中进行混音，这同样需要使用XML文件。

01 在Logic Pro X的任务栏中执行"文件>导入>Final Cut Pro XML"命令，在弹出窗口中选择XML文件，单击"导入"按钮 导入，如图15-17所示。

02 如果Logic Pro X中的SMPTE帧速率与Final Cut Pro X中的项目帧速率不一致，那么Logic Pro X将弹出对话框询问是否切换。在此单击"切换到23.98"按钮，如图15-18所示。音频将被导入Logic Pro X，顺序和时间都与该剪辑项目在Final Cut Pro X时间线上的一致，如图15-19所示。

图15-17

图15-18

图15-19

03 Logic Pro X能够识别Final Cut Pro X中的音频角色，同一音频角色将被合并显示，如图15-20所示。双击即可展开音频，如图15-21所示。

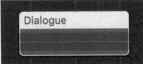

图15-20

图15-21

04 在Logic Pro X中将音频制作完成后，在任务栏中执行"文件>导出>项目到Final Cut Pro XML"命令，在打开的对话框的"存储为"文本框中输入"Logic Pro X"，在"位置"右侧单击∨，展开"位置"下拉列表，如图15-22所示。

图15-22

05 Logic Pro X在导出XML文件时会连单个音频文件一同导出，如果导出的音频文件较多，很难对其进行管理，那么可创建一个新文件夹用于存储这些文件，以避免数据杂乱。在对话框左下角单击"新建文件夹"按钮，如图15-23所示。

图15-23

06 将文件夹命名为"Logic Pro X"并选中这个文件夹，在下方勾选"导出为Final Cut复合片段"选项，最后单击"存储"按钮 存储 ，如图15-24所示。完成后可在Logic Pro X文件夹中找到所有文件，如图15-25所示。

图15-24

图15-25

07 启动Final Cut Pro X，执行"文件>导入> XML"命令，在弹出的对话框中选中Logic Pro X导出的XML文件，单击"导入"按钮 导入 ，如图15-26所示。"浏览器"面板将创建新的事件，事件中包含"复合片段"，如图15-27所示。

图15-26

图15-27

08 双击打开名为"Logic Pro X"的复合片段，在"时间线"面板中观察音频波形，与原有Final Cut Pro X剪辑项目的音频波形位置一致，如图15-28所示。

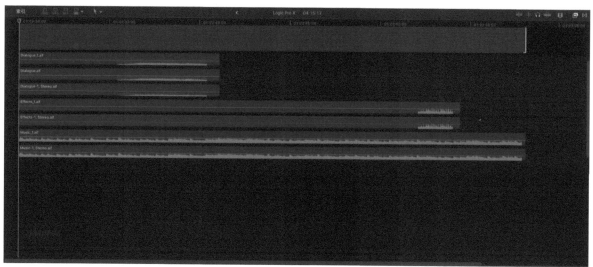

图15-28

导出AAF文件

- 素材位置：素材文件>CH15
- 视频文件：实战080 导出AAF文件.mp4
- 实例位置：实例文件>CH15
- 学习目标：掌握导出AAF文件的方法

AAF与XML类似，可以用于不同的平台格式转换，DaVinci Resolve和Logic Pro X都可以输出AAF文件，Final Cut Pro X不支持导出AAF文件。

▷ **使用DaVinci Resolve导出AAF文件**

在Final Cut Pro X中导出XML文件，使用DaVinci Resolve载入XML文件，在DaVinci Resolve的任务栏中执行"文件>导出AAF,XML"命令或按Shift+Command+O键，在打开的对话框中将导出文件的格式更改为"AAF文件（*.aaf）"，如图15-29所示。

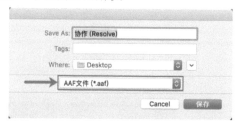

图15-29

🔑 **提示** 导出后的AAF文件也可在Premiere Pro CC中打开。

▷ **使用Logic Pro X导出AAF文件**

在Logic Pro X的任务栏中执行"文件>导出>项目为AAF文件"命令即可，如图15-30所示。

图15-30

第16章

资源库管理

实战 081　定位片段和资源库位置

- 素材位置：素材文件>CH16
- 视频文件：实战081 定位片段和资源库位置.mp4
- 实例位置：实例文件>CH16
- 学习目标：掌握定位片段和资源库位置的方法

01 导入素材文件，右击时间线上的"天空"片段，选择"在浏览器中显示"命令，或者选中"天空"片段后按Shift+F键，Final Cut Pro X将在"浏览器"面板中定位该片段的位置，如图16-1所示。

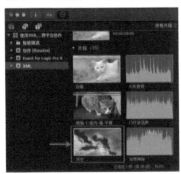

图16-1

02 在"浏览器"面板中右击"天空"片段，选择"在访达中显示"命令，或者选中"天空"片段后按Shift+Command+R键，Final Cut Pro X将打开"访达"并定位该片段的位置，如图16-2所示。在"浏览器"面板中右击资源库，选择"在访达中显示"命令，如图16-3所示。Final Cut Pro X将打开"访达"并定位该资源库的位置，如图16-4所示。

图16-2

图16-3

提示 在第3章"素材管理"中讲解了如何整合资源库媒体，这是高效管理资源库媒体的方法。

图16-4

复制、移动、合并事件

- 素材位置：素材文件>CH16
- 视频文件：实战082 复制、移动、合并事件.mp4
- 实例位置：实例文件>CH16
- 学习目标：掌握复制、移动和合并事件的方法

▷ 复制事件

01 新建资源库并将其命名为"第16章"，新建事件并将其命名为"资源库管理"，如图16-5所示。

图16-5

02 在"使用XML文件跨平台协作"资源库中选中"协作（Resolve）"事件，如图16-6所示。在任务栏中执行"文件>将事件拷贝到资源库>第16章"命令，在打开的对话框中选择是否同时复制"优化的媒体"和"代理媒体"（如果需要，勾选相应选项即可），单击"好"按钮 好 ，如图16-7所示。"协作（Resolve）"事件被复制到"第16章"资源库中，该事件中的所有媒体也一并被复制到资源库中，如图16-8所示。

图16-6

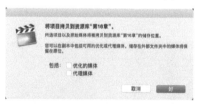

图16-7

图16-8

▷ 移动事件

在"使用XML文件跨平台协作"资源库中选中"Event for Logic Pro X"事件，如图16-9所示。在任务栏中执行"文件>将事件移动到资源库>第16章"命令，

在打开的对话框中选择是否同时复制"优化的媒体"和"代理媒体"（如果需要，勾选相应选项即可），单击"好"按钮 好 。"Event for Logic Pro X"事件被移动到"第16章"资源库中，该事件中所有媒体也一并移动到资源库中，同时"Event for Logic Pro X"事件从原资源库中移除，如图16-10所示。

图16-9　　　　　　　　　　图16-10

提示 当资源库中只有一个事件时，只能拷贝不能移动。

▷ 合并事件

01 在"浏览器"面板中选中"使用XML文件跨平台协作"资源库，在任务栏中执行"文件>关闭资源库"命令，或者右击该资源库并选择"关闭资源库"命令，"使用XML文件跨平台协作"资源库将在"浏览器"面板中关闭，但并不会删除，资源库仍存储在原目录中。在"第16章"资源库中同时选中"协作（Resolve）"事件和Event for Logic Pro X事件（按住Command键单击可以多选），如图16-11所示。

图16-11

02 在任务栏中执行"文件>合并事件"命令，所选中的两个事件将被合并为一个事件，事件的内容也将被合并，如图16-12所示。

图16-12

第**17**章

遮罩

发生器遮罩

- 素材位置：素材文件>CH17
- 视频文件：实战083 发生器遮罩.mp4
- 实例位置：实例文件>CH17
- 学习目标：掌握发生器遮罩的操作方法

　　使用发生器可以在视频画面的特定区域制作一个遮罩范围，视频中的任何对象到达这个遮罩范围后，效果都会发生变化。具体操作方法介绍如下。

01 新建资源库并将其命名为"第17章"，新建事件并将其命名为"遮罩"，打开本书配套资源"素材文件>CH17>实战083"文件夹，将video01添加到"遮罩"事件中，如图17-1所示。右击video01，选择"新建项目"命令，将项目命名为"发生器遮罩"，单击"好"按钮 **好** 完成设置，如图17-2所示。video01被添加到时间线上，如图17-3所示。

图17-1

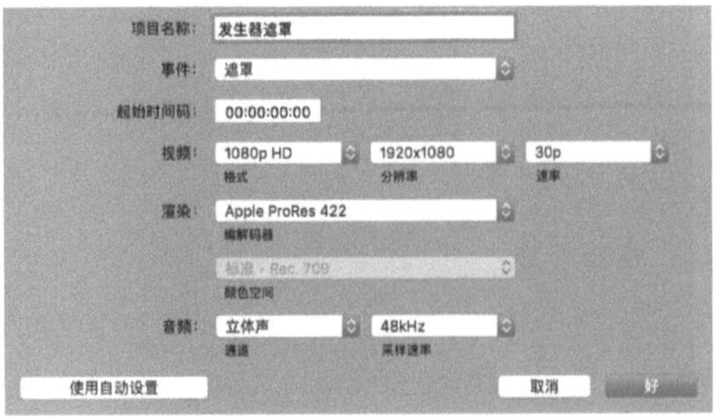

图17-2

图17-3

02 在"效果浏览器"的
"颜色"中选择"黑白"
效果，如图17-4所示。将
"黑白"效果拖曳到"时
间线"面板中的video01
上，在"检视器"面板中
查看效果，如图17-5所示。

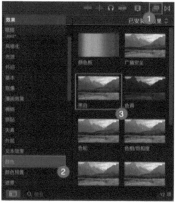

图17-4

图17-5

03 在"时间线"面板的左上角将导入方式更改为"仅视频"或按Shift+2键更改导入方式，如图17-6所示。将播放头
移动到时间线的开始点，在"浏览器"面板中选中video01并按Q键，将video01连接到主要故事情节，如图17-7所示。

图17-6

图17-7

04 在"浏览器"面板中单击"字幕和发生器"按钮或按Option+Command+1键，打开"字幕和发生器"面板，在"元
素"中找到"形状"发生器，如图17-8所示。将"形状"发生器拖曳到video01上方，如图17-9所示。效果如图17-10所示。

05 在"时间线"面板中选中"形状"发生器，单击"视频检查器"，将"混合模式"设置为"Alpha通道模板"，如
图17-11所示。效果如图17-12所示。

图17-8

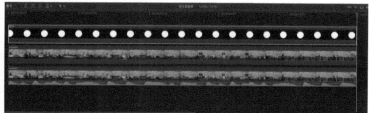

图17-9

图17-10

图17-11

图17-12

06 在"时间线"面板中选中"形状"发生器和发生器下方的video01，如图17-13所示。右击其中任意一个片段，选择"新建复合片段"命令或按Option+G键，效果如图17-14所示。

> **提示** 如图17-14所示，遮罩内为彩色，遮罩外为黑白，可以再打开复合片段调整发生器的形状和大小，效果将一同改变。

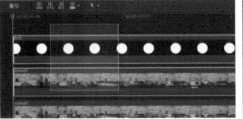

图17-13

图17-14

实战 084 渐变遮罩

- 素材位置：素材文件>CH17
- 视频文件：实战084 渐变遮罩.mp4
- 实例位置：实例文件>CH17
- 学习目标：掌握渐变遮罩的操作方法

"渐变遮罩"可以将片段A与片段B以渐变的方式顺滑混合。

01 打开本实战的素材文件夹，将video02-1和video02-2添加到名为"遮罩"的事件中，如图17-15所示。选中video02-1和video02-2，新建一个项目，项目的具体参数设置如图17-16所示。

图17-15

图17-16

> **提示** video02-1画面中天空部分清晰透彻，但建筑部分过暗，而video02-2画面恰好相反。有很多方式处理这样的问题，其中"渐变遮罩"就是一种很好的方法。

02 在"时间线"面板中将video02-2拖曳到video02-1下方，如图17-17所示。"检视器"面板中的效果如图17-18所示。

图17-17

图17-18

03 在"效果浏览器"中单击"遮罩",在右边栏中选择"渐变遮罩"效果,如图17-19所示。将"渐变遮罩"效果拖曳到时间线video02-1上,如图17-20和图17-21所示。

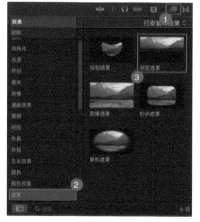

图17-19

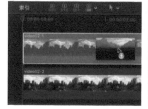

图17-20

图17-21

提示 "视频检查器"将出现"渐变遮罩"效果模块,如图17-22所示。

在"检视器"面板中拖曳上方控制点可以调整"Center"参数,拖曳下方控制点可以调整"Target"参数,如图17-23所示。

图17-22 图17-23

当控制点消失时,在"视频检查器"中选择效果,即可重新调出控制点。

04 调整"Center"参数和"Target"参数,使画面过渡更自然,如图17-24所示。下方控制点可以朝任意方向移动,直到满足各种场景需求,如图17-25所示。

图17-24

图17-25

实战 085 图像遮罩

- 素材位置:素材文件>CH17
- 视频文件:实战085 图像遮罩.mp4
- 实例位置:实例文件>CH17
- 学习目标:掌握图像遮罩的使用方法

"图像遮罩"也是图像混合模式的一种,通过复杂的计算可以将片段A与片段B混合。

01 打开本书配套资源"素材文件>CH17>实战085"文件夹,将video03和WRGB添加到名为"遮罩"的事件中,如图17-26所示。右击video03,选择"新建项目"命令,将"项目名称"设置为"图像遮罩",单击"好"按钮 好 完成设置,如图17-27所示。video03被添加到时间线上,如图17-28所示。

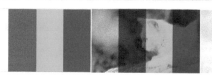

图17-26

图17-27

图17-28

02 在"浏览器"面板中选中WRGB，按E键将其导入主要故事情节或直接将其拖曳到时间线上，如图17-29所示。在"效果浏览器"中选择"遮罩"中的"图像遮罩"效果，将"图像遮罩"效果拖曳到WRGB上，如图17-30所示。效果如图17-31所示。

图17-29　　　　　　　　　　　　　　　图17-30　　　　　　　　　　　　图17-31

03 在"检查器"面板中单击"视频检查器"，在"图形遮罩"效果模块中的"Mask Source"参数右侧单击拖放区，如图17-32所示。"检视器"面板如图17-33所示。

04 在"时间线"面板中选中video03，将video03用作源片段，如图17-34所示。在"检视器"面板下方单击"应用片段"按钮，如图17-35所示。

05 在"视频检查器"的"图像遮罩"效果模块中将"Source Channel"设置为红色，"检查器"面板如图17-36所示。

图17-32

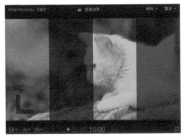

图17-33　　　　　图17-34　　　　　　　　　图17-35　　　　　　　　　　图17-36

实战
086

形状遮罩

● 素材位置：素材文件>CH17　　　　● 实例位置：实例文件>CH17
● 视频文件：实战086 形状遮罩.mp4　　● 学习目标：掌握形状遮罩的使用方法

"形状遮罩"是在片段上设定一个范围，其工作原理类似于"渐变遮罩"。

01 在"浏览器"面板中右击video03，选择"新建项目"命令，将"项目名称"设置为"形状遮罩"，单击"好"按钮　好　完成设置，如图17-37所示。video03被添加到时间线上，如图17-38所示。

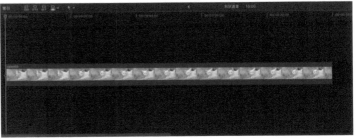

图17-37　　　　　　　　　　　　　　　　　　　　　　　　　　　　　图17-38

02 在"浏览器"面板中将video01拖曳到"时间线"面板video03下方,如图17-39所示。在"效果浏览器"面板中选择"遮罩"中的"形状遮罩"效果,将"形状遮罩"效果拖曳到video03上,如图17-40所示。效果如图17-41所示。

图17-39

图17-40

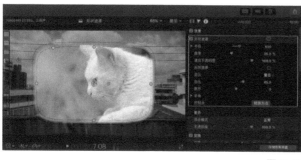

图17-41

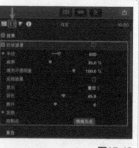

提示 选中video03后,可以在"视频检查器"中查看效果参数,如图17-42所示。当控制点消失时,在"视频检查器"选择效果,即可重新调出控制点。

图17-42

03 下面依次验证"形状遮罩"的效果。在"检视器"面板中拖曳红色内圈左右的绿色控制点可以改变效果半径,如图17-43所示。在"检视器"面板中拖曳红色内圈上下的绿色控制点可以改变效果形状,如图17-44所示。"检视器"中的效果如图17-45所示。

图17-43

图17-44　　　　图17-45

04 在"检视器"面板中拖曳红色内圈左上方的白色控制点可以改变效果曲率,如图17-46~图17-48所示。

图17-46

图17-47　　　　图17-48

05 在"检视器"面板中拖曳红色外圈可以改变效果的羽化范围,当两线重叠时,羽化效果消失,如图17-49和图17-50所示。

图17-49　　　　图17-50

06 在"视频检查器"的"形状遮罩"中勾选"反转遮罩"选项,可以将遮罩效果反转,如图17-51所示。

图17-51

07 在"视频检查器"的"形状遮罩"右下角单击"转换为点"按钮,将打开对话框,单击"转换"按钮 转换,如图17-52所示。"形状遮罩"将转换为"绘制遮罩","绘制遮罩"拥有更多控制点,如图17-53所示。

图17-52　　　　图17-53

提示 将"形状遮罩"转换为"绘制遮罩"后,控制点的数量与"形状遮罩"转换前的形状有关。注意,拖曳任意一个控制点都可以改变效果形状,如图17-54所示。

图17-54

晕影遮罩

实战 087

- 素材位置：素材文件>CH17
- 视频文件：实战087 晕影遮罩.mp4
- 实例位置：实例文件>CH17
- 学习目标：掌握晕影遮罩的使用方法

　　添加"晕影遮罩"的操作方法与"形状遮罩"的基本相同，主要用于对遮罩内容进行晕影处理，让画面产生朦胧感。读者可以根据"形状遮罩"的操作方法来设置"晕影遮罩"。如果在操作过程中有不明白的地方，可以观看本实战的教学视频。

 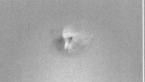 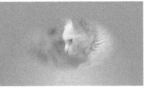 

绘制遮罩

实战 088

- 素材位置：素材文件>CH17
- 视频文件：实战088 绘制遮罩.mp4
- 实例位置：实例文件>CH17
- 学习目标：掌握绘制遮罩的操作方法

　　"绘制遮罩"是最强大的遮罩工具之一，用户可以根据需求自行绘制出任意形状的遮罩。剪辑师经常使用"绘制遮罩"进行抠像。在Final Cut Pro X中，"绘制遮罩"的形状类型分为"线性""贝塞尔曲线""B样条曲线"。

01 在绘制之前需要注意，至少需要绘制3个点才能绘制出一个遮罩，当形状类型为"线性"时，连接所有控制点的是直线。打开本实战的素材文件，将video04添加到名为"遮罩"的事件中，如图17-55所示。右击video04，选择"新建项目"命令，将"项目名称"设置为"绘制遮罩"，单击"好"按钮 **好** 完成设置，如图17-56所示。video04被添加到时间线上，如图17-57所示。

图17-55

图17-56

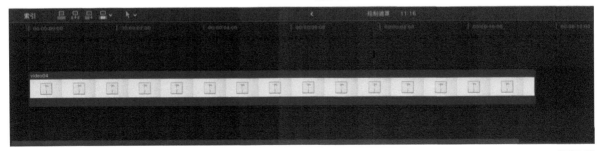

图17-57

02 在"效果浏览器"面板中选择"遮罩"中的"绘制遮罩"效果，如图17-58所示。将"绘制遮罩"效果拖曳到video04上，如图17-59所示。

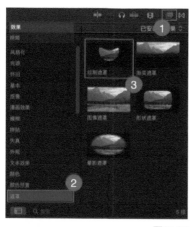

图17-58

图17-59

03 在"视频检查器"的"绘制遮罩"效果模块中将"形状类型"设置为"线性"，如图17-60所示。

图17-60

04 将鼠标指针移动到"检视器"面板中，鼠标指针变为钢笔形状▲，"检视器"面板左下角也将显示"点按以添加控制点"提示，如图17-61所示。

图17-61

05 在画框内侧左上角单击添加第1个控制点，在画框内侧左下角单击添加第2个控制点，同时第1个和第2个控制点以红线连接，如图17-62所示。

图17-62

06 在画框内侧右下角单击添加第3个控制点，同时第2个和第3个控制点以红线连接，如图17-63所示。在画框内侧右上角单击添加第4个控制点，同时第3个和第4个控制点以红线连接，如图17-64所示。

图17-63　　　　　　　图17-64

07 单击第1个控制点将遮罩闭合，如图17-65所示。"检视器"面板中显示的效果如图17-66所示。

图17-65

图17-66

08 在"视频检查器"的"绘制遮罩"效果模块中勾选"反转遮罩"选项，如图17-67所示。"检视器"面板中显示的效果如图17-68所示。

图17-67

图17-68

09 在"检视器"面板右上角将视图更改为150%，再拖曳视图取景框并将其定位在视频画面的左上方，如图17-69所示。

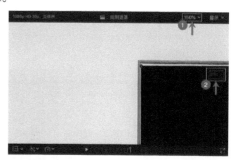

图17-69

> **提示** 也可以自行调整工作区，放大"检视器"面板以方便进行精细操作。

10 拖曳第1个控制点将没有完全覆盖的区域覆盖，如图17-70所示。使用同样的方法拖曳其他3个控制点以覆盖所有框内区域，在"检视器"面板右上角将视图更改为"适合"，如图17-71所示。

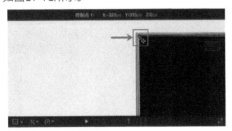

图17-70

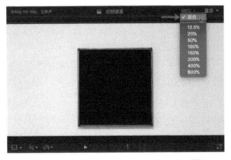

图17-71

11 在"时间线"面板中将video01拖曳到video04下方，如图17-72所示。"检视器"面板中的效果如图17-73所示。

图17-72

图17-73

12 如果"绘制遮罩"效果的边缘过于生硬，那么在"绘制遮罩"效果模块中调整"羽化"可以改善。设置"羽化"为3.0，如图17-74所示。

图17-74

> **提示** 在实际剪辑中可能会遇到各类情况，可以根据实际情况调整羽化值。
>
> 对于"贝塞尔曲线"和"B样条曲线"的绘制方法，将在本实战的教学视频中继续讲解。读者可以尝试自行操作，并结合视频教学来进行学习。

实战 089

使用绘制遮罩制作分身

- 素材位置：素材文件>CH17
- 视频文件：实战089 使用绘制遮罩制作分身.mp4
- 实例位置：实例文件>CH17
- 学习目标：掌握使用绘制遮罩制作分身的操作方法

制作分身的原理非常简单，首先要有一个固定机位，其次要保持光线和场景不变，尽量避免除拍摄物体外有其他可以随机移动的物体存在。

01 打开本书配套资源"素材文件>CH17>实战089"文件夹，将video06-1和video06-2添加到名为"遮罩"的事件中，观察video06-1和video06-2，两个片段是在同一场景中拍摄的，且机位固定不变。画面中一个花瓶在左边，一个花瓶在右边，如图17-75所示。

02 在"浏览器"面板中选中video06-1和video06-2，右击其中任意一个片段，选择"新建项目"命令，将"项目名称"设置为"制作分身"，单击"好"按钮 **好** 完成设置，如图17-76所示。video06-1和video06-2被添加到时间线上，如图17-77所示。

图17-75

图17-76

图17-77

03 在"时间线"面板中将video06-2拖曳到video06-1上方，如图17-78所示。在"效果浏览器"中选择"遮罩"中的"绘制遮罩"效果，如图17-79所示。

图17-78

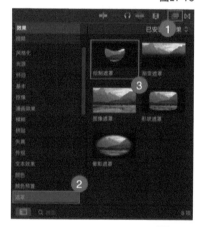

图17-79

04 将"绘制遮罩"效果拖曳到video06-2上，如图17-80所示。将"检视器"面板的视图修改为50%以缩小视图，如图17-81所示。

图17-80

图17-81

> **提示** 因为显示器及其分辨率的不同，视图设置可能会发生变化，可以根据实际情况调整数值，缩小画面的视图；如果在"检视器"面板的左下角没有出现"单击以添加控制点"提示，可以先在"时间线"面板中选中video06-2，再在"视频检查器"中选中"绘制遮罩"效果。

05 在"检视器"面板中绘制遮罩，使遮罩覆盖带有花瓶的左半边画面，并将遮罩闭合，观察效果，"时间线"面板中的video06-1片段上的花瓶将显示出来，如图17-82所示。

图17-82

> **提示** 有时会因为细微的光线变化使遮罩切割部分带有割裂感，可以在"视频检查器"的"绘制遮罩"效果模块中调整"羽化"。

使用绘制遮罩制作无缝转场

- 素材位置：素材文件>CH17
- 视频文件：实战090 使用绘制遮罩制作无缝转场.mp4
- 实例位置：实例文件>CH17
- 学习目标：掌握无缝转场的制作方法

"无缝遮罩"是一种比较简练和实用的遮罩，它可以将两段视频无缝衔接起来，让观看者感觉这两个视频中的内容是连续的。

01 打开本书配套资源"素材文件>CH17>实战090"文件夹，将video07添加到名为"遮罩"的事件中，如图17-83所示。右击video07，选择"新建项目"命令，将"项目名称"设置为"无缝转场"，单击"好"按钮█████完成设置，如图17-84所示。完成后，video07被添加到时间线上，如图17-85所示。

图17-83　　　　　　　　　　　　　　　　　　　　　　　　图17-84

图17-85

02 在"浏览器"面板中将video02-2拖曳到video07下方，如图17-86所示。播放时间线上的片段，在"检视器"面板中观察video07，画面从左边滑移到右边的过程中，中间有一根柱子作为遮挡物，如图17-87~图17-89所示。

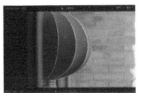

图17-86　　　　　　图17-87　　　　　　图17-88　　　　　　图17-89

03 遮挡物是制作无缝转场的关键，通过在遮挡物边缘绘制遮罩并创建关键帧可以制作无缝转场。将播放头移动到时间码为00:00:02:07的位置，如图17-90所示。

图17-90

> **提示** 用户可以根据实际情况调整"检视器"面板中片段画面的视图，以方便进行精细操作。这里在"检视器"面板的右上角将视图更改为50%，如图17-91所示。
>
>
>
> 图17-91

04 在"效果浏览器"面板中选择"遮罩"中的"绘制遮罩"效果，将"绘制遮罩"效果拖曳到video07上，如图17-92所示。沿遮挡物边缘绘制遮罩并使之闭合，如图17-93所示。

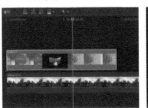

图17-92　　　　　　　　　　图17-93

05 在"时间线"面板中选中video07，单击"视频检查器"，在"绘制遮罩"效果中展开"变换"参数，分别在"位置""旋转""缩放""控制点"右侧单击"添加关键帧"按钮▧添加关键帧，完成后按钮变为黄色▧，如图17-94所示。

06 按"→"键，将播放头向后（向右）移动一帧（时间码为00:00:02:08），遮挡物边缘位置发生变化，"检视器"中

显示的效果如图
17-95所示。

07 在"检视器"
面板中单击遮挡物
边缘的控制点连接
线，将其激活，如
图17-96所示。

图17-94　　　　　　　图17-95　　　　　　　　　图17-96

08 激活后，向左拖曳连接线修改遮罩范围，使遮罩边缘与遮挡物边缘重合，如图17-97所示。将播放头向后（向右）移动一帧（时间码为00:00:02:09），遮挡物边缘的位置发生变化，如图17-98所示。

09 激活控制点连接线，并
向左拖曳连接线，使之再次
与遮挡物边缘重合，如图
17-99所示。

图17-97　　　　　　　图17-98　　　　　　　　　图17-99

10 使用同样的方法制作接下来的遮罩，方法为，先将播放头向后移动一帧，再在"检视器"面板中向左拖曳遮罩连接线，使遮罩边缘随遮挡物边缘移动，直到时间码为00:00:02:20的位置，遮挡物完全移出画面，如图17-100所示。将播放头移动到时间码为00:00:02:06的位置，如图17-101所示。

11 激活控制点连接线，向右拖曳连接线，使之再次与遮挡物边缘重合，如图17-102所示。

12 使用同样的方法制作接下来的遮罩，方法为，先将播放头向前（向左）移动一帧，再在"检视器"面板中向右拖曳遮罩连接线，使遮罩边缘随遮挡物边缘移动，直到时间码为00:00:01:21的位置，遮挡物完全移出画面，如图17-103所示。

图17-100　　　　　　图17-101　　　　　　　图17-102　　　　　　　图17-103

13 在"视频检查器"的"绘制遮罩"效果模块中将"羽化"设置为-50.0，如图17-104所示。播放片段并查看效果，如图17-105~图17-107所示。

图17-104　　　　　　图17-105　　　　　　　图17-106　　　　　　　图17-107

提示 可以尝试在"视频检查器"的"绘制遮罩"中调整"散开"参数观察效果变化。在实际剪辑过程中，不仅会遇到边缘为直线的遮挡物，有时还会遇到边缘是曲线或其他形状复杂的遮挡物，利用这些遮挡物制作无缝转场的方法与此一致，即沿遮挡物边缘绘制遮罩，创建关键帧并以帧为单位调节遮罩形状。

第18章

抠像与合成

▶ **实战检索**

实战 091 亮度抠像器

- 素材位置：素材文件>CH18
- 视频文件：实战091 亮度抠像器.mp4
- 实例位置：实例文件>CH18
- 学习目标：掌握亮度抠像器的使用方法

使用"亮度抠像器"可以将图像中某一亮度或某个亮度范围内的图像抠出，将其用作遮罩并与另一个图像进行合成。

本实战主要介绍"亮度抠像器"的相关操作方法和参数调整原理，核心是使用"亮度抠像器"将一段视频的亮部图像保留并抠出，用于修饰另一段视频。如图18-1所示，找到"亮度抠像器"，然后通过调整"亮度抠像器"中的相关参数来控制视频的合成效果，如图18-2所示。注意，在整个过程中，对画面亮部和暗部的调整尤为重要。

图18-1

图18-2

实战 092

使用亮度抠像器制作双重曝光

- 素材位置：素材文件>CH18
- 视频文件：实战092 使用亮度抠像器制作双重曝光.mp4
- 实例位置：实例文件>CH18
- 学习目标：掌握使用亮度抠像器制作双重曝光的方法

使用"亮度抠像器"制作双重曝光的前提是视频画面中有非常明显的明暗对比，素材video03就是如此，杯体部分较暗，其他部分相对较亮。

01 在"浏览器"面板中选择video02和video03，右击其中任意一个片段，选择"新建项目"命令，将"项目名称"设置为"双重曝光"，单击"好"按钮 好 完成项目设置，如图18-3所示。时间线上的效果如图18-4所示。

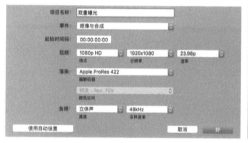

图18-3

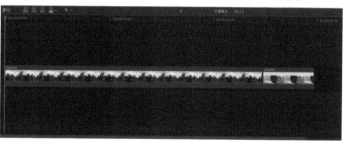

图18-4

02 在"时间线"面板中将video03拖曳到video02上方，修剪video02的长度与video03对齐，如图18-5所示。"检视器"面板中的效果如图18-6所示。

图18-5　　　　　　　　　图18-6

03 在"效果浏览器"面板中选择"抠像"中的"亮度抠像器"效果，将"亮度抠像器"效果拖曳到video03上，如图18-7所示。"检视器"面板中的效果如图18-8所示。

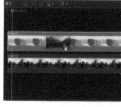 

图18-7　　　　　　　　　图18-8

04 在"时间线"面板中选中video03，单击"视频检查器"，调整"亮度抠像器"，向左拖曳"亮度"参数右上方的滑块，如图18-9所示。video03的亮部区域从透明变

为不透明，如图18-10所示。

图18-9　　　　　　　　　图18-10

05 向右拖曳"亮度"参数左下方的滑块，如图18-11所示。video03的暗部区域变得更透明（或完全透明），如图18-12所示。

图18-11　　　　　　　　　图18-12

06 在"视频检查器"中展开"遮罩工具"，设置"柔化"为2.0、"侵蚀"为1.0，如图18-13所示。遮罩边缘过渡更加顺滑，如图18-14所示。

图18-13　　　　　　　　　图18-14

实战 093

使用亮度抠像器制作文字遮罩

- 素材位置：素材文件>CH18
- 实例位置：实例文件>CH18
- 视频文件：实战093 使用亮度抠像器制作文字遮罩..mp4
- 学习目标：掌握使用亮度抠像器制作文字遮罩的方法

使用"亮度抠像器"和文字进行结合，能够制作带有遮罩效果的文字，这种文字效果常用于电影片名或者小视频的跳转画面。

01 打开本书配套资源"素材文件>CH18>实战093"文件夹，将image01和image02导入名为"抠像与合成"的事件中，如图18-15所示。

图18-15

02 右击video02，选择"新建项目"命令，将"项目名称"设置为"文字遮罩"，单击"好"按钮 好 完成项目设置，如图18-16所示。video02被添加到时间线上，在"时间线"面板中将image01和image02拖曳到video02上方，并修剪它们的长度，使之与video02对齐，如图18-17所示。

图18-16

图18-17

03 在"时间线"面板中将播放头放置在image01上，如图18-18所示。image01的画面为白底黑字，如图18-19所示。

图18-18　　　　　　　　　　图18-19

04 在"效果浏览器"面板中选择"抠像"中的"亮度抠像器"，将"亮度抠像器"效果拖曳到image01上，如图18-20所示。黑字变透明（变为遮罩），如图18-21所示。

图18-20 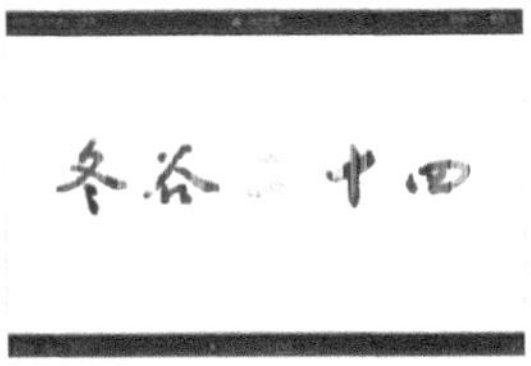　　　　　　　　　　图18-21

05 在"亮度抠像器"中勾选"保留RGB"选项，可以增强文字字体边缘，如图18-22所示。在"亮度抠像器"中勾选"反转"选项，可以将遮罩反转，如图18-23所示。白色背景变透明（变为遮罩），如图18-24所示。

图18-22
图18-23 　　　　　　　　　　图18-24

06 将播放头移动到image02上，如图18-25所示。image02的画面为黑底白字，如图18-26所示。

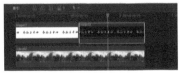 

图18-25　　　　　　　　　　图18-26

07 将"亮度抠像器"效果拖曳到image02上，如图18-27所示。黑色背景变透明（变为遮罩），如图18-28所示。

08 在"亮度抠像器"中勾选"反转"选项可以将遮罩反转，如图18-29所示。白字变透明（变为遮罩），如图18-30所示。

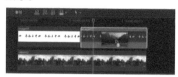   

图18-27　　　　　　　　　图18-28　　　　　　　　　图18-29　　　　　　　　　图18-30

抠像器（绿幕抠像）

实战 094

- 素材位置：素材文件>CH18
- 视频文件：实战094 抠像器（绿幕抠像）.mp4
- 实例位置：实例文件>CH18
- 学习目标：掌握抠像器的使用方法

"抠像器"可以抠除视频中的纯色背景，通常在视觉特效合成中会使用绿色或蓝色幕布作为背景。事实上任何一种纯色背景都可以用于抠像，例如白色、红色、黄色等，但为了抠像时不影响主体，大多数情况下会使用绿幕和蓝幕。

本实战主要演示如何通过"抠像器"来抠取纯色视频中的内容，如图18-31和图18-32所示。注意，并非任意一个绿幕素材都可以进行抠像处理，这需要拍摄时为绿幕布置均匀的光线，不均匀的光线会给抠像带来很多麻烦，甚至完全无法处理。另外，视频编码质量也将影响最终抠像结果，尽量拍摄高分辨率和高码率的绿幕视频。

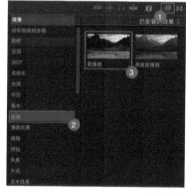 

 提示 请读者观看教学视频学习"抠像器"的具体操作方法和注意事项。

图18-31　　　　　　　　　　　　　　　　图18-32

通道与背景合成

实战 095

- 素材位置：素材文件>CH18
- 视频文件：实战095 通道与背景合成.mp4
- 实例位置：实例文件>CH18
- 学习目标：掌握通道与背景合成的方法

拍摄完成后的绿幕素材光线是不变的，而不同的背景会有不同的光线和色调，在背景合成时需要调整抠像素材的颜色与背景色调，使两者融合，从而不会显得突兀。利用"通道"进行辅助可以更直观、更快速地调整。

01 打开本书配套资源"素材文件>CH18>实战095"文件夹，将image03添加到"抠像器"事件中，如图18-33所示。右击video05并选择"新建项目"命令，其具体参数设置如图18-34所示。video05被导入时间线，如图18-35所示。

02 在时间线上将image03拖曳到video05下方，修剪image03的长度并使之与video05对齐，如图18-36所示。

图18-35

图18-33　　　　　　　　　　　　　　　　图18-34　　　　　　　　　　　　图18-36

03 对video05进行抠像，如图18-37所示。

04 观察两个片段，video05的人物色调偏暖，image03的背景色调偏冷，需要调整video05的色调，使video05与image03融合。在"检视器"面板右上角单击"显示"可以看到"通道"参数，如图18-38所示。

图18-37　　　　　　　　　　　　　　　　　　　　　　　图18-38

05 选中video05，在"检查器"面板中单击"颜色检查器"图，单击后按钮变为彩色图，如图18-39所示。

06 在"颜色检查器"左上角单击"无校正"，选择"+颜色曲线"，如图18-40所示。"颜色检查器"将显示颜色曲线，如图18-41所示。

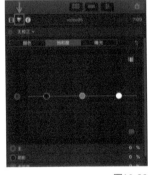

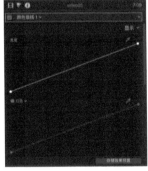

图18-39　　　　　　　　　　图18-40　　　　　　　　　　图18-41

07 在颜色曲线顶部的右上方单击"显示"，选择"单曲线"，如图18-42所示。单击顶部对应标签可以打开对应曲线，如图18-43所示。

08 在"检视器"面板右上角单击"显示"，将"通道"设置为"红色"，如图18-44所示。"检视器"面板将单独显示"红色"通道，如图18-45所示。

图18-44

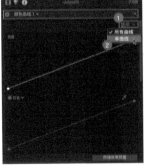

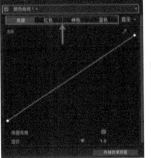

图18-42　　　　　　　　　　图18-43　　　　　　　　　　图18-45

09 观察人物与背景，人物的整体亮度高于背景，在颜色曲线中打开"红色"曲线，在曲线的右上方单击并向下拖曳以减少高光部分的红色（降低"红色"通道中高光亮度），如图18-46所示。

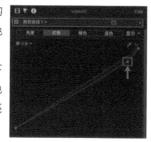

图18-46

10 在曲线左下方单击并向上拖曳，增加阴影部分中的红色（提高"红色"通道中阴影亮度），如图18-47所示。人物亮度与背景亮度接近了许多，如图18-48所示。

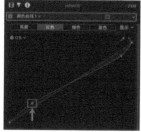

图18-47

图18-48

11 在"检视器"面板右上角单击"显示"，将"通道"设置为"绿色"，在"检视器"面板观察"绿色"通道，人物的高光部分与背景非常接近，但阴影部分比背景暗，如图18-49所示。

12 在颜色曲线中打开"绿色"曲线，在曲线左下方单击并向上拖曳增加阴影中的绿色（提高"绿色"通道中阴影亮度），如图18-50所示。

图18-49

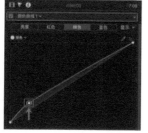

图18-50

13 提高"绿色"通道中阴影部分亮度的同时影响了高光部分的亮度，在曲线的右上方单击并向下拖曳减少高光中的绿色（降低"绿色"通道中高光亮度），如图18-51所示。在"检视器"面板中观察调整后的"绿色"通道，如图18-52所示。

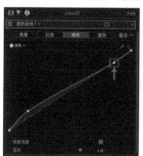

图18-51

图18-52

14 在"检视器"面板右上角单击"显示"，将"通道"设置为"蓝色"，在"检视器"面板观察"蓝色"通道，人物的阴影部分和高光部分都暗于背景，如图18-53所示。

15 在颜色曲线中打开"蓝色"曲线，在曲线左下方单击并向上拖曳增加阴影中的蓝色（提高"蓝色"通道中阴影亮度），如图18-54所示。

图18-53

图18-54

16 在曲线的右上方单击并向上拖曳增加高光部分中的蓝色（提高"蓝色"通道中的高光亮度），如图18-55所示。在"检视器"面板中观察"蓝色"通道，如图18-56所示。

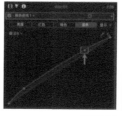

图18-55

图18-56

17 在"检视器"面板的右上角单击"显示"，将"通道"设置为"全部"，在"检视器"面板观察人物和背景，如图18-57所示。

18 在"效果浏览器"面板中选择"模糊"中的"高斯曲线"效果，将"高斯曲线"效果拖曳到image03上，如图18-58所示。

图18-57

图18-58

19 在"时间线"面板中选中image03，单击"视频检查器"，将"高斯曲线"效果模块中的"Amount"设置为8.0，如图18-59所示。在"检视器"面板观察效果，背景中添加了模糊效果以模仿镜头景深，如图18-60所示。

图18-59

图18-60

第19章

360°全景视频

创建360°视频剪辑

- 素材位置：素材文件>CH19
- 视频文件：实战096 创建360°视频剪辑.mp4
- 实例位置：实例文件>CH19
- 学习目标：掌握360°视频的创建方法

360°视频是由全景摄像机拍摄出来的视频，至少有两个180°镜头拍摄两个方位，最后再由软件拼接完成。360°
视频包含拍摄空间内的所有景象，发布在支持全景视频或照片的平台
上时，观众可以拖曳画面或转动设备观看各个方位的画面，也可以输
出给VR头显观看。Final Cut Pro X可以剪辑和观看拼接完成后的360°
视频，并制作特殊效果。部分360°摄像机生成的文件不能直接使用，
需要先在摄像机厂商提供的拼接软件中拼接。

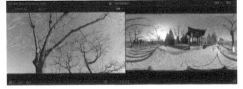

01 新建资源库并命名为"360°全景视频"，新建事件并将其命名为"全景视频"，
打开本书本书配套资源"素材文件>CH19>实战096"文件夹，将video01导入"全景视
频"事件中，如图19-1所示。

02 在"浏览器"面板中选中video01，单击"检查器"面板中的"信息检查器"，在
"信息检查器"的左下角选择"基本"元数据视图，如图19-2所示。Final Cut Pro X可以
根据视频元数据信息识别出360°视频，剪辑前需要将
"360°投影模式"更改为"等距柱状投影"。

提示 关于"360°投影模式"和"立体模式"的相
关参数，请在视频中学习。

图19-1

图19-2

03 在"浏览器"面板中右击video01，选择"新建项目"命令，将"项目名称"设置为"360°视频"，设置"视频"的"格式"为"360°"、"投影类型"为"360°单视场"，单击"好"按钮 ██好██ ，完成项目设置，如图19-3所示。完成后，video01被导入时间线，如图19-4所示。

 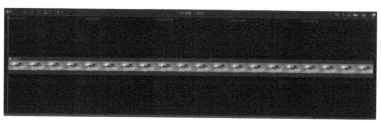

图19-3　　　　　　　　　　　　　　　　　　　　　　　　　　　　　　　图19-4

> **提示** video01的帧速率为50fps，设置"速率"为25p，可以制作慢动作效果。

04 在"检视器"面板的右上角单击"显示"，选择"360°检视器"或按Option+Command+7键，打开"360°检视器"后，"检视器"面板将分为两部分，左边以正常模式显示360°视频，右边以等距柱状投影的方式显示360°视频，如图19-5所示。

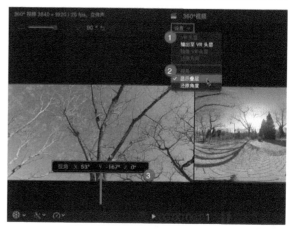

图19-8

07 "360°检视器"仅用于预览，改变视图的角度不影响最终结果；在"360°检视器"右上角执行"设置>还原角度"命令，可将角度还原为默认角度，如图19-9所示。

图19-5

05 在"360°检视器"中可以朝任意方向拖曳以观看360°视频，如图19-6和图19-7所示。

图19-6　　　　　　　　　　图19-7

> **提示** 下面介绍快捷操作方式。
> Control+Option+Command+"↑"：向上。
> Control+Option+Command+"↓"：向下。
> Control+Option+Command+"←"：向左。
> Control+Option+Command+"→"：向右。
> Control+Option+Command+"["：顺时针旋转。
> Control+Option+Command+"]"：逆时针旋转。

06 在"360°检视器"右上角执行"设置>显示叠层"命令，"360°检视器"中将显示"视角"参数，如图19-8所示。

图19-9

> **提示** 第1次打开"360°检视器"时，显示的角度为默认角度，视频被分享到播放平台时默认角度与此一致。

08 连接了VR头显后，可执行"设置>输出至VR头显"命令，然后以转动头部的方式观看各个角度，此时Final Cut Pro X中的"360°检视器"将关闭；执行"设置>镜像VR头显"命令，既可以保留Final Cut Pro X的"360°检视器"，又能将影像输出到VR头显，如图19-10所示。

图19-10

提示 视频输出到VR头显后，不能再在Final Cut Pro X中改变视野。

09 在"设置"左侧拖曳滑块可以改变视野大小。向左拖曳滑块，视野变宽，如图19-11所示；向右拖曳滑块，视野变窄，如图19-12所示。

图19-11

图19-12

提示 单击■可以将视野大小还原，如图19-13所示。

图19-13

10 如果需要改变默认视角，那么在"时间线"面板中选中video01，单击"视频检查器"，找到"重定方位"属性，如图19-14所示。

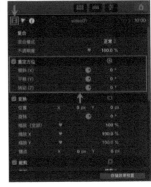

图19-14

11 单击"重定方位"属性中的按钮■，单击后按钮变为蓝色■，如图19-15所示。在"检视器"面板中拖曳"等距柱状投影"，可以改变默认角度（也可以直接在"重定方位"属性中改变参数），如图19-16所示。

图19-15

图19-16

提示 VR头显的初始默认视角不是由Final Cut Pro X决定的，而是由制造商的驱动软件决定的。在Final Cut Pro X中可以改变VR头显默认视角，当输出到VR头显后，转动头部将视角停留在需要设定为默认视角的位置，执行"设置>还原方向"命令，可将视角设定为默认，如图19-17所示。

图19-17

实战 097

360°视频修补

- 素材位置：素材文件>CH19
- 实例位置：实例文件>CH19
- 视频文件：实战097 360°视频修补.mp4
- 学习目标：掌握360°视频修补的方法

在使用三脚架拍摄时，360°视频的底部会残留三脚架影像，可以在Final Cut Pro X中对其进行修补。

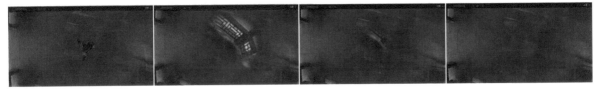

01 打开本书配资源"素材文件>CH19>实战097"文件夹，将video02导入"全景视频"事件中，如图19-18所示。右击video02，选择"新建项目"命令，将"项目名称"设置为"360视频修补"，设置"视频"的"格式"为"360°"、"投

影类型"为"360°单视
场"，单击"好"按钮
好，完成项目设
置，如图19-19所示。
video02将被导入时间
线，如图19-20所示。

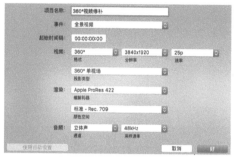

图19-18　　　　　　　　　　　　　　　　图19-19

图19-20

02 在"检视器"面板的右上角单击"显示"，选择
"360°检视器"或按Option+Command+7键，打开
"360°检视器"，如图19-21所示。将视角调整到下方，
三脚架的影像显示出来，如图19-22所示。

图19-21

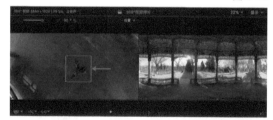

图19-22

03 在"效果浏览器"中选择"360°"中的"360°修
补"效果，将"360°修补"效果拖曳到video02上，如
图19-23所示。在"检视器"面板中查看效果，"360°修
补"效果将自动选取图像中的其他部分修补视频，但并
不是在任何时候都可以完美修复，如图19-24所示。

图19-23

图19-24

04 在"时间线"面板中选中video02，单击"视频检查
器"即可看到"360°修补"的各项参数，如图19-25所示。

05 勾选"Setup Mode"（设置模式），如图19-26所
示。"检视器"面板将变为
设置模式，如图19-27所示。

图19-25　　　　　　　　　图19-26

图19-27

06 拖曳绿色锚点以定位"Source Position"（源位置，即采样位置）；拖曳白色圆环可改变"Source Radius"（源半径，即采样范围）；拖曳红色锚点以定位"Target Position"（目标位置，即需要修复的位置），即可完成修复，如图19-28所示。

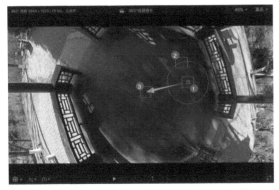

图19-28

提示 "360°修补"效果中的"Patch Region"参数用于选取修补方位，包括"Nadir（Bottom）"（底部）、"Zenith（Top）"（顶部）、"Front"（前面）、"Back"（后面）、"Left"（左面）和"Right"（右面），一共6个面，默认为"Nadir（Bottom）"（底部），如图19-29所示。

图19-29

Source Position（源位置）：用于设置源位置，即采样位置。

Source Radius（源半径）：用于设置源半径，即采样范围。

Source Softness（源柔和度）：用于调整源范围边缘的柔和度，类似于"羽化"效果。

Source Aspect（源宽高比）：用于调整源范围的宽高比。

Source Angel（源角度）：用于设定了宽高比之后调整角度。

Highlight Source（聚焦源）：勾选后，源位置将以高亮显示，其他区域变暗。

Target Position（目标位置）：用于设置目标位置，即需要修复的位置。

Target Opacity（目标不透明度）：用于调整目标不透明度。

Target Angle（目标角度）：用于调整目标角度，例如当地面是砖块时可使用此功能将砖块缝隙对齐。

Target Scale（目标比例）：用于放大或缩小目标。

Target Flip Flop（目标触发器/目标翻转落下）：用于调整目标翻转方式，默认为"None"，可自定义调整为"Horizontal"（水平翻转）、"Vertical"（垂直翻转）或"Horizontal and Vertical"（水平和垂直翻转）。

一切设置完成后，需要取消勾选"Setup Mode"（设置模式）选项才能让"360°检视器"恢复正常显示。也许会遇到不管怎么调整都无法完全修补目标位置的情况，这时可叠加使用"360°修补"效果，每次只修补一小部分，直到所有的目标都修补完成。

实战 098

360°视频效果

- 素材位置：素材文件>CH19
- 视频文件：实战098 360°视频效果.mp4
- 实例位置：实例文件>CH19
- 学习目标：掌握360°视频效果的制作方法

360°视频效果是一个比较新的功能和技术点，在实际运用中可以选择性地使用。

与添加普通视频效果一样操作方法，可在"效果浏览器"面板的"360°"中使用360°视频专用效果，如图19-30所示。参数设置面板如图19-31所示。

提示 请读者观看教学视频学习相关操作方法和注意事项。

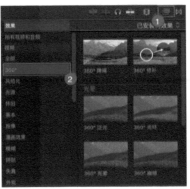

图19-30　　　　　　　　　　　　图19-31

360°视频字幕

实战 099

- 素材位置：素材文件>CH19
- 视频文件：实战099 360°视频字幕.mp4
- 实例位置：实例文件>CH19
- 学习目标：掌握360°视频字幕的制作方法

360°视频字幕其实是视频字幕的高级运用，在制作原理上结合了360°视频的特征。

01 打开本书配套资源"素材文件>CH19>实战099"文件夹，将video03导入"全景视频"事件中，如图19-32所示。右击video03，选择"新建项目"命令，将"项目名称"设置为"360°视频字幕"，设置"视频"的"格式"为"360°"、"投影类型"为"360°单视场"，单击"好"按钮 好 ，完成项目设置，如图19-33所示。在"浏览器"面板中单击"字幕和发生器"或按Option+Command+1键，展开"字幕"即可找到360°视频字幕，如图19-34所示。

图19-32　　　　　　　　　　图19-33　　　　　　　　　　图19-34

02 将"360°基本3D"拖曳到时间线video03上并修改长度，使之与video03对齐，如图19-35所示。打开"360°检视器"，字幕将出现在默认视角中，如图19-36所示。

图19-35

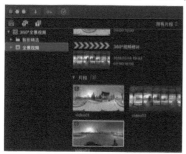

图19-36

03 在"时间线"面板中选中"360°基本3D"字幕，

单击"检查器"面板中的，"字幕检查器"，调整"Distance"（距离）为-427.0，如图19-37所示。调整后字幕距离更近，如图19-38所示。

图19-37　　　　　　　　图19-38

提示 "Rotation"用于调整字幕的旋转效果。转动视角时不影响字幕的位置，如图19-39所示。

图19-39

04 在"时间线"面板中选中"TANE SNAPE-360°基本3D"后,单击"视频检查器",找到"重定方位"属性,如图19-40所示。单击"重定方位"按钮，在"等距柱状投影"视图中拖曳,可以直接调整字幕的位置,如图19-41和图19-42所示。

图19-40

图19-41

图19-42

05 也可以将其他字幕用在360°视频中。将"基本字幕"添加到时间线上,在"时间线"面板中选择"基本字幕",如图19-43所示。打开"视频检查器"找到"360°变换"属性。"360°变换"属性默认为未激活状态,需要时可以在左上角将其勾选以激活,如图19-44所示。

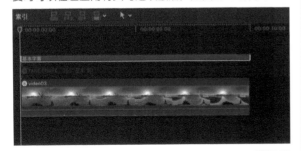

图19-43

图19-44

> **提示** 激活"360°变换"属性后,不能在"检视器"面板中拖曳改变字幕的位置。"坐标"选项分为"球形"和"笛卡儿"。当"坐标"设置为"球形"时,可调整的位置参数为"经度""纬度""距离"。可以将360°视频理解为是一个球形,观看者位于球形中央,球形位置用"经度"和"纬度"表示,观看者与字幕的距离使用"距离"表示。在360°视频中,调整"纬度"使字幕向上或向下移动,调整"经度"使字幕向左或向右移动,"经度"的移动范围受"纬度"的影响,当"纬度"为90.0时,字幕位于360°视频顶端,如图19-45所示。

图19-45

可以将这个球形理解为地球仪。"纬度"越接近赤道,"经度"的移动范围越大;"纬度"越接近极点,"经度"的移动范围越小。

06 将"坐标"设置为"笛卡儿",分别调整"X位置""Y位置""Z位置"的参数,如图19-46所示。此时字幕不再围绕360°视频移动。"笛卡儿"效果类似于"飞越无限"字幕,字幕会逐渐飞出画面。

图19-46

> **提示** "飞跃无限"字幕已经在实战028"标题式字幕"中介绍过,这里不再赘述。"360°变换"属性的其他相关参数介绍如下。
>
> 自动定向:使字幕始终面向中心。
>
> X旋转:使字幕绕x轴旋转。
>
> Y旋转:使字幕绕y轴旋转。
>
> Z旋转:使字幕绕z轴旋转。

实战 100 创建"小小星球"效果

- 素材位置：素材文件>CH19
- 视频文件：实战100 创建"小小星球"效果.mp4
- 实例位置：实例文件>CH19
- 学习目标：掌握"小小星球"效果的制作方法

将360°全景视频添加到非360°全景视频项目中时，可以创建"小小星球"效果。

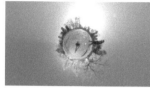

01 打开本书配套资源"素材文件>CH19>实战100"文件夹，将video04导入"全景视频"事件中，如图19-47所示。拍摄video04的方法是将360°全景摄像机固定位置，同时人物围绕摄像机转圈行走。右击video04，选择"新建项目"命令，将"项目名称"设置为"小小星球"，设置"格式"为"1080p HD"，单击"好"按钮 好 ，完成项目设置，如图19-48所示。

图19-47

图19-48

02 在"时间线"面板中选中video04，打开"视频检查器"可以找到"方向"属性，如图19-49所示。

03 在"方向"属性中将"映射"设置为"小小星球"，如图19-50所示。在"检视器"面板中查看效果，如图19-51所示。

04 在"方向"属性中将"倾斜（X）"设置为180.0，可以创建反方向"小小星球"（上下方向），如图19-52所示。在"检视器"面板中查看效果，如图19-53所示。

图19-52

图19-49　　　　图19-50

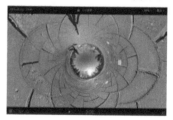

图19-53

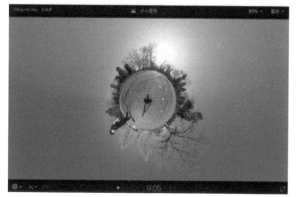

图19-51

> **提示** "方向"属性中的其他重要参数介绍如下。
>
> **平移（Y）**：转动"小小星球"。
>
> **转动（Z）**：创建反方向"小小星球"（左右方向）。
>
> **视野**：放大或缩小"小小星球"。
>
> 在"方向"属性中单击按钮■，可以在"检视器"面板中拖曳以更改"小小星球"效果。上下拖曳可以调整"倾斜（X）"，左右拖曳可以调整"平移（Y）"；按住Shift键拖曳可以固定位置，例如在调整"倾斜（X）"时，不会影响"平移（Y）"。

第20章

视频调色

实战 101 视频观测仪（示波器）

- 素材位置：素材文件>CH20
- 视频文件：实战101 视频观测仪（示波器）.mp4
- 实例位置：实例文件>CH20
- 学习目标：认识视频观测仪的功能

"视频观测仪"是了解图像颜色信息的重要工具，部分平台称之为"示波器"。通过视频观测仪可以在后期中正确地调整颜色信息。如果读者熟悉摄像机，那么对视频观测仪必定不会陌生，相同的技术同样可以用于视频剪辑。

"视频观测仪"的相关参数调整界面如图20-1所示。主要包含"波形""矢量显示器""直方图。"本实战的内容以演示操作为主，读者可以观看教学视频来掌握详细的操作。

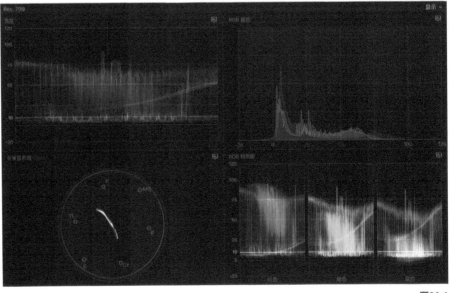

图20-1

实战 102 颜色板（调整亮度、对比度、饱和度）

- 素材位置：素材文件>CH20
- 视频文件：实战102 颜色板（调整亮度、对比度、饱和度）mp4
- 实例位置：实例文件>CH20
- 学习目标：掌握颜色板的相关功能

"颜色板"是Final Cut Pro X中最基本的调色工具，主要用于调整亮度、对比度、饱和度和颜色。

默认颜色校正工具为"颜色板"，可以在"偏好设置"面板的"通用"子面板下设置默认颜色校正工具，如图20-2所示。"颜色板"中有"颜色""饱和度""曝光"3个选项卡，"颜色"选项卡用于调整各范围的颜色值，"饱和度"选项卡用于调整饱和度。

请读者观看教学视频，学习"颜色板"的具体操作。

图20-2

实战 103 平衡颜色

- 素材位置：素材文件>CH20
- 视频文件：实战103 平衡颜色.mp4
- 实例位置：实例文件>CH20
- 学习目标：掌握平衡颜色的相关功能

不难看出素材video01的画面色调整体偏蓝（偏冷），这是因为摄像机没有设置正确的白平衡。也许读者喜欢这样的色调，但在一级调色中，需要先校正偏色（校正白平衡）。Final Cut Pro X提供了便利的校正方法。调色分为"一级调色"和"二级调色"，为RAW、LOG和标准格式视频调整正确的曝光、对比度（反差）、饱和度和白平衡为"一级调色"，至于影片色调和颜色风格的调整都属于"二级调色"。

01 如果需要在导入时进行自动分析，可以在Final Cut Pro X"偏好设置"的"导入"子面板中勾选"对视频进行颜色平衡分析"选项，如图20-3所示。

02 对于已经导入的片段可以使用"平衡颜色"功能进行自动调整。先在"颜色检查器"或"视频检查器"中取消勾选"颜色板1"选项，使video01恢复到调整前的效果，如图20-4和图20-5所示。

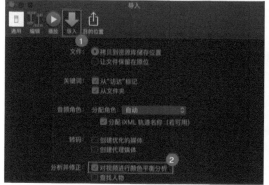
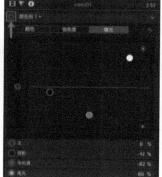

图20-3　　　　　　　　　　　图20-4　　　　　　　　　图20-5

03 打开"RGB列示图"波形观测仪，通过观察可以看出蓝色的值最高，红色的值最低，如图20-6所示。

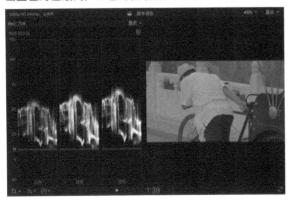

图20-6

04 在"时间线"面板中选中video01，在"检视器"面板左下方单击"选取颜色校正和音频增强选项"工具█，然后选择"平衡颜色"，如图20-7所示。

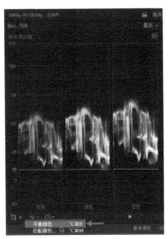

图20-7

05 使用"平衡颜色"功能后，Final Cut Pro X将自动分析图像并调整亮度、对比度和白平衡，如图20-8所示。

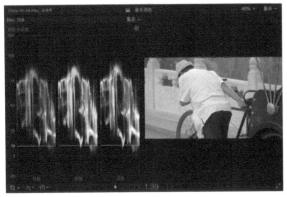

图20-8

06 观察video01和"视频观测仪"，红色、绿色和蓝色被调整平衡，画面色调也不再偏蓝（偏冷），"视频检查器"将出现"平衡颜色"效果，将"平衡颜色"中的"方法"设置为"白平衡"，如图20-9所示。

图20-9

> **提示** 在"视频检查器"中单击颜色校正工具右侧按钮 █，即可打开颜色校正工具。

07 更改后，鼠标指针变为"吸管"█，在"检视器"面板中单击图像中应为纯白的区域，如图20-10所示。Final Cut Pro X将根据取样点自动设定白平衡，红色、绿色和蓝色也被自动校正平衡，如图20-11所示。

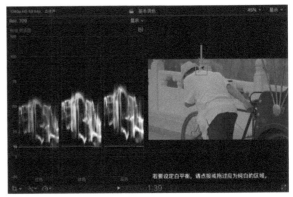

图20-10

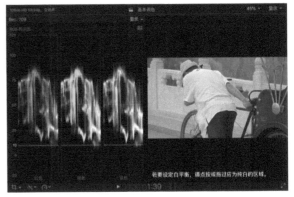

图20-11

08 在"颜色检查器"左上角展开"颜色板1"下拉列表框，选择"+颜色板"，提高画面颜色的饱和度，如图20-12所示。

图20-12

09 也可使用"颜色曲线"手动平衡颜色，在"视频检查器"中删除"平衡颜色"效果，重新勾选"颜色板1"，如图20-13所示。

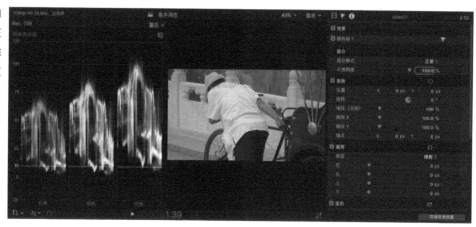

图20-13

实战 104 颜色曲线

- 素材位置：素材文件>CH20
- 视频文件：实战104 颜色曲线.mp4
- 实例位置：实例文件>CH20
- 学习目标：掌握"颜色曲线"的相关功能

使用"颜色曲线"可以调整视频画面中颜色的阴影、中间调和高光效果。

"颜色曲线"分为"亮度""红色""绿色""蓝色"曲线，"颜色曲线"左低右高，左侧用于调整阴影，中间用于调整中间调，右侧用于调整高光，如图20-14所示。请读者观看教学视频，学习"颜色曲线"中各颜色的调整方法和注意事项。

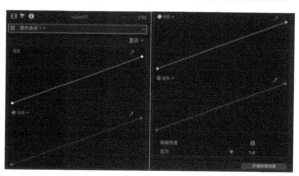

图20-14

实战 105 色轮

- 素材位置：素材文件>CH20
- 视频文件：实战105 色轮.mp4
- 实例位置：实例文件>CH20
- 学习目标：掌握色轮的使用方法

可以简单地将"色轮"理解为"颜色板"的升级，"色轮"有"颜色板"的所有功能，但更加强大，其调整的内容和参数更加细致。"色轮"主要有4个图形区域："主""阴影""中间调""高光"，如图20-15所示。请读者观看教学视频，学习"色轮"的具体操作方法和调整注意事项。

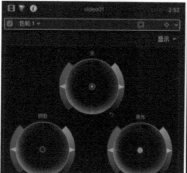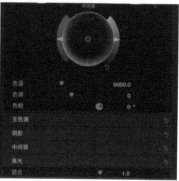

图20-15

色相/饱和度曲线

- 素材位置：素材文件>CH20
- 视频文件：实战106 色相/饱和度曲线.mp4
- 实例位置：实例文件>CH20
- 学习目标：掌握色相/饱和度曲线的使用方法

通过"色相/饱和度曲线"可以调整视频整体的颜色和饱和度。

在"颜色检查器"添加"色相/饱和度曲线"，可以发现其有6条直线，分别是"色相vs色相"（HvH）、"色相vs饱和度"（HvS）、"色相vs亮度"（HvL）、"亮度vs饱和度"（LvS）、"饱和度vs饱和度"（SvS）和"橙色vs饱和度"，如图20-16和图20-17所示。请读者观看教学视频，学习每一个调节参数的方法和操作注意事项。

图20-16　　　　　　　　　　　　　　　　　　　　　图20-17

颜色形状遮罩

- 素材位置：素材文件>CH20
- 视频文件：实战107 颜色形状遮罩.mp4
- 实例位置：实例文件>CH20
- 学习目标：掌握颜色形状遮罩的制作方法

颜色形状遮罩是使用遮罩在片段上框选出一个区域，从而单独调整这个区域的颜色、亮度等，Final Cut Pro X中的"颜色板""色轮""颜色曲线""色相/饱和度曲线"都可以使用颜色形状遮罩。

01 打开本书配套资源"素材文件>CH20>实战107"文件夹"，将video04添加到"调色"事件中，如图20-18所示。在"浏览器"面板中右击video04，选择"新建项目"命令，项目的具体参数设置如图20-19所示。

图20-18　　　　　　　　　　　　　　　　　　　　　图20-19

02 video04被添加到时间线上，按Command+7键打开"视频观测仪"并设置为"亮度"波形观测仪，如图20-20所示。

图20-20

03 在"颜色检查器"中添加"颜色板"，在"曝光"选项卡中将"高光"设置为40%（"高光"值不高于100%），将"阴影"设置为-7%（"阴影"值不低于0），如图20-21和图20-22所示。

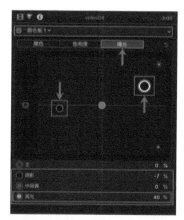

图20-21

图20-22

提示 设定好"高光"和"阴影"后，可再按Command+7键暂时关闭"视频观测仪"。

04 在"饱和度"选项卡中将"主"设置为40%，增加画面整体的饱和度；将"中间调"设置为30%，"高光"设置为22%，增加中间调和高光部分的饱和度，如图20-23和图20-24所示。

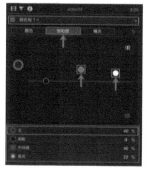

图20-23　　　　　　　　　　图20-24

05 在"曝光"选项卡中将"中间调"设置为-80%，如图20-25所示。天空颜色和天空中的细节增加，但马路变暗并丢失部分细节，如图20-26所示。

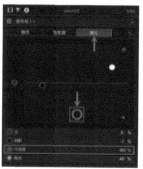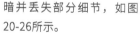

图20-25　　　　　　　　　　图20-26

06 添加第2个"颜色板"，如图20-27所示。将鼠标指针移动到新添加的"颜色板2"的右上角，单击按钮，如图20-28所示。

图20-27　　　　　　　　　　图20-28

07 选择"添加形状遮罩"命令，如图20-29所示。"检视器"面板将添加形状遮罩，如图20-30所示。

图20-29　　　　　　　　　　图20-30

08 向左拖曳遮罩内圈左上角的白色控制点，将遮罩形状变为矩形，如图20-31所示。

图20-31

09 拖曳遮罩内圈右侧（或左侧）的绿色控制点，拉长形状遮罩，使内圈长度长于片段画面长度，如图20-32所示。

图20-32

提示 为方便操作，可以在"检视器"面板的右上角缩小"检视器"面板视图。

10 拖曳形状遮罩的锚点，移动锚点位置使形状遮罩的内圈覆盖片段画面的下半部分，如图20-33所示。

图20-33

提示 拖曳与锚点连接的控制手柄可以旋转遮罩。

11 拖曳形状遮罩的外圈，扩大羽化范围，如图20-34所示。

图20-34

12 在"曝光"选项卡中设置"中间调"为40%、"高光"为10%，如图20-35所示。在"检视器"面板中查看结果，形状遮罩内的街道细节恢复了，如图20-36所示。

图20-35

图20-36

提示 在"颜色板2"下方可以查看遮罩，如图20-37所示。当"检视器"面板中的遮罩控制点消失时，只需在颜色校正工具下方单击遮罩显示控制点。

遮罩分为"内部"和"外部"，"内部"为形状遮罩内的区域（包括羽化部分），"外部"为形状遮罩外的区域（也包括羽化部分），羽化部分是内部和外部的重叠区域。

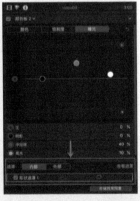

图20-37

13 选择"外部"遮罩，将"外部"遮罩的"曝光"选项卡的"中间调"设置为15%，如图20-38所示。天空亮度提高，画面上下过渡得更自然，如图20-39所示。

图20-38

图20-39

14 在"颜色板2"中单击"查看遮罩",即可在"检视器"面板中以黑白灰的形式显示遮罩,如图20-40和图20-41所示。

图20-40

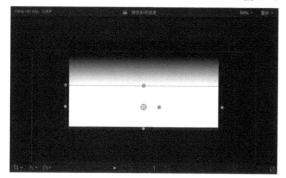

图20-41

> **提示** "形状遮罩"的内圈范围显示为白色,内圈和外圈之间的羽化效果显示为不同程度的灰色,"形状遮罩"外显示为黑色。

15 "形状遮罩"可以叠加使用。在"颜色板2"右上角单击▣,选择"添加形状遮罩"命令,如图20-42所示。可以在"颜色板2"下方向上拖曳遮罩选项组,显示所有遮罩,如图20-43所示。

图20-42　　　　图20-43

> **提示** Final Cut Pro X将根据添加顺序为遮罩命名,新遮罩的名称为"形状遮罩2",模式为"添加",如图20-44所示。

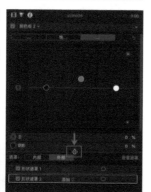

图20-44

16 在"检视器"面板中查看遮罩,"形状遮罩1"和"形状遮罩2"叠加在一起,如图20-45所示。

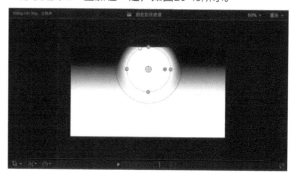

图20-45

17 将"形状遮罩2"的模式更改为"相减",如图20-46所示。

图20-46

18 在"检视器"面板中查看遮罩,"形状遮罩1"和"形状遮罩2"会相减,如图20-47所示。

图20-47

19 将"形状遮罩2"的模式更改为"交叉",如图20-48所示。

图20-48

20 在"检视器"面板中查看遮罩,遮罩变为"形状遮罩1"与"形状遮罩2"的交叉部分,如图20-49所示。

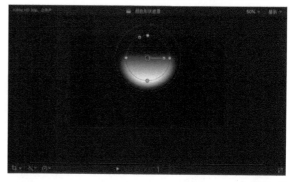

图20-49

> **提示** 选中需要删除的遮罩,按Delete键即可将其删除。

21 在"颜色板2"右侧单击下拉箭头，如图20-50所示。

22 选择"还原参数"命令，可将所有调整还原；选择"删除校正"命令，可删除当前校正工具；选择"反转"命令，可将遮罩反转。在"视频检查器"中也将显示颜色校正工具和遮罩，如图20-51所示。

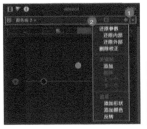

图20-50

图20-51

实战 108 颜色形状遮罩动画

- 素材位置：素材文件>CH20
- 实例位置：实例文件>CH20
- 视频文件：实战108 颜色形状遮罩动画.mp4
- 学习目标：掌握颜色形状遮罩动画的制作方法

可以使用"形状遮罩"框选出图像中的重要区域，并将"外部"遮罩图像变暗，以高亮显示重要内容。

01 为video04添加"颜色板"，如图20-52所示。Final Cut Pro X将添加"颜色板3"，在"颜色板3"右上角单击■，选择"添加形状遮罩"，如图20-53所示。

图20-52　　　　　　　图20-53

02 将时间线上的播放头移动到video04的开始点，调整"形状遮罩"的形状和位置，框选video04画面右下角的公共汽车，如图20-54所示。

图20-54

03 切换到"颜色板3"的"曝光"选项卡，将"中间调"设置为20%，将"高光"设置为90%，如图20-55所示。在"检视器"面板中查看效果，如图20-56所示。

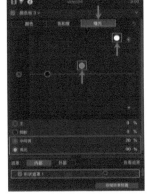

图20-55　　　　　　　图20-56

04 在"颜色板3"下方选中"外部"遮罩。将"外部"遮罩的"高光"设置为-90%，如图20-57所示。在"检视器"面板中查看效果，如图20-58所示。

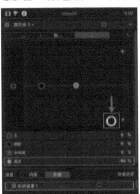

图20-57　　　　　　　图20-58

05 画面中的公共汽车在移动，而遮罩是固定不动的，这时可以利用关键帧使遮罩随着公共汽车移动。在"颜色板3"下方"形状遮罩1"的右侧单击"添加关键帧"按钮 ，添加关键帧（添加关键帧后，按钮变为黄色 ），如图20-59所示。

图20-59

06 将播放头移动到时间码为00:00:01:15的位置，如图20-60所示。在"检视器"面板中查看效果，如图20-61所示。

图20-60

图20-61

07 根据公共汽车的位置和大小，在"检视器"面板中调整"形状遮罩"的位置和形状，如图20-62所示。将播放头移动到时间码为00:00:02:29的位置（结束点的前一帧），如图20-63所示。

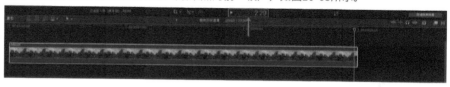

图20-62

图20-63

08 根据画面中公共汽车的位置和大小，在"检视器"面板中调整"形状遮罩"的位置和形状，如图20-64所示。

> **提示** 当目标并非匀速移动时，需要将关键的帧间隔缩短，可以考虑添加更多关键帧以配合目标的运动速度和轨迹。

图20-64

实战 109 **颜色遮罩**

- 素材位置：素材文件>CH20
- 视频文件：实战109 颜色遮罩.mp4
- 实例位置：实例文件>CH20
- 学习目标：掌握颜色遮罩的使用方法

颜色遮罩是在片段画面上选取某种颜色或某范围的颜色，从而单独调整某种或某范围的颜色、亮度及饱和度等，使用"颜色板""色轮""颜色曲线""色相/饱和度曲线"都可以创建颜色遮罩。

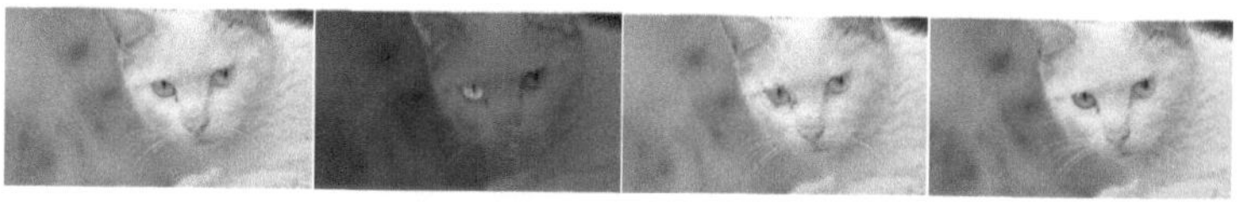

01 打开本书配套资源"素材文件>CH20>实战109"文件夹，将video05添加到"调色"事件中，如图20-65所示。

02 在"浏览器"面板中右击video05，选择"新建项目"命令，将"项目名称"设置为"颜色遮罩"，单击"好"按钮 好 完成项目设置，如图20-66所示。 video05被添加到时间线上，将播放头移动到时间线开始点，如图20-67所示。

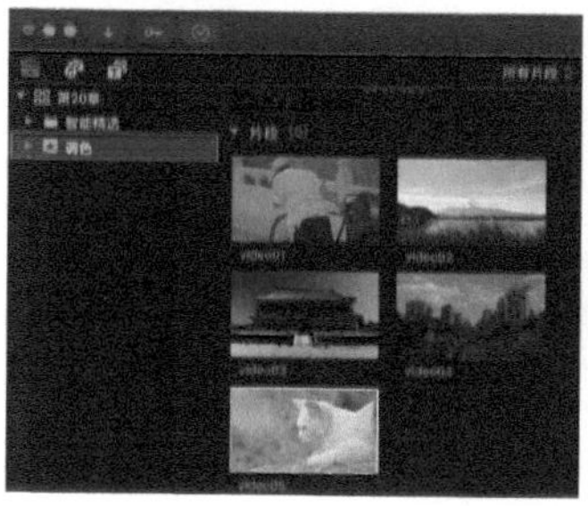

图20-65

图20-66

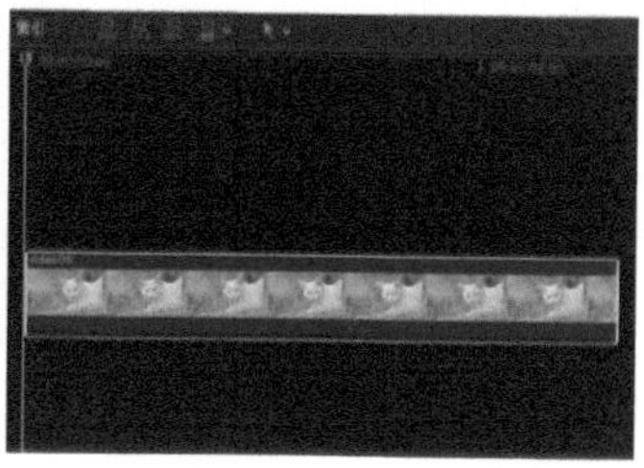

图20-67

03 在"颜色检查器"中添加"色轮",如图20-68所示。

在"色轮1"右侧单击■,选择"添加颜色遮罩"命令,如图20-69所示。

图20-68　　　　　　　图20-69

04 将鼠标指针移动到"检视器"面板中,鼠标指针变为吸管✎,主要用于颜色采样。为方便进行精细操作,在"检视器"面板右上角将视图更改为200%,如图20-70所示。

图20-70

05 在video05中,白猫的右眼呈淡黄色,左眼呈淡蓝色,使用吸管✎在右眼处单击并拖曳选取颜色范围,如图20-71所示。

图20-71

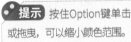 单击颜色选取单色,单击并拖曳选取颜色范围。

06 由于白猫左眼内的淡黄色并非完全均匀,第1次颜色采样不能覆盖眼睛的所有颜色,按住Shift键在眼睛下方单击并拖曳,进行二次采样,直到完全覆盖眼睛颜色,如图20-72所示。

提示 按住Option键单击或拖曳,可以缩小颜色范围。

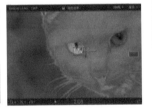

图20-72

07 在"色轮1"的下方单击"查看遮罩",纯白色代表被"颜色遮罩"完全覆盖,但画面其他部分因为有同样的颜色值也被"颜色遮罩"覆盖(将在后续的过程中解决这一问题),白猫右眼中的黑色和灰色是眼睛的反光,不影响结果,如图20-73所示。

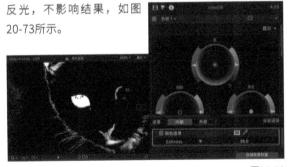

图20-73

08 再次单击"色轮1"下方的"查看遮罩",关闭遮罩模式;在"色轮1"中将"主"色轮的控制点向左上方的红色色相拖曳,如图20-74所示。在"检视器"面板中查看结果,白猫右眼颜色发生变化,如图20-75所示。

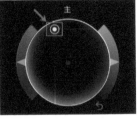

图20-74

图20-75

09 对于受到同样颜色值影响的其他位置,可通过"形状遮罩"解决,单击"添加形状遮罩",如图20-76所示。

10 改变"形状遮罩"内圈和外圈(羽化)大小,拖曳"形状遮罩"锚点改变位置,拖曳与锚点相连接的控制手柄来旋转"形状遮罩",以吻合眼睛形状,如图20-77所示。

图20-76　　　　　　　图20-77

提示 当目标处于移动状态时,可以使用关键帧让"形状遮罩"跟随目标移动。

11 设置完成后,除白猫右眼外,画面上不再有其他受影响区域。在"色轮1"下方选择"外部"遮罩,在"色轮1"中向下拖曳"主"色轮饱和度控制滑块,降低整体颜色饱和度,如图20-78所示。在"检视器"面板中查看效果,除白猫右眼外,画面其他区域颜色变为黑白,如图20-79所示。

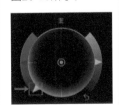

图20-78　　　　　　　图20-79

颜色遮罩动画

- 素材位置：素材文件>CH20
- 视频文件：实战110 颜色遮罩动画.mp4
- 实例位置：实例文件>CH20
- 学习目标：掌握颜色遮罩动画的制作方法

利用关键帧可以为"颜色遮罩"添加动画效果，例如将"外部"遮罩图像的颜色从黑白慢慢变为彩色。

01 将播放头移动到时间线的开始点，在"色轮1"的右上角单击"添加关键帧"按钮■，添加关键帧，如图20-80所示。

提示 此时添加的是"外部关键帧"，即为"外部"遮罩添加关键帧，不影响"内部"遮罩。

图20-80

02 将播放头移动到时间码为00:00:02:14的位置（结束点的前一帧），如图20-81所示。在"色轮1"中向上拖曳"主"色轮的饱和度控制滑块，恢复图像颜色的饱和度，如图20-82所示。"内部"遮罩（右眼）的颜色保持不变，"外部"遮罩的颜色将从黑白变为彩色，如图20-83~图20-85所示。

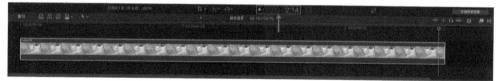

图20-81

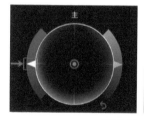

图20-82

图20-83

图20-84

图20-85

03 使用同样的方法添加关键帧并改变色相，使"内部"遮罩（右眼）的颜色不断变化。在"色轮1"下方选择"内部"遮罩，将播放头移动到时间线的开始点，如图20-86所示。

04 在"色轮1"的右上角单击"添加关键帧"按钮■，添加关键帧，将播放头移动到时间码为00:00:02:14的位置（结束点的前一帧），如图20-87所示。在"色轮1"中拖曳"主"色轮的控制点以更改颜色值，如图20-88所示。播放video 05并查看效果，"外部"遮罩的颜色从黑白变为彩色，"内部"遮罩（右眼）的颜色也发生变化，如图20-89和图20-90所示。

图20-86

图20-87

图20-88

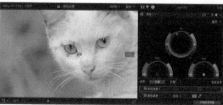

图20-89

图20-90

调整肤色

- 素材位置：素材文件>CH20
- 实例位置：实例文件>CH20
- 视频文件：实战111 调整肤色.mp4
- 学习目标：掌握调整肤色的方法

对于画面中的人物来说，肤色非常重要，不正常的肤色会影响整个影片的观赏性。Final Cut Pro X提供了"矢量显示器"来调整肤色。

01 打开本书配套资源"素材文件>CH20>实战111"文件夹，将video06添加到"调色"事件中，如图20-91所示。
在"浏览器"面板中右击video06，选择"新建项目"命令，项目的具体参数设置如图20-92所示。

图20-91　　　　　　　　　　　　　　　　　　图20-92

02 video06被添加到时间线上，按Command+7键打开"视频观测仪"并设置"矢量显示器"，如图20-93所示。"矢量显示器"下方的青色和绿色代表video06中人物背后的窗帘和电脑屏幕上的绿色音频波形，如图20-94所示。

03 为了使"矢量显示器"只显示人物肤色，对video06的画面进行裁剪（仅保留皮肤部分），如图20-95所示。观察"矢量显示器"，肤色分布在"肤色指示器"的参考线偏左侧，如图20-96所示。

图20-93　　　　　　图20-94　　　　　　图20-95　　　　　　图20-96

> **提示** 虽然肤色分布在参考线偏左侧，但这并不代表人物肤色不正常。"肤色指示器"的参考线只是一个参考值，不同人物的肤色不尽相同，没有固定的参数值，读者可以根据影片风格和要求调整肤色。一般来说，肤色都不能过度偏离"肤色指示器"的参考线（制作特殊效果除外）。

04 通过"色相/饱和度曲线"中的"橙色vs饱和度"可以调整片段画面中橙色的饱和度，以达到调整肤色饱和度的目的，如图20-97和图20-98所示。

图20-97

图20-98

05 在调整"橙色vs饱和度"时，整个画面中橙色的饱和度都会随之改变，可以使用校正工具中的"形状遮罩"框选出不用进行调整的范围，再对橙色的饱和度进行调整，如图20-99和图20-100所示。

图20-99

图20-100

06 在校正工具（例如"色轮"）中使用"颜色遮罩"选取皮肤的颜色范围，如图20-101所示。拖曳"主"色轮控制点为皮肤增加洋红色，如图20-102所示。

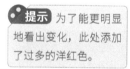

提示 为了能更明显地看出变化，此处添加了过多的洋红色。

图20-101

图20-102

07 当人物肤色偏黄时，可以向蓝色（互补色）色相拖曳以减少黄色；当肤色偏红时，可以向青色（互补色）色相拖曳以减少红色。观察"矢量显示器"，颜色分布发生变化，如图20-103所示。

08 "颜色遮罩"的范围覆盖了除皮肤外的相似颜色值，为不影响其他区域的图像，可再使用"形状遮罩"将皮肤框选出来，如图20-104所示。

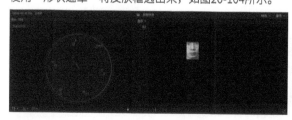

图20-103

图20-104

提示 "肤色指示器"只是个参考，例如电影中就有大量镜头人物的肤色呈现青绿色，它可以用于衬托电影中压抑的氛围；如果在拍摄时使用了染色灯，这时人物的肤色可能呈现红色、蓝色和粉色等。因此，可以说创作是没有界限的。

匹配颜色

- 素材位置：素材文件>CH20
- 视频文件：实战112 匹配颜色.mp4
- 实例位置：实例文件>CH20
- 学习目标：掌握匹配颜色的使用方法

即使是在同一场景拍摄，得到的视频也可能会有不同的颜色表现。例如在户外拍摄时，早晨、中午和下午的光线不同，视频的色温可能会随之发生变化。使用"匹配颜色"可以将视频与视频间的颜色最大程度地匹配一致，以方便后期统一管理颜色，当然也可以将现有视频与其他已经调色好的视频（例如喜欢的电影）进行颜色匹配。

"匹配颜色"的操作比较简单，参数面板如图20-105所示。请读者观看教学视频学习匹配颜色的操作方法和注意事项。

图20-105

视频降噪

- 素材位置：素材文件>CH20
- 视频文件：实战113 视频降噪.mp4
- 实例位置：实例文件>CH20
- 学习目标：掌握视频降噪的使用方法

"噪点"也称为"噪声"（Noise），在光照不足的情况下使用摄像机进行拍摄，拍摄出的画面上的噪点尤其明显。摄像机的感光度（ISO）越高，噪点也会越多，这是由摄像机的传感器（CMOS）和电路产生的，表现为图像中存在亮度和颜色随机变化的细小颗粒。噪点是被拍摄物体原本不存在的信息，很多人都认为它会"毁坏"图像，但有些时候用户也可以在视频中增加噪点和颗粒。

Final Cut Pro X的"效果浏览器"面板中也提供了"添加噪点"和"电影颗粒"效果预置，作者很喜欢这种类似于胶片颗粒的质感，当然如果不需要它们，Final Cut Pro X也提供了非常简单的方式来降低噪点。"降噪"的面板如图20-106所示。请读者观看教学视频学习视频降噪的操作方法和注意事项。

图20-106

广播安全

- 素材位置：素材文件>CH20
- 视频文件：实战114 广播安全.mp4
- 实例位置：实例文件>CH20
- 学习目标：掌握广播安全的使用方法

当视频用于广播电视播出时，为保证正常显示画面，不管是亮度还是色度、饱和度，都不能高于100，且不低于0。一个小短片中可能有上百个镜头，剪辑师必须在剪辑和调色时注意这些问题，但即使如此也没有办法完全避免疏漏。剪辑师在剪辑完成后检查每一个片段的亮度、色度、饱和度是否超过了阈值的工作量非常庞大，Final Cut Pro X提供了一些便利的工具能够保证所有片段画面的亮度、色度和饱和度都在安全范围内，这就是"广播安全"。"广播安全"的参数面板如图20-107所示。请读者观看教学视频学习相关操作方法和注意事项。

图20-107

实战 115

制作"白天变夜晚"效果

● 素材位置：素材文件>CH20　　　　　　　● 实例位置：实例文件>CH20
● 视频文件：实战115 制作"白天变夜晚"效果.mp4　● 学习目标：掌握"白天变夜晚"效果的制作方法

本实战主要制作影视作品中最常见的时间变化画面效果——白天变夜晚。

01 在"浏览器"面板右击video05并选择"新建项目"命令，将"项目名称"设置为"白天变夜晚"，单击"好"按钮 好 ，完成项目设置，如图20-108所示。在"检视器"面板中查看video05，如图20-109所示。

02 在"颜色检查器"中添加"颜色板"，如图20-110所示。

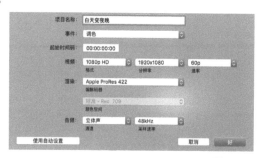

图20-108

图20-112

> **提示** 用户可以打开"亮度"波形观测仪作为参考，注意"阴影"不得低于0。

04 在"颜色板"中单击"颜色"选项卡，将"高光"颜色值设置为蓝色238°和70%，将"中间调"颜色值设置为蓝色249°和-34%，如图20-113所示。在"检视器"面板中查看video01，如图20-114所示。

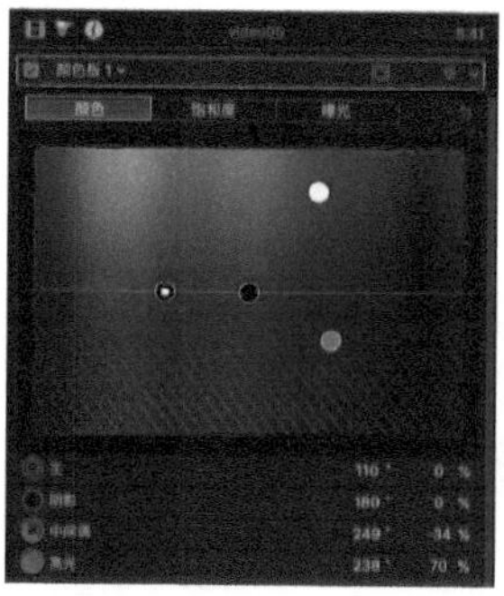

图20-114

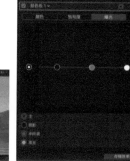

图20-109　　　　　　图20-110

03 在"曝光"选项卡中将"主"设置为-29%，降低画面的整体亮度；将"阴影"设置为4%，提高画面的阴影亮度，增加阴影细节；将"中间调"设置为-64%，降低画面的中间调亮度；将"高光"设置为-69%，降低画面的高光亮度，如图20-111所示。在"检视器"面板中查看video05，如图20-112所示。

图20-113

> **提示** 不同的视频素材，参数的调整方法不同，没有万能的参数。在"视频检查器"右下角单击"存储效果预置"按钮将当前调整好的效果存储为预设，方便下次使用，如图20-115所示。

图20-111

图20-115

第 21 章

LUT

认识LUT

- 素材位置：素材文件>CH21
- 视频文件：实战116 认识LUT.mp4
- 实例位置：实例文件>CH21
- 学习目标：认识LUT的功能

LUT全称为Look Up Table（查找表）。由数码摄像机拍摄出来的影片，每个像素都包含颜色信息，LUT的工作原理是将原始视频中每个像素的颜色重新定位，从而显示出不同的颜色以达到调色的目的。不同的LUT会呈现不同的色彩。

由于Final Cut Pro X的预设中不包含市面上所有品牌摄像机的LUT，用户可以自行添加"摄像机LUT"。在"摄像机LUT"下拉列表框中选择"添加自定摄像机LUT"，如图21-1所示。请读者观看教学视频学习具体内容。

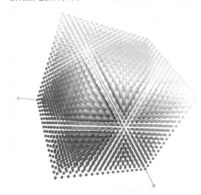
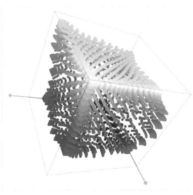

图21-1

使用LUT

117

- 素材位置：素材文件>CH21
- 实例位置：实例文件>CH21
- 视频文件：实战117 使用LUT.mp4
- 学习目标：掌握LUT的使用方法

本实战主要介绍LUT的使用方法和常用参数。

LUT的相关参数都是通过"自定LUT"调整的，如图21-2所示。请读者观看教学视频学习相关操作步骤和注意事项。

图21-2

制作LUT

118

- 素材位置：素材文件>CH21
- 实例位置：实例文件>CH21
- 视频文件：实战118 制作LUT.mp4
- 学习目标：掌握LUT的制作方法

用户可以先使用Photoshop对素材进行调色，然后将完成调色后的素材输出为LUT文件并提交给Final Cut Pro X使用；也可以先使用DaVinci Resolve对素材进行调色，然后将完成调色后的素材输出为LUT文件提交给Final Cut Pro X使用。关于使用这两个软件制作LUT的方法，请读者观看教学视频学习。

风格化色调

119

- 素材位置：素材文件>CH21
- 实例位置：实例文件>CH21
- 视频文件：实战119 风格化色调.mp4
- 学习目标：掌握风格化色调的制作方法

在场景中使用正确的色调非常重要。颜色是观众能获得的直接的感受，我们常常要通过颜色烘托影片表达的情绪，以增加观众的代入感，例如为恐怖片调整出一套清新的色调显然不合适。但同时创作是没有界限的，也许打破了常规却制造出了异常好的效果。本实战将介绍快速且简单的风格化调色方式。

01 打开本书配套资源"素材文件>CH21>实战119"文件夹，将video01、video02、video03、video04导入"LUT"事件中，如图21-3所示。在"浏览器"面板中右击video04，选择"新建项目"命令，项目的具体参数设置如图21-4所示，效果如图21-5所示。

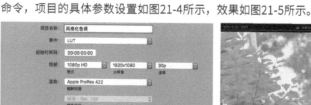

图21-3   图21-4   图21-5

提示 video04是使用Log模式拍摄的。

02 在"时间线"面板中选中video04，执行"修改>平衡颜色"命令或按Option+Command+B键，效果如图21-6所示。"视频检查器"将显示"平衡颜色"效果，如图21-7所示。

图21-6

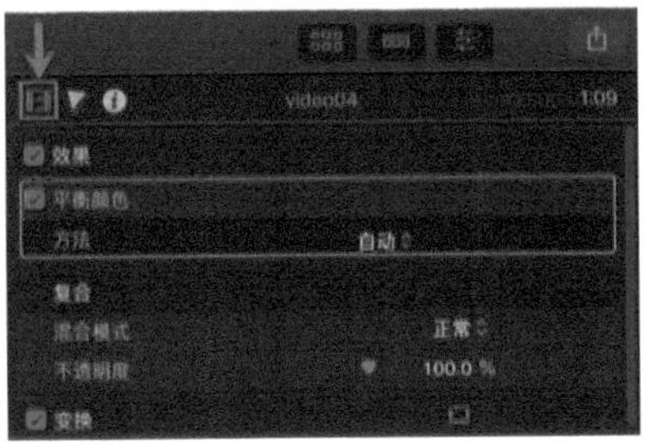

图21-7

提示 用户也可以使用"颜色板"校正对比度、饱和度等信息。

03 在时间线右上角展开"效果浏览器"，在左边栏选择"颜色"，在右侧找到"自定LUT"效果，将"自定LUT"效果拖曳到video04上，如图21-8所示。

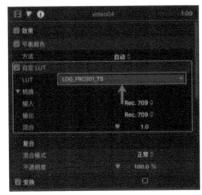

图21-8

04 在"视频检查器"的"自定LUT"效果中将"LUT"设置为"LOG_FRC001_TS"，如图21-9所示。在"检视器"面板中查看video04，如图21-10所示。

图21-9

图21-10

提示 可以在素材文件中找到"LOG_FRC001_TS"。

05 为video04添加调色工具，例如"颜色板"，如图21-11所示。"视频检查器"中的效果叠放顺序会影响最终播放效果，例如将当前"颜色板1"中的"阴影"曝光设置为20%，将"高光"曝光设置为−50%，如图21-12所示，效果如图21-13所示。

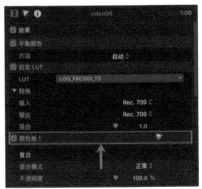

图21-11

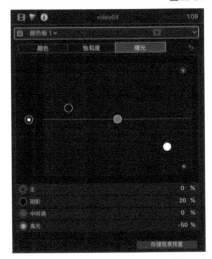

图21-12

图21-13

06 将"颜色板1"拖曳到"自定LUT"效果上方,如图21-14所示。在"检视器"面板中查看video04,如图21-15所示。波形图如图21-16所示。

07 在"颜色板1"中切换到"颜色"选项卡,将"阴影"设置为171°和-33%,将"中间调"设置为254°和-6%,将"高光"设置为231°和-42%,如图21-17所示。调整后的效果如图21-18所示。

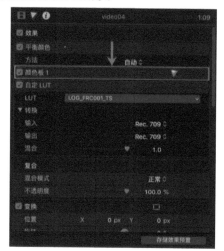

图21-14

图21-15

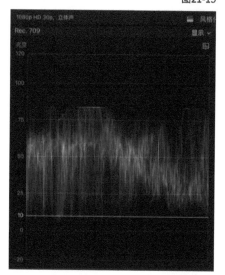

图21-16

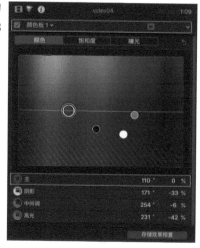

图21-17

图21-18

提示 LUT会限制影片的最高和最低亮度,如果调色工具(如颜色板)在"自定LUT"效果中调整的曝光效果不能令人满意,那么可以尝试将调色工具移动到"自定LUT"效果上方。

提示 由于video04的整体画面呈现绿色和青色,也可以使用"色轮"将颜色值调整为橙红色,如图21-19所示。

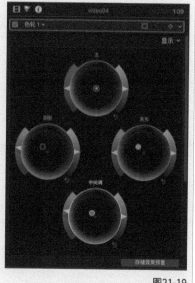

图21-19

第22章

视频剪辑综合实战

▶ **实战检索**

实战 120 制作"颠倒世界"片段

- 素材位置：素材文件>CH22
- 视频文件：实战120 制作"颠倒世界"片段.mp4
- 实例位置：实例文件>CH22
- 学习目标：掌握颠倒场景效果的制作方法

　　本实战主要制作"颠倒世界"片段。颠倒世界并非水中倒影的效果，而是要融合上下颠倒的两个场景，多出现于魔幻场景。其制作核心在于旋转其中一个片段并与原片段进行融合，结合位置通常会以这两个片段比较类似的部分为主，这样处理的视频看起来更加自然。因为本章实战内容比较复杂，通过文字步骤并不能很好地展示制作过程，所以请读者直接观看详细的教学视频。

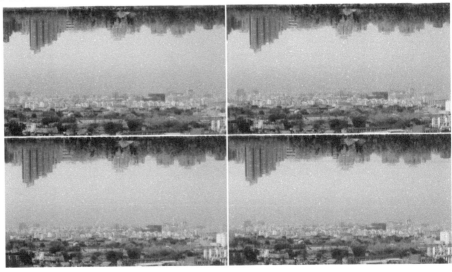

制作"残留身影"特效

- 素材位置：素材文件>CH22
- 视频文件：实战121 制作"残留摄影"特效.mp4
- 实例位置：实例文件>CH22
- 学习目标：掌握"残留身影"特效的制作方法

本实战主要制作"残留身影"特效，这是一种在影视中比较常见的特效。无论是在本体离开后留下残影，还是本体与残留身影融合，都是非常适合展示主人公个人特点的效果。残留身影特效的制作重点在于重新定时和遮罩的运用。残留身影的部分，并非是软件自动生成的，读者可以理解为抠像，因此，在抠像过程中，建议合理运用"羽化"效果控制好人物残影的边缘，尽量将残留身影的效果制作得自然、真实一点。

制作"场景昼夜交替"片段

- 素材位置：素材文件>CH22
- 视频文件：实战122 制作"场景昼夜交替"片段.mp4
- 实例位置：实例文件>CH22
- 学习目标：掌握"场景昼夜交替"片段的制作方法

本实战主要制作"场景昼夜交替"片段。这也是影视中比较常用的一种时间表达方式，通过在场景中不断进行白昼和黑夜、晴朗和阴雨等的交替，从而表现出时间流逝、沧海桑田的意境。场景昼夜交替片段的制作重点在于天空背景的抠像和遮罩的使用，在合成过程中，要特别注意融合后的自然感。

制作Vlog短视频

- 素材位置：素材文件>CH22
- 视频文件：实战123 制作Vlog短视频.mp4
- 实例位置：实例文件>CH22
- 学习目标：掌握Vlog短视频的制作方法

　　本实战是制作一个常见的Vlog视频片段，这个视频由多个片段混剪而成。在本视频的剪辑过程中，用到了本书的大部分核心内容。另外，本视频的重点有两个，一个是Final Cut Pro X的剪辑工具功能，另一个就是素材整理。对于视频剪辑工作者来说，好的素材是剪辑出好的作品的必备条件。请读者认真观看本实战的教学视频，并跟随视频操作来学习。

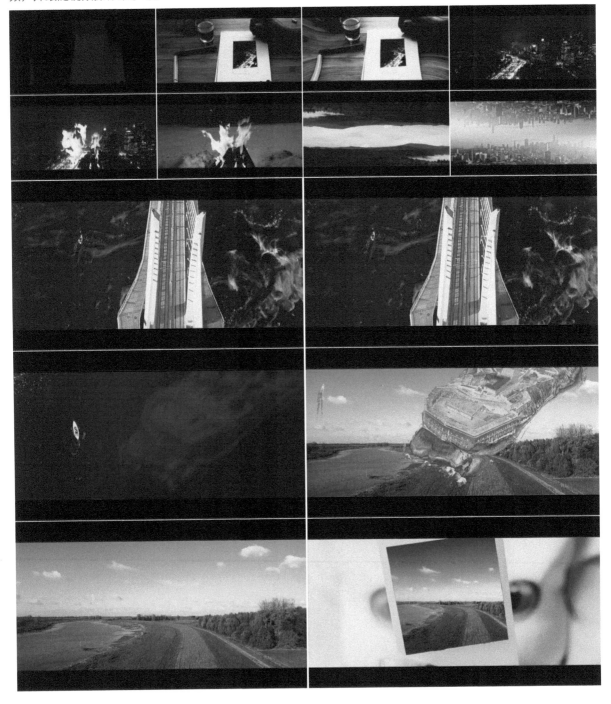